21世纪高等学校网络空间安全专业系列教材

U0237692

信息系统安全

（第2版）微课视频版

◎ 陈萍 王金双 赵敏 宋磊 编著

清华大学出版社

北京

内 容 简 介

本书以教育部《信息安全专业指导性专业规范》所列知识点为基础,从信息系统体系结构层面系统地描述了信息系统的安全问题及对策。全书共12章,第1章介绍信息系统安全的基本概念、发展历史、主要目标和技术体系;第2章介绍密码学基本理论与应用,具体包括密码学的基本概念对称密码体制和公钥密码体制,以及基于密码学的消息认证、数字签名、公钥基础设施;第3章、第4章分别介绍身份认证和访问控制技术;第5章介绍物理安全技术;第6章介绍操作系统安全机制;第7章介绍网络安全技术;第8章介绍数据库安全技术;第9章介绍恶意代码的检测与防范技术;第10章介绍应用系统安全漏洞及防范措施,重点介绍Web应用安全机制;第11章介绍信息安全评估标准和我国的网络安全等级保护制度;第12章介绍信息安全风险评估的概念、方法、工具、流程。

本书可以作为网络空间安全专业、信息安全专业、信息对抗专业、计算机专业、信息工程专业和其他相关专业的本科生和研究生教材,也可作为网络信息安全领域的科技人员与信息系统安全管理员的参考书。

图书在版编目(CIP)数据

信息系统安全:微课视频版/陈萍等编著.—2版.—北京:清华大学出版社,2022.4(2023.7重印)
21世纪高等学校网络空间安全专业系列教材
ISBN 978-7-302-59537-3

Ⅰ.①信… Ⅱ.①陈… Ⅲ.①信息系统-安全技术-高等学校-教材 Ⅳ.①TP309

中国版本图书馆 CIP 数据核字(2021)第 229607 号

责任编辑:黄 芝 薛 阳
封面设计:刘 键
责任校对:李建庄
责任印制:丛怀宇

出版发行:清华大学出版社
网　　　址:http://www.tup.com.cn,http://www.wqbook.com
地　　　址:北京清华大学学研大厦 A 座　　　邮　　编:100084
社 总 机:010-83470000　　　邮　　购:010-62786544
投稿与读者服务:010-62776969,c-service@tup.tsinghua.edu.cn
质量反馈:010-62772015,zhiliang@tup.tsinghua.edu.cn
课件下载:http://www.tup.com.cn,010-83470236
印 装 者:三河市龙大印装有限公司
经　　销:全国新华书店
开　　本:185mm×260mm　　　印　　张:18.25　　　字　　数:420 千字
版　　次:2016 年 4 月第 1 版　　2022 年 5 月第 2 版　　　印　　次:2023 年 7 月第 3 次印刷
印　　数:9801~11800
定　　价:59.80 元

产品编号:088779-01

前　言

　　随着计算机和网络技术的日益普及和广泛应用,信息的应用和共享日益广泛、深入,各种信息系统已经成为国家基础设施。与此同时,计算机信息系统的安全问题日益突出,情况也越来越复杂,针对计算机信息系统的攻击与破坏事件层出不穷,如果不对其加以及时和正确的保护,这些攻击与破坏事件轻则干扰人们的日常生活,重则造成巨大的经济损失,甚至威胁到国家安全,所以信息系统的安全问题已经引起许多国家的高度重视,社会对信息安全人才的需求越来越迫切。

　　确保信息系统安全是一个整体概念,解决某一信息安全问题通常要综合考虑硬件、系统软件、应用软件、管理等多层次的安全问题,目前市面上信息安全方面的书籍大多侧重于网络安全,而专门从信息系统体系结构层面讲解信息安全的书籍较少,不利于相关课程教学的实施。

　　本书以教育部《信息安全专业指导性专业规范》所列知识点为基础,从信息系统的组成要素出发,寻求综合解决信息安全问题的方案。信息系统自底向上由物理层(硬件层)、操作系统、网络、数据库、应用系统等构成,只有从信息系统硬件和软件的底层出发,确保信息系统各组成部分的安全,从整体上采取措施,才能确保整个信息系统的安全。因此,教学内容以保障信息系统各组成层次安全为一级主线,以各类安全技术在信息系统不同层次上的应用为二级主线进行优化重组,全面系统地介绍信息系统安全的基本概念、原理、技术、知识体系与应用,覆盖了信息的存储、处理、使用、传输与管理整个生命周期不同环节的安全威胁与相应的保护对策。

　　本书内容共分12章,第1章介绍当前信息系统安全形势、信息系统安全的基本概念、发展历史、主要目标和技术体系;第2章介绍密码学基本理论与应用,具体包括密码学的基本概念、密码体制的组成、分类以及设计原则、古典密码体制、对称密码体制、公钥密码体制等密码学基本理论,用于消息完整性校验的消息认证,用于防止信息抵赖的数字签名技术,以及对公钥进行有效管理并提供通用性安全服务的公钥基础设施技术;第3章、第4章分别介绍身份认证和访问控制机制,身份认证是信息系统的第一道安全防线,其目的是确保用户的合法性,阻止非法用户访问系统,访问控制是根据安全策略对用户操作行为进行控制,其目的是保证资源受控、合法地使用;第5章介绍物理层面增强信息系统安全的方法和技术;第6章介绍操作系统安全机制,重点介绍主流操作系统 Windows 和 UNIX/Linux 操作系统的安全机制；第 7 章介绍网络安全技术，重点介绍防火墙、入侵检测系统的原理；第 8 章介绍数据库安全机制，重点介绍数据库访问控制、审计、备份恢复、加密等安全技术，并以数据库管理系统 SQL Server 为例，介绍安全技术在产品中的应用情况；第 9 章介绍病毒、木马、蠕虫这 3 类恶意代码的检测与防范技术；第 10 章介绍应用系统安全漏洞及防范措施，重点介绍 Web 应用安全机制；第 11 章介绍信息安全评估标准和我国的网络安全等级保护制度；第 12 章介绍信息安全风险评估的概念、方法、工具、流程。

陈萍提出了本书的编写大纲，编写了其中第 1～7 章和第 9～12 章，赵敏负责编写了第 8 章，参与编写了第 5、6 章，王金双、宋磊对本书编写提出了建设性的意见和技术支持，全书由陈萍统稿、王金双审校。

本书配套微课视频，读者扫描封底刮刮卡内二维码，获得权限，再扫描正文中的二维码，即可观看视频。

由于作者自身水平有限，书中难免有不足和疏漏之处，恳请读者和专家提出宝贵意见。

作 者

2022 年 1 月

目 录

第1章

信息系统安全概述

随着计算机、网络技术的发展,信息的应用和共享日益广泛、深入,人类开始从主要依赖物质和能源的社会步入依赖物质、能源和信息三位一体的社会。各种信息化系统已经成为国家基础设施,支撑着电子政务、电子商务、科学研究、能源、交通和社会保障等方方面面。与此同时,计算机信息系统的安全问题日益突出,各种攻击与破坏事件层出不穷,保障各类信息系统安全不仅关系到普通民众的利益,也是影响经济发展、社会稳定和国家安全的战略性问题。

本章对计算机信息系统安全问题进行了概述。1.1 节介绍目前信息系统面临的主要安全威胁,并指出安全问题的根源;1.2 节讲述信息系统安全的基本概念、发展历史、目标;1.3 节讲述信息系统安全防护的基本原则;1.4 节介绍信息系统安全的技术体系。

1.1 计算机信息系统安全问题

视频讲解

1.1.1 飞速发展的信息化

人类社会经历了农业社会、工业社会,现在已经进入到了信息社会,我国是信息技术大国,我国的信息化进程起步于 20 世纪 80 年代,经过四十多年的建设,信息化已经具有一定的规模:信息网络(电信网、互联网和广播电视网)成为支撑经济社会发展的重要基础设施;信息产业成为重要的经济增长点;信息技术在国民经济和社会各领域得到了广泛应用。下面以互联网为例通过一组数据说明我国信息化的发展速度。

据中国互联网信息中心(CNNIC)统计,截至 2020 年 6 月,我国网民数量为 9.4 亿,网民规模占全球网民的 20%;互联网的普及率达 67%,约高于全球平均水平 5 个百分点。我国网民中使用手机上网的比例已达 99.2%,移动互联网主导互联网发展未来;网络视频用户规模达 8.88 亿,网络支付用户规模达 8.05 亿,移动支付占全球第一。

快速发展的信息化导致了人们生产方式、生活方式的巨大变化,极大地推动了人类社会的发展和人类文明的进步,电子政务、电子商务、网络课堂、电子邮件等已经与我们的生活息息相关,利用网络课堂人们可以随时随地聆听世界各地的名师讲课;利用电子商务,人们足不出户就可以购物等,信息化给人们的生活带来了极大的方便,社会对信息系统的依赖性也日益增强。

1.1.2 信息安全形势严峻

信息化是一把双刃剑,信息化程度越高,信息安全威胁带来的危害也就越大。据美国金融时报报道,世界上平均每20s就发生一次入侵国际互联网的计算机安全事件。随着网络新技术、新应用的不断涌现,信息安全事件频发,信息安全已经渗透到国家的政治、经济、军事等领域,对人民生活、社会发展、国家安全都带来了十分严重的影响。

1. 信息安全与政治

近年来,Facebook、Twitter、YouTube、微信、QQ等网络社交媒体成为非法势力进行策动群体活动、放大现实问题、进行意识形态渗透和进攻的新工具。社交媒体本应是人们彼此之间分享意见、经验和观点等的工具和平台,可以促进公民的知情权、参与权、表达权和监督权等民主权利的实现,然而目前已经成为社会政治不稳的潜在威胁因素。

2011年,发生在阿拉伯世界,以突尼斯"茉莉花革命"为起点的系列政治事件中,Facebook、Twitter等互联网社交媒体发挥了重要的催化作用。而对于同一年发生在英国首都伦敦的一系列社会骚乱事件,前首相卡梅伦表示,社交网络在这次骚乱中起到了推波助澜的作用。

西方等敌对势力对我国实施的政治攻击、思想渗透、文化侵扰等从来没有停止过,社交媒体已经成为新的重要渠道。

2. 信息安全与经济

一个国家信息化程度越高,整个国民经济和社会运行对信息资源和信息基础设施的依赖程度也越高,计算机犯罪造成的经济损失也就越大。1999年4月26日,台湾大学生陈英豪编制的CIH病毒大爆发,据统计,我国受其影响的计算机总量达36万台之多,经济损失高达12亿美元。2003年的冲击波病毒(Worm_MSBLAST)造成了全球上百亿的经济损失,2006年能将计算机的所有文件全部变成熊猫烧香图标的熊猫烧香病毒造成了上亿美元的经济损失,2017年包括我国在内的一百多个国家和地区遭到了"WannaCry"勒索软件的攻击,造成全球约80亿美元的经济损失。表1.1列举了部分攻击事件造成的经济损失。

表1.1 攻击事件造成的经济损失

年 份	攻击行为发起者	损失金额
1999	CIH病毒	12亿美元
2000	Love Letter	88亿美元
2001	红色代码	26亿美元
2003	Worm_MSBLAST	上百亿美元
2006	熊猫烧香病毒	上亿美元
2017	"WannaCry"勒索软件攻击	80亿美元

自从1988年计算机安全应急响应组(Computer Emergency Response Team,CERT)因Morris蠕虫事件成立以来,Internet安全威胁事件逐年上升,近年来的增长态势变得尤为迅猛,平均年增长幅度达到了50%,这些安全事件带来了巨大的经济损失,以美国为例,其每年因为安全事件造成的经济损失超过数百亿美元。

3. 信息安全与社会发展

近年来,针对交通、金融、能源等关键基础设施的安全威胁日趋复杂,这些重要基础设施一旦遭到攻击,不仅造成其自身瘫痪,还将扰乱其他领域的正常运转,进而影响国家经济和社会发展。2015年12月,攻击者入侵了乌克兰电力公司的监控管理系统,乌克兰全国近一百四十万居民家中断电数小时。乌克兰电厂停电是一起以破坏电力基础设施为目标的网络攻击事件,也是一起典型的APT(Advanced Persistent Threat,高级持续性威胁)事件。APT具有精确打击、长期潜伏、将高价值目标作为攻击对象的特点,攻击造成的破坏性强。

4. 信息安全与军事

信息安全与军事紧密相关,在第二次世界大战中,美国破译了日本人的密码,几乎全歼山本五十六的舰队,重创了日本海军。信息时代的出现,从根本上改变了战争的进行方式,1991年的海湾战争是一个分界点。1991年海湾战争前,战争主要以机械化作战为主,而海湾战争后出现了以信息战为主的作战形态。下面介绍几个信息战的重要实例。

海湾战争:1991年1月17日至2月28日,以美国为首的多国联盟在联合国安理会的授权下,为恢复科威特领土完整而对伊拉克进行局部战争。美军通过向带病毒芯片的打印机设备发送指令,致使伊拉克军队系统瘫痪,轻易地摧毁了伊军的防空系统,多国部队运用精湛的信息技术,仅以伤亡百余人的代价取得了歼敌十多万的成果。海湾战争被称为"世界上首次全面信息战",充分显示了现代高技术条件下"控制信息权"的关键作用。

科索沃战争:1999年3月24日至6月10日,北约对南斯拉夫展开空袭行动。在此次战争中,美国的电子专家成功侵入了南联盟防空体系的计算机系统,当南联盟军官在计算机屏幕上看到敌机目标的时候,天空上其实什么也没有,通过这种方法,美军成功迷惑了南联盟,使南联盟浪费了大量的人力物力资源。

以色列空袭叙利亚:2007年9月,以色列空军第69战斗机中队18架战斗机幽灵般地越过边界,沿着叙利亚海岸线超低空飞行,成功躲过了叙利亚苦心经营多年的防空体系,对叙方纵深100km内的所谓"核设施"目标实施了毁灭性打击,并成功返回。那么,以军是如何突破叙方的防空系统的呢?事实上,以军采用一种称为"舒特"的无线攻击手段,以军以叙利亚的雷达天线为入口,侵入雷达系统,冒充管理员,操纵雷达天线转向,使其无法发现来袭的目标,从而成功实施了空袭行动。

当前,信息对抗的攻防能力已经成为国防力量之一,网络空间又称为赛博空间(Cyberspace),已经成为继陆、海、空、天之后新的战场空间,网络安全是国家安全的重要组成部分,可以说,没有网络安全就没有国家安全。

1.1.3 信息系统安全问题的根源

按照我国颁布的《计算机信息系统安全保护等级划分准则》的定义,计算机信息系统是指由计算机及其相关的配套设备、设施(含网络)构成的,按照一定的应用目标和规格对信息进行采集、加工、存储、传输、处理的人机系统。

一个计算机信息系统由硬件、软件以及使用人员三部分组成。其中,硬件系统包括组成计算机、网络的硬设备及其他配套设备。软件系统包括操作平台软件、应用平台软件和应用业务软件。操作平台软件通常指操作系统;应用平台软件通常指支持应用开发的软件,如数据库管理系统及其开发工具,各种应用编译和调试工具等;应用业务软件是指专为某种应用开发的软件。

信息系统之所以是脆弱的,从技术的角度来看主要原因有三个。

1. 网络和通信协议的脆弱性

因特网技术给全球信息共享带来了方便,但是基于 TCP/IP 协议栈的因特网及其通信协议在设计时,只考虑了互联互通和资源共享问题,存在大量安全漏洞。例如,要建立一个完整的 TCP 连接,必须要在两台通信的计算机之间完成三次握手过程,图 1.1 为三次握手连接成功示意图。如果三次握手不能够完成,TCP 连接将处于半开连接状态(half-open),如图 1.2 所示,此时服务器端口一直处于打开状态以等待客户端的通信,这个特性往往会被攻击者利用。SYN Flooding 拒绝服务攻击就是利用了 TCP 三次握手中的脆弱点进行的攻击,在 SYN Flooding 攻击中,攻击者向目标机发送大量伪造源地址的 TCP SYN 报文,这些报文的源地址是虚假的或者是根本不存在的,当目标机收到这样的请求后,向源地址回复 ACK＋SYN 数据包,由于源地址是假的 IP 地址,因此没有任何响应,于是目标机继续发送 ACK＋SYN 数据包,并将该半开放连接放入端口的积压队列中,虽然一般系统都有默认的回复次数和超时时间,但由于端口积压队列的大小有限,如果不断向目标机发送大量伪造 IP 的 SYN 请求,就会形成通常所说的端口被"淹"的情况,使目标机不能提供正常的服务功能。

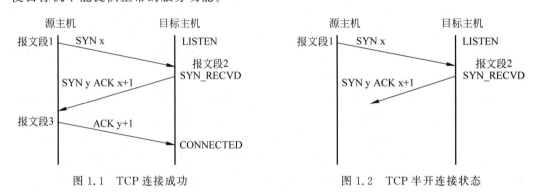

图 1.1 TCP 连接成功   图 1.2 TCP 半开连接状态

2. 信息系统的缺陷

信息系统主要由硬件和软件构成,硬软件自身的缺陷客观上导致了计算机系统在安全上的脆弱性。计算机硬件系统由于生产工艺的原因,存在电路短路、断线、接触不良、电压波动的干扰等安全问题。而计算机软件的问题主要由于受人们认知能力和实践能力的局限,在系统设计和开发过程中会产生许多错误、缺陷和漏洞,成为安全隐患,而且系统越大、越复杂,这种安全隐患越多。有专家指出:程序每千行中至少有一个缺陷,而目前一个大型软件通常有数百万甚至数千万行语句,这就意味着一个软件可能有几万个差错,随着系统的功能越做越强大,复杂性也不断增加,错误会越来越多。

3. 黑客的恶意攻击

人的因素是影响信息安全问题的最主要因素,人的恶意攻击也称为黑客攻击。早在 20 世纪 60—70 年代黑客一词是褒义的,他们是独立思考、奉公守法的计算机迷,典型代表有微软的比尔·盖茨、苹果公司的斯蒂夫·盖瑞沃兹尼亚瓦和史蒂夫·乔布斯,当今黑客是指非法入侵计算机系统、网络系统、电话系统和其他通信系统，实施系统破坏、信息窃取等恶意行为的攻击者，如被称为世界"头号计算机黑客"的凯文·米特尼克等。

1.2　信息系统安全的概念

视频讲解

1.2.1　信息系统安全的定义

在讨论信息安全之前，先了解"安全"的含义，安全的基本定义为"远离有危害的状态或特性"或"客观上不存在威胁、主观上不存在恐惧"。中国的《孙子兵法》给出了安全最本质的含义，"用兵之法：无恃其不来，恃吾有以待也；无恃其不攻，恃吾有所不可攻也。"安全问题在各个领域普遍存在，随着计算机网络的迅速发展，人们对信息在存储、处理和传递过程中涉及的安全问题越来越关注，信息领域的安全问题变得非常突出。

传统的信息安全只强调信息本身的安全属性，信息论的基本原理告诉我们，信息不能脱离它的载体而孤立存在，因此不能脱离信息系统而孤立地谈论信息安全，应当从信息系统的角度来全面考虑信息安全的内涵。

什么是信息系统安全呢？给信息系统安全下一个确切的定义是比较困难的，因为它包含的内容太过广泛，国际标准化组织 ISO 对信息系统安全提出的推荐定义是："为数据处理系统建立和采取的技术和管理的安全保护。保护计算机硬件、软件、数据不因偶然的或恶意的原因而遭'受'破坏、更改、泄露"。国内一些学者建议的定义为："信息系统安全通常是指信息网络的硬件、软件及其系统中的数据受到保护，不受偶然的或者恶意的原因而遭到破坏、更改、泄露，系统连续可靠正常地运行，信息服务不中断"。

信息系统安全主要包括四个层面：设备安全、数据安全、内容安全、行为安全。其中，数据安全即是传统的信息安全。信息系统设备的安全是信息系统安全的首要问题，包括三个层面：设备的稳定性、可靠性和可用性。数据安全是指采取措施确保数据免受未授权的泄露、篡改和毁坏，包括数据的秘密性、完整性和可用性。内容安全是信息安全在法律、政治、道德层次上的要求，信息内容在政治上是健康的，必须符合国家法律法规，必须符合中华民族优良的道德规范。行为安全是信息安全的终极目标，确保行为的秘密性、完整性和可控性，行为的秘密性是指行为不能危害数据的秘密性，必要时行为的过程和结果也是秘密的；行为的完整性是指行为不能危害数据的完整性，行为的过程和结果是预期的；行为的可控性是指当行为的过程出现偏离预期时，能够发现、控制或纠正。

信息系统安全必须确保信息在获取、存储、传输和处理各个环节的安全，信息系统硬件安全和操作系统安全是信息系统安全的基础，确保信息系统安全是一个系统工程，只有从信息系统的硬件和软件的底层出发，从整体上采取措施，才能比较有效地确保信息系统的安全。

为了表述简单，在不产生歧义的情况下可以直接将信息系统安全简称为信息安全。

1.2.2　信息系统安全的目标

一个计算机信息系统达到怎样的目标才算安全？为了回答这个问题，首先要对信息系统面临的攻击进行分析。为了获取有用的信息或者达到某种目的,攻击者会采取各种攻击方法对信息系统进行攻击,虽然攻击的表现形式多样,但是从本质上说,这些攻击主要分为两类:被动攻击和主动攻击。

1. 被动攻击

被动攻击是指攻击者在未被授权的情况下,对传输的信息进行窃听和监测以非法获取信息或数据文件,但不对数据信息做任何修改,通常包括监听未受保护的通信、流量分析、解密弱加密的数据流、获得认证信息等。常用的被动攻击的手段主要包括:搭线监听、无线截获、其他截获、流量分析等。

(1)搭线监听:将导线搭到无人值守的网络传输线路上进行监听。只要所搭的监听设备不影响网络负载,通常不易被发觉,通过解调和正确的协议分析,完全可以掌握通信的全部内容。

(2)无线截获:通过高灵敏接收装置接收网络站点或网络连接设备辐射的电磁波,通过对电磁信号的分析获得网络数据。

(3)其他截获:在通信设备或主机中种植木马或病毒程序后,这些程序会将有用的信息发送出来。

(4)流量分析:如果由于通过某种手段使得攻击者从截获的信息中无法得到消息的真实内容,攻击者还可以利用统计分析方法对诸如通信双方的通信频度、消息格式、通信的信息流向、通信总量的变化等参数进行监测研究,从中发现有价值的信息和规律。

被动攻击由于不涉及对数据的更改,很难察觉,对于被动攻击的重点在于预防,而不是检测,预防的手段包括加密通信数据、流量填充等。

2. 主动攻击

主动攻击对数据进行篡改和伪造。主动攻击主要分为四类:伪装、重放、篡改和拒绝服务,如图1.3所示。

(1)伪装(假冒):指一个实体假冒另一个实体,通常攻击者通过欺骗系统冒充成为合法用户以获取合法用户的权限,或特权小的攻击者冒充成为特权大的用户。

(2)重放:攻击者对截获的数据进行复制,并在非授权的情况下进行传输。重放攻击也会带来严重的危害,例如,司令员向前方战士发出指令要求前进1000m,该指令被截获并被复制,在非授权的情况下,攻击者再次发送这样的指令,使得战士一共向前行进了2000m,由于重放攻击,使得战士多向前行进了1000m,这在战争中会带来非常严重的后果。

(3)篡改:对合法消息的某些部分进行修改、删除,或者延迟消息的传输、改变消息的传输顺序,以产生混淆是非的效果。

(4)拒绝服务(Denial-of-Service,DoS):阻止或者禁止信息系统的正常使用,它的主要形式是破坏某实体网络或信息系统,使得被攻击目标资源耗尽或降低其性能。早期的DoS攻击是一对一的攻击,攻击机向目标机发送大量无用数据包,当目标机的CPU、内存等性能指标比较低时,目标机的资源就会耗费在处理这些无用数据上,而正常的访问请求就会长时间得不到响应。随着计算机处理能力的增长,采用一对一的攻击方式已经不能达到明显的攻击效果,这时分布式拒绝服务(Distribute Denial-of-Service)攻击就应运而生了,分布式拒绝服务攻击采用多对一的攻击方式,采用数百台攻击机同时攻击目标机,以比以前更大的规模来进攻受害者。

主动攻击的特点与被动攻击正好相反,被动攻击虽然难以检测,但是可采取措施有效防止;而要防止主动攻击是十分困难的,因为需要保护的范围太大了,对付主动攻击的重点在于检测并从攻击造成的破坏中及时恢复。

针对主动攻击和被动攻击造成的破坏,提出了信息系统安全的目标。信息系统安全的目标是保护信息的机密性、完整性、可用性、不可否认性和认证。其中,机密性是针对信息窃取提出的安全目标,完整性是针对主动攻击中

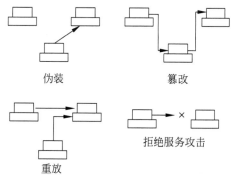

图 1.3   主动攻击的四种形式

的篡改和重放攻击提出的安全目标,针对伪装攻击,提出了认证的安全目标,针对拒绝服务攻击,提出了可用性的安全目标。上述主动攻击和被动攻击通常是由第三方实施的攻击行为,在信息通信尤其在电子商务中还存在通信的一方由于利益原因抵赖参与过通信的过程,这种行为称为信息抵赖,针对信息抵赖,提出了不可否认性的安全目标,如图 1.4 所示。确保信息系统安全就是要实现上述五个目标,其中前三个目标是信息系统安全需要满足的最基本安全目标,简记为 CIA(Confidentiality,Integrity,Availability)。

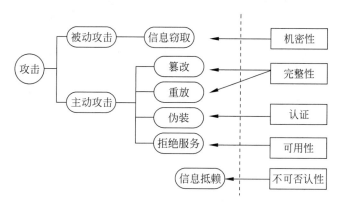

图 1.4   攻击类型与安全目标的关系

1. 机密性

机密性(Confidentiality)是指确保信息不被非授权访问,即使非授权用户得到信息也无法知晓信息内容,有时也称为保密性。

实现机密性的方法一般是对信息加密,或是对信息划分密级并为访问者分配访问权限,系统根据用户的身份权限控制对不同密级信息的访问。针对流量分析攻击导致的信息泄露可通过业务流填充来应对,业务流填充是指在业务闲时发送无用的随机数据,增加攻击者通过通信流量获得信息的困难,它是一种制造假的通信、产生欺骗性数据单元或在数据单元中填充假数据的安全机制,发送的随机数据应具有良好的模拟性能,能够以假乱真。例如,跟平时相比,在发生重大军事行动时,指挥所和作战部队之间通信量会增加,敌

方可以根据通信流量的变化推测某些军事行动的发生,因此为了防止敌方的流量分析,在平时也要发送一些无用的信息。

2. 完整性

完整性(Integrity)是保证信息的真实性,即信息在生成、传输、存储和使用过程中不应发生非授权的篡改、丢失。对于军用信息来说,完整性破坏可能意味着延误战机、闲置战斗力等。实现完整性的方法一般是通过访问控制阻止篡改行为,同时通过消息摘要算法来检验信息是否被篡改。

3. 可用性

可用性(Availability)用来保障信息资源随时可提供服务的能力特性,即授权用户可以根据需要随时访问所需信息。可用性是信息资源服务功能和性能可靠性的度量,涉及物理、网络、系统、数据、应用和用户等多方面的因素,是对信息网络总体可靠性的要求。为了实现可用性,可以采取备份和灾难恢复、应急响应、系统容灾等安全措施。

4. 不可否认性

不可否认性(Non-repudiation)又称为不可抵赖性,是指信息的发送者无法否认已发出的信息或信息的部分内容,信息的接收者无法否认已经接收的信息或信息的部分内容。实现不可否认性的措施主要有:数字签名、可信第三方认证技术等。

5. 认证

认证(Authentication)的目的是通过对用户身份进行鉴别,确保一个实体没有试图冒充别的实体。具体认证手段有口令、智能卡、指纹或视网膜、一次性口令技术、认证协议、多因素认证等。

除此之外,不同的信息系统根据业务类型的不同,可能还有更加细化的具体要求,包括可控性(Controllability)、可审查性(Auditability)、可存活性(Survivability)等。可控性就是对信息及信息系统实施实时监控,确保系统状态可被授权方控制;可审查性是指使用审计等安全机制,使得使用者(包括合法用户、攻击者、破坏者、抵赖者等)的行为有证可查,并能够对网络出现的安全问题提供调查依据和手段;可存活性是指计算机系统的这样一种能力:它能在面对各种攻击和错误的情况下继续提供核心的服务,而且能够及时地恢复全部的服务,这是一个新的融合计算机安全和业务风险管理的课题,它的焦点不仅是对抗计算机入侵者,还要保证在各种网络攻击的情况下业务目标得以实现,关键业务功能得以保持。信息系统安全的目标就是确保这些安全特性不被破坏。

1.2.3 信息安全的发展历史

信息安全的概念与技术随着计算机、通信与网络等信息技术的发展而不断演化、动态发展,人类对信息安全的认识和观念上的发展经历了通信保密阶段、信息安全阶段和现在的信息安全保障(Information Assurance,IA)阶段,早期的"通信保密"阶段以通信内容的保密为主,中期的"信息安全"阶段以信息自身的静态防护为主,而在近期的"信息保障"阶段则强调动态的、纵深的、生命周期的、全信息系统资产的信息安全。

1. 通信保密阶段

从古代至20世纪60年代中期,人们更关心信息在传输中的安全,一旦信息在传输过程中被截获,则信息的内容会被敌人知晓。面对通信过程中存在的安全问题,人们强调的主要是信息的保密性,对安全理论和技术的研究也侧重于密码学,这一阶段的信息安全可以简单地称为通信安全,即 COMSEC(COMmunication SECurity)。

最初,信息传递一般由可靠的使者完成,为了保护传输中的信息,出现了一些朴素的信息伪装方法。北宋曾公亮和丁度合著的《武经总要》反映了北宋军队对军令的伪装方法:先约定 40 条常用军令,然后用一首含有 40 个不同字的五言律诗,令其中每个字对应一条军令,传送军令时,写一封普通的书信或文件,在其中的关键字旁加印记,将军们在收到信后,找出其中加印记的关键字,然后根据约定的 40 字诗查出该字对应的军令。在古代欧洲,代换密码和隐写术得到了较多的研究和使用。德国学者 Trithemius 于 1518 年出版的《多表加密》反映了当时欧洲在代换密码的研究上已经从单表、单字符代换发展到了多表、多字符代换。

自 19 世纪 40 年代发明电报后,安全通信主要面向保护电文的机密性,密码技术成为获得机密性的核心技术。在两次世界大战中,各发达国家均研制了自己的密码算法和密码机,如在第二次世界大战中,德国使用了一台名为 Enigma 的机器对发送到军事部门的消息进行加密,此外还有日本的 PURPLE 密码机与美国的 ECM 密码机,但当时的密码技术本身并未摆脱主要依靠经验的设计方法,并且由于在技术上没有安全的密钥分发方法,在两次世界大战中有大量的密码通信被破解。

2. 信息安全阶段

计算机的出现是 20 世纪的重大事件,深刻改变了人类处理和使用信息的方法。20 世纪 60 年代后,半导体和集成电路技术的飞速发展进一步推动了计算机硬件的发展,计算机和网络技术的应用进入了实用化和规模化阶段,此时,对计算机安全的威胁扩展到恶意代码、非法访问、脆弱口令和黑客等,人们对安全的关注已经逐渐扩展为确保计算机系统中硬件、软件及正在处理、存储和传输信息的机密性、完整性、可用性、认证、不可否认性为目标的信息安全阶段,即 INFOSEC(INFOrmation SECurity)。

在密码学方面,美国斯坦福大学的 Diffie 和 Hellman 于 1976 年发表了论文《密码学的新方向》,指出不仅密码算法可以公开,加密用的密钥也可以公开,并且公开这些信息不会影响密码系统的安全性,为公钥密码机制提供了理论基础;美国国家标准与技术研究所于 1977 年通过公开征集的方法制定了当时应用急需的"数据加密标准(Data Encryption Standard,DES)",推动了分组密码的发展。这两个事件标志着现代密码学的诞生。1978 年,麻省理工学院的 3 位科学家 Rivest、Shamir、Adleman 设计了著名的 RSA 公钥密码算法,使数字签名和基于公钥的认证成为可能。20 世纪 80 年代后,学术界提出了很多信息安全新观点和新方法,如椭圆曲线密码(Ellipse Curve Cryptography,ECC)、密钥托管和盲签名等,标准化组织和产业界也制定了大量算法标准和实用协议,如数字签名标准(Digital Signature Standard,DSS)、因特网安全协议(Internet Protocol Security,IPSec)、安全套接字层(Secure Socket Layer,SSL),此外,形式化分析、零知识证明等都取得了进展。世界各国相继推出了一系列安全评估准则,具有代表性的成果是美国的可信计算机系统评估准则 TCSEC;加拿大、法国、德国、荷兰、英国、美国国家安全局于 20 世纪 90 年代中期提出的信息技术安全性评估通用准则(Common Criteria,CC)。

3. 信息安全保障阶段

20 世纪 80 年代末至 20 世纪 90 年代初,信息安全领域发生了巨大变化。1988 年美国发生了莫里斯病毒事件,1989 年联邦德国破获了克格勃利用黑客窃取计算机网上秘密案。为此,1989 年美国和西欧国家提出了动态防护的概念,并率先建立计算机应急反应小组。随后,欧美各国建立大量应急组织,并成立"计算机安全应急国际论坛"。1991 年海湾战争后,在 20 世纪 80 年代美、苏、中军事理论界提出信息战命题的基础上,美国正式启动信息战和网络战的研究与准备,引发了世界范围的信息战军备竞赛,与此同时,社会各个重要领域均向信息化迈进,由此带来的针对计算机信息系统的攻击事件日趋频繁,信息安全的概念已经不再局限于对信息的保护,为了保证关键信息系统的安全,系统的安全性和系统的可靠性作为安全的重要内涵引起人们的高度重视。

国际标准化组织(ISO)于 1989 年对 OSI 开放系统互连环境的安全性进行了深入研究,在此基础上提出了 OSI 安全体系结构,1989 年,该标准被我国采用。ISO 7498-2 安全体系结构由 5 类安全服务(认证、访问控制、数据保密性、数据完整性和抗抵抗性)及用来支持安全服务的 8 种安全机制(加密机制、数字签名、访问控制机制、数据完整性机制、认证交换、业务流填充、路由控制和公证)构成。

ISO 7498-2 体系关注的是静态的防护技术,它并没有考虑到信息安全动态性和生命周期的发展特点,缺乏检测、响应和恢复这些重要的环节,因而无法满足更复杂更全面的信息保障的要求。

当各国开始大力发展和建设社会信息基础设施,第一个进入信息化社会的美国,在 1996 年 12 月 9 日以国防部的名义发表了 *DoD Directive S-3600. 1: Information Operation*,在这个命令中,正式提出了信息安全保障(Information Assurance,IA)的概念:"通过确保信息和信息系统的可用性、完整性、可验证性、保密性和不可否认性来保护信息系统的信息作战行动,包括综合利用保护、检测和响应能力以及恢复系统的功能"。

1998 年 1 月 30 日,美国国防部批准发布了《国防部信息保障纲要》,指出信息保障工作应该是持续不断的,它贯穿于平时、危机、冲突及战争期间的全时域,信息保障不仅能满足和平时期的国家信息安全需求,而且能支持战争时期的国防信息安全攻防。同年 10 月,美国国家安全局(NSA)发布了《信息保障技术框架》(Information Assurance Technical Frame,IATF),提出了信息基础设施的整套安全技术保障框架,定义了对一个系统进行信息保障的过程以及该系统中软硬件的安全需求。IATF 从整体、过程的角度看待信息安全问题,其代表理论是"纵深防护战略"(defense-in-depth),依赖人员、技术、操作 3 个因素最终实现信息保障目标。

(1) 人(People):人是信息系统的拥有者、管理者和使用者,是信息保障体系的核心,是第一位的要素,因此对人的管理在信息安全保障体系中显得尤为重要,安全管理包括安全意识培养、组织管理、技术管理、操作管理等多方面。

(2) 技术(Technology):技术是实现信息保障的具体措施和手段,这里的技术已经不单是以防护为主的静态技术,而是保护(Protect),检测(Detect),响应(React)和恢复(Restore)有机结合的动态技术体系,也称之为 PDRR(或 PDR^2)保障体系,如图 1.5 所示。

① 保护（Protect）：指采用可能采取的手段保障信息的保密性、完整性、可用性、可控性和不可否认性。

② 检测（Detect）：指提供工具检查系统可能存在的黑客攻击、白领犯罪和病毒泛滥等脆弱性。

③ 响应（React）：指对危及安全的事件、行为、过程及时做出响应处理，杜绝危害的进一步蔓延扩大，力求系统尚能提供正常服务。

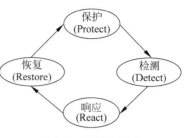

图 1.5　PDRR 模型

④ 恢复（Restore）：指一旦系统遭到破坏，尽快恢复系统功能，尽早提供正常的服务。

PDRR 模型把信息的安全保护作为基础，用检测手段来发现安全漏洞，同时采用应急响应措施对付各种入侵，在系统被入侵后，要采取相应的措施将系统恢复到正常状态，该模型强调自动故障恢复能力。

（3）操作（Operation）：或者叫运行，将人和技术紧密结合在一起，涉及风险评估、安全监控、安全审计、入侵检测、响应恢复等内容。

信息安全保障把信息系统安全从技术扩展到管理，从静态扩展到动态，与前几阶段的信息安全概念和技术相比，层次更高，涉及面更广，提供的安全保障更全面。

1.3　信息系统安全防护基本原则

视频讲解

计算机信息系统面临的安全威胁多种多样，安全威胁和安全事件的原因非常复杂。而且，随着技术的进步以及广泛应用，新的安全威胁不断产生。尽管没有一种完美的、一劳永逸的安全保护方法，但是，如果在设计之初就遵从一些合理的原则，那么相应信息系统的安全性就更加有保障。以下一些安全防护基本原则经过长时间的检验并得到了广泛认同，可以视为保证信息系统安全的一般性方法（或称为原则）。

1. 整体性原则

"整体性"原则是指从整体上构思和设计信息系统的安全框架，合理选择和布局信息安全的技术组件，使它们之间相互关联、相互补充，达到信息系统整体安全的目标。这就好比木桶装水，一只木桶装水的容量不是取决于最长的木板而是取决于最短的木板，不仅取决于木板的长度，还取决于木板之间的结合是否紧密，以及这个木桶是否有坚实的底板，这就是著名的"木桶"理论，计算机信息系统安全的研究应该符合这一富含哲理的"木桶"理论。

首先，对于一个庞大而复杂的信息系统，攻击者必然从系统中最薄弱的地方进行攻击。因此，充分、全面、完整地对系统的安全漏洞和安全威胁进行分析、评估和检测（包括模拟攻击），是设计安全系统的必要前提条件。安全机制和安全服务设计的首要目的是防止最常用的攻击手段，根本目标是提高整个系统的"安全最低点"的安全性能。

其次，信息安全应该建立在坚实的安全理论、方法和技术的基础之上，这是信息安全的底，通过深入分析信息系统的构成、分析信息安全的本质和关键要素，信息安全的底是密码技术、访问控制技术、安全操作系统、网络安全协议等，它们构成了信息安全的基础。

需要花大力气研究信息安全的这些基础、核心和关键技术,并在设计一个信息安全系统时,按照安全策略目标设计和选择这些底部组件,使需要保护的信息安全系统建立在可靠、牢固的安全基础之上。

木桶能否有效地容水,除了需要坚实的底板、相同高度的侧板,还取决于木板之间的缝隙,对于一个安全防护体系而言,安全产品之间的不协同工作犹如木板之间的缝隙,将使木桶无法容水。不同产品之间的有效协作和联动犹如木板之间的桶箍,能把一堆独立的木条联合起来,紧紧地围成一圈,消除木条之间的缝隙,使木条之间形成协作关系,达成一个共同的目标。

2. 分层性原则

没有一种安全技术牢不可破,只要给予攻击者足够的时间和资源,任何安全措施都可能被破解,因此,保障信息系统安全不能依赖单一的保护机制。这就好比为了确保银行保险箱中财物的安全需要采取多层安全措施,例如,保险箱自身有钥匙和锁具,保险箱置于保险库中,而保险库的位置处于普通人难以到达的银行建筑的中心位置或地下,仅有通过授权的人才能进入保险库,通向保险库的道路有限且有监控系统,银行大厅有警卫巡视且有联网报警系统。通过不同层次和级别的安全措施共同保证了所存财物的安全。同样,在信息系统中只有构建良好分层的安全措施才能够保证信息的安全。

在如图1.6所示的信息安全分层保护中,如果一个外部入侵者意图获取最内层主机上存储的信息,必须首先想方设法绕过外部网络防火墙,突破网络入侵检测系统,才能进入内部网络,接下来,入侵者必须突破内部网络中的防火墙和入侵检测系统才能访问到目标主机,而目标主机通常具有身份认证、访问控制、主机防火墙等安全措施,入侵者必须将这些控制措施一一突破才能够顺利达到预先设定的目标。

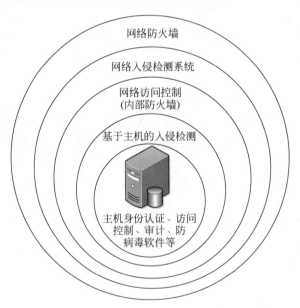

图1.6　信息系统的分层保护措施

不同防护层次也会使整个安全系统存在防护冗余,这样即使某一层安全措施出现单点失效,也不会对安全性产生严重影响。因而,提高安全层次的方法不仅包括增强安全层次的数量,也包括在单一安全层次上采取多种不同的安全技术,协同进行安全防范。

在使用分层安全时需要注意,不同的层次之间需要协调工作,这样,一层的工作不至于影响另外层次的正常功能。安全人员需要深刻理解组织的安全目标,详细划分每一个安全层次所提供的保护级别和所起到的作用,以及层次之间的协调和兼容。

3. 最小特权原则

在很多系统中都有一个系统超级用户或系统管理员,拥有对系统全部资源的存取和分配权,所以它的安全至关重要,如果不加以限制,有可能由于超级用户的恶意行为、口令泄密、偶然破坏等对系统造成不可估量的损失和破坏。因此有必要对系统超级用户的权限加以限制,实现权限最小化原则。

最小特权的思想是系统不应赋予用户超过其执行任务所需特权以外的特权,或者说仅给用户赋予必不可少的特权,最小特权原则一方面赋予主体"必不可少"的特权以保证用户能完成承担的任务或操作,另一方面它仅给用户"必不可少"的特权从而能限制用户所能进行的操作。同时为了保证系统的安全性,不应对某个用户赋予一个以上职责,而一般系统中的超级用户通常肩负系统管理、审计等多项职责,因而需要将超级用户的特权进行细粒度划分,分别授予不同的管理员,并使其只具有完成其任务所需的特权,从而减少由于特权用户口令丢失或错误软件、恶意软件、误操作所引起的损失。

1.4 信息系统安全技术体系

视频讲解

无论在单机系统、局域网还是广域网系统中,都存在着自然和人为等诸多因素的脆弱性和潜在威胁,因此计算机信息系统的安全措施应该能全方位地针对各种不同的威胁和脆弱性,这样才能确保信息的保密性、完整性和可用性。总之,一切影响计算机系统安全的因素和保障计算机信息安全的措施都是计算机系统安全技术的研究内容,信息系统安全是一门涉及计算机科学、网络技术、通信技术、密码技术、信息安全技术、应用数学、数论、信息论等多种学科的综合性学科。

计算机网络环境下的信息系统安全可以划分为五个层次:物理安全、网络安全、操作系统安全、数据库安全、应用系统安全,如图1.7所示。最底层的基础安全技术包括密码技术、身份认证技术、访问控制技术,是各层具体安全技术的基础。

密码技术主要包括密码算法和密码学的应用,具体包括对称密码算法、公钥密码体制、数字签名、消息认证、密钥管理等,它们在不同的场合分别用于提供机密性、完整性、不可否认性等,是构建信息系统安全的基本要素。

身份认证和访问控制是最基本的安全机制,身份认证的主要目的是确定用户的合法性,阻止非法用户访问系统,访问控制对用户提出的资源访问请求加以控制,其目的是保证网络资源受控、合法地使用。这两种基本安全机制可以用在信息系统的各组成部分,确保硬件、操作系统、数据库、应用系统的安全。

(1) 物理安全。物理安全是为了应对自然灾害、设备自身的缺陷、设备的自然损坏、环境干扰、人为的窃取和破坏,而对计算机设备、设施(包括机房建筑、供电、空调等)、环

应用系统安全技术		
安全编程	恶意代码检测与防御	Web应用安全

数据库安全技术			
安全性控制	完整性控制	并发控制	恢复控制

操作系统安全技术			
内存保护	用户标志与识别	授权控制	审计技术

网络安全技术			
防火墙技术	漏洞扫描技术	入侵检测技术	防病毒技术

物理安全技术		
环境安全	设备安全	介质安全

基础安全技术		
密码技术	身份认证技术	访问控制技术

图 1.7　计算机网络环境下的信息系统层次结构

境、人员、系统等采取的安全措施。

（2）操作系统安全。操作系统是信息系统的核心组成部分,为整个计算机信息系统提供底层(系统级)的安全保障。操作系统的安全机制包括存储保护、用户认证和访问控制技术等。

（3）计算机网络安全。主要包括网络安全框架、防火墙和入侵检测系统、网络隔离技术、网络安全协议,以及公钥基础设施 PKI/PMI 等内容。

（4）数据库系统安全。数据库中存放了大量关键数据,需要加以保护,主要借助于数据库管理系统提供的安全机制来实现保护,具体安全机制包括身份认证、访问控制、审计、加密、备份和恢复等。

（5）应用系统安全。主要包括病毒、木马、蠕虫等恶意程序攻击的原理及防范措施;应用系统自身因编程不当存在缓冲区漏洞、格式化字符串漏洞等,如何开发安全应用系统的编程方法;如何确保 Web 应用系统安全。

此外,我们注意到在 PDRR 模型中,响应和恢复是两个重要的环节,因此本书还介绍了计算机系统应急响应与灾难恢复的概念、内容。安全风险评估也是加强信息安全保障体系建设和管理的关键环节,本书介绍了安全评估的国内外标准,评估的主要方法、工具、过程。

习　　题

一、填空题

1. 信息安全的基本安全目标包括_____、_____和_____。

2. 信息系统安全包括四个层面:_____、_____、_____和_____。

3. 信息安全概念的发展经历了_____、_____和_____三个阶段。

4. PDRR 模型各部分含义：_____、_____、_____和_____。

5. 内容安全是信息安全在法律、政治、道德层次上的要求,信息内容在政治上是_____,必须符合国家_____。

6. 信息系统之所以是脆弱的,主要原因是：_____、_____、_____。

7. 信息系统设备的安全是信息系统安全的首要问题,包括三个层面：设备的_____,设备的_____,设备的_____。

8. 确保信息系统安全是一个系统工程,只有从信息系统的_____出发,从整体上采取措施,才能比较有效地确保信息系统的安全。

9. 信息系统安全防护需要遵循：_____、_____、_____等原则。

10. 信息系统安全是保护信息系统中的软件、_____、_____,使之免受偶然或恶意的破坏、篡改和泄露,保证系统正常运行,_____。

二、选择题

1. 信息安全的基本属性是(　　)。

　　A. 机密性　　　　　　　　　　　　B. 可用性
　　C. 完整性　　　　　　　　　　　　D. 以上 3 项都是

2. 从攻击方式区分攻击类型,可分为被动攻击和主动攻击。被动攻击难以(　　),然而(　　)这些攻击是可行的;主动攻击难以(　　),然而(　　)这些攻击是可行的。

　　A. 预防,检测,预防,检测　　　　　B. 检测,预防,检测,预防
　　C. 检测,预防,预防,检测　　　　　D. 以上 3 项都不是

3. 从安全属性对各种网络攻击进行分类,阻断攻击是针对(　　)的攻击。

　　A. 机密性　　　　　　　　　　　　B. 可用性
　　C. 完整性　　　　　　　　　　　　D. 不可否认性

4. 从安全属性对各种攻击进行分类,嗅探攻击是针对(　　)的攻击。

　　A. 机密性　　　　　　　　　　　　B. 可用性
　　C. 完整性　　　　　　　　　　　　D. 以上 3 项都是

5. 攻击者用传输数据来冲击网络接口,使服务器过于繁忙以至于不能应答请求的攻击方式是(　　)。

　　A. 拒绝服务攻击　　　　　　　　　B. 会话劫持
　　C. 信号包探测程序攻击　　　　　　D. 地址欺骗攻击

6. 攻击者截获并记录了从 A 到 B 的数据,然后又从早些时候所截获的数据中提取出信息重新发往 B,称为(　　)。

　　A. 中间人攻击　　　　　　　　　　B. 强力攻击
　　C. 重放攻击　　　　　　　　　　　D. 字典攻击

7. 定期对系统和数据进行备份,在发生灾难时进行恢复,该机制是为了满足信息安全的(　　)属性。

　　A. 机密性　　　　　　　　　　　　B. 可用性
　　C. 完整性　　　　　　　　　　　　D. 不可否认性

8. 信息安全的木桶原理是指(　　　)。

　　A. 整体安全水平由安全级别最低的部分决定

　　B. 整体安全水平由安全级别最高的部分决定

　　C. 整体安全水平由各组成部分的安全级别平均值决定

　　D. 以上 3 项都不对

9. DoS 破坏了信息的(　　　)。

　　A. 机密性　　　　　　　　　　　　　B. 可用性

　　C. 完整性　　　　　　　　　　　　　D. 不可否认性

10. 信息系统的安全目标中,让恶意分子"看不懂",对应的是(　　　)安全目标。

　　A. 机密性　　　　　　　　　　　　　B. 可用性

　　C. 完整性　　　　　　　　　　　　　D. 不可否认性

三、简答题

1. 计算机信息系统的脆弱性在哪里?

2. 简述主动攻击与被动攻击的特点,并列举主动攻击与被动攻击的方式。

3. 信息系统的安全目标有哪些? 如何理解?

4. 信息安全概念发展的主要阶段有哪些? 各阶段中主要的安全技术有哪些?

5. 什么是信息系统安全的"木桶原理"? 如何理解?

6. 查阅资料,进一步了解 PDR、PPDR、PDRR 以及 PPDRR 模型中组成部分的含义,这些模型的发展说明了什么? 写一篇读书报告。

7. 我国正逐步形成一个完善的安全保障体系,成立了国家计算机网络应急处理协调中心(CNCERT, http://www. cert. org. cn)、国家计算机病毒应急处理中心(http://www. antiviruschina. org. cn)、国家计算机网络入侵防范中心(http://www. nipc. org. cn)、信息安全国家重点实验室网站(http://www. is. ac. cn)。请访问以上网站,了解最新的信息安全研究动态和研究成果。

第 2 章

密码学基础

随着计算机的广泛应用,大量信息以数字的形式存放在计算机系统中,并通过公共信道传输。计算机系统和公共信道在不设防的情况下是很脆弱的,面临信息窃取、信息篡改、信息重放、信息抵赖等安全问题,解决这些安全问题的基础是现代密码学。

密码学是关于加密和解密变换的一门科学,是信息安全理论与技术的基石,在信息安全领域发挥着中流砥柱的作用。通过对信息进行加密将可读的信息变换成不可理解的乱码,从而起到保护信息的作用;密码技术还能够提供完整性校验,即能检测收到的消息是否来自可信的源点、是否被篡改;基于密码体制的数字签名具有抗抵赖的功能。

2.1 节介绍密码学的起源;2.2 节介绍密码学的基本概念,包括密码体制的组成、分类以及设计原则等;2.3 节介绍古典密码体制,包括代换密码和置换密码的经典算法;2.4 节介绍对称密码体制、对称密码主要提供机密性保护、当前主要包括分组密码和序列密码(也称流密码),本节主要介绍在信息加密技术发展史上具有里程碑意义的对称分组密码 DES 算法;2.5 节以著名的 RSA 算法为例介绍公钥密码体制;2.6 节介绍用于消息完整性校验的消息认证;2.7 节主要介绍用以防止信息抵赖的数字签名技术;2.8 节介绍对公钥进行有效管理以及提供通用性安全服务的公钥基础设施。

2.1 密码学的发展历史

视频讲解

密码学的发展历史极为久远,其起源可以追溯到几千年前的埃及、巴比伦和古希腊,或许是由于最早的密码起源于古希腊,密码学的英文单词 cryptology 一词来源于希腊语,crypto 是隐藏或秘密的意思,logo 是单词的意思,graphy 是书写的意思,cryptology 就是"如何秘密地书写单词"。传统意义上来说,密码学主要研究如何把信息转换成一种隐蔽的状态从而阻止其他人得知。密码学提供的最基础的服务就是将信息表述为不可读内容,使通信者能够相互发送消息同时避免其他人员读取信息内容,随着密码学的发展,它还提供了身份认证、完整性校验、数字签名等安全服务。

从远古时期到 1949 年前,这段时间是科学密码学的前夜,这段时间的密码学更像一门艺术,密码专家们通常凭直觉和信念进行密码分析和设计,而不是依靠严格的推理证明,因此这个时期的密码通信还不能称为一门科学。直到 1949 年,香农发表了一篇题为《保密系统的信息理论》的著名论文,在该论文中首次将信息论引入了密码,用数学方法对信息源、密钥、密文等进行了数学描述和定量分析,提出了通用的保密通信模型,将密码置于坚实的数学基础之上,从而把已有数千年历史的密码学推向科学的轨道,标志着密码学作为一门学科的形成。

受历史的限制,20世纪70年代以前,密码学研究基本上是秘密进行的,密码体制及其设计细节都是保密的,主要应用局限于军事、外交、情报、政府等重要部门。直到1976年美国密码学家 W. Diffie 和 M. Hellman 发表论文《密码学的新方向》,该论文提出了一个崭新的思想:不仅加密用的算法可以公开甚至加密用的密钥也可以公开,并且并不会因为公开这些信息而使信息的保密性降低,这就是著名的公钥密码体制的思想。从1976年开始直到现在是密码学的蓬勃发展时期,密码研究从秘密走向公开,并逐渐在民用领域得到广泛应用,从而为其注入了强大的生命力,现代密码学发展史上主要成果包括以下算法。

1. DES 算法

1977年,美国国家标准局颁布了数据加密标准 DES,DES 是最早受到广泛应用和具有深远影响的对称分组加密算法,用于国家非保密机关。该算法完全公开加、解密算法,算法的安全性基于密钥的保密性,其设计充分体现了香农信息保密理论所阐述的密码设计思想,标志着密码设计和分析达到了新的水平。该算法使用了近二十年,是密码学上的一个创举。

2. RSA 算法

1978年,美国麻省理工学院三位年轻的数学家 R. L. Rivest、A. Shamir 和 L. Adleman 提出了 RSA 公钥密码体制,它是第一个成熟的、迄今为止最为成功的公钥密码体制。RSA 算法安全性是基于数论中的大整数因子分解的难题,由于该难题至今没有有效的解决算法,这使得该加密机制具有较高的安全性。

3. DSS 算法

数字签名就是数字形式的签名盖章,是证明当事者身份和确保数据真实性的一种重要措施,用于防范通信双方的欺骗,没有数字签名,诸如电子政务、电子金融、电子商务等系统是不能实际使用的。数字签名一般利用公钥密码体制进行,其安全性取决于密码体制的安全程度。1994年,美国公布了数字签名标准(Digital Signature Standard,DSS),由于美国在科学技术方面的领先地位,DSS 实际上已经成为国际标准。

4. AES 算法

DES 算法在使用近二十年后,由于密钥太短,抵制不住穷举攻击,其安全性已无法保证。1995年,美国国家标准与技术研究所公开征集用以取代 DES 的高级加密标准(Advanced Encryption Standard,AES),最终在2001年10月,正式采纳比利时密码学家 Joan Daemen 和 Vincent Rijmen 提出的 Rijndael 算法作为 AES 算法。该算法是分组长度和密钥长度均可变的多轮迭代型加密算法,集安全性、效率、可实现性及灵活性于一体。2002年,许多国家标准化组织都采纳 AES 作为其加密标准。为了和国际接轨,我国也在某些商业领域中使用 AES。

进入21世纪,各种新领域的密码学也广泛开展,随着量子计算机研究热潮的兴起,世界各国对量子密码的研究也广泛开展。量子密码具有可证明的安全性,同时还能对窃听行为方便地进行检测,这些优势使得量子密码引起了国际密码学界的高度重视。另外,混沌是一种复杂的非线性非平衡动力学过程,由于混沌序列是一种具有良好随机性的非线性序列,有可能构成新的序列密码,因此世界各国的密码学者对混沌密码寄予了很大的期望。还有生物信息技术的发展也推动着生物芯片、生物计算机和基于生物信息特征的生物密码的研究。量子密码、混沌密码和生物密码的出现将把我们带入新的密码学世界。

2.2　密码学基本概念

2.2.1　密码体制的组成

密码学(Cryptology)包括密码编码学(Cryptography)和密码分析学(Cryptanalysis)两个分支。研究各种加密方案的学科称为密码编码学,加密方案称为密码系统或密码体制;研究破译密码的学科称为密码分析学。密码编码学和密码分析学既相互对立又相互依存,密码学就是对这两个分支进行综合分析、系统研究的科学。

加密的基本思想就是对信息进行伪装,使非法访问无法理解信息的真正含义。这里伪装就是对信息实施一组可逆的数学变换,伪装前的原始信息称为明文(Plaintext),伪装后的信息称为密文(Ciphertext),伪装的过程称为加密(Encryption),去掉伪装恢复消息本来面目的过程称为解密(Decryption)。加密和解密的过程要在密钥(Key)的控制下进行,密钥是只被通信双方所掌握的关键信息。因此,一个密码系统由以下五部分组成。

(1) 明文空间(M):全体明文的集合。

(2) 密文空间(C):全体密文的集合。

(3) 加密算法(E):一组由 M 到 C 的变换。

(4) 解密算法(D):一组由 C 到 M 的变换。

(5) 密钥空间(K):全体密钥的集合,其中,加密密钥用 K_e 表示,解密密钥用 K_d 表示。

加密就是明文在加密密钥和加密算法的共同作用下生成密文的过程:$C=E(M,K_e)$,解密就是密文在解密密钥和解密算法的作用下恢复成明文的过程:$M=D(C,K_d)$,如图 2.1 所示。

荷兰人 Kerckhoffs 在 1883 年指出,密码算法的安全性必须建立在密钥保密的基础上,即使敌手知道算法,若不掌握特定密钥也难以破译密码算法,这就是著名的 Kerckhoffs 准则。因此,数据的安全应该基于密钥的保密而

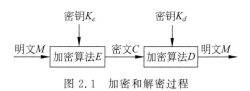

图 2.1　加密和解密过程

不是算法的保密,也就是说,密码体制中的加、解密算法是公开的,可供所有人使用、研究,只有能经受得住敌手充分研究而找不出破绽的算法才是安全的算法,这就是算法设计公开的原则,其目的是使算法设计完备、没有缺陷。美国在制定数据加密标准 DES 算法时就采用公开征集、公开评价的原则,实践证明 DES 算法是安全的。当然,密码设计公开的原则并不要求所有密码在应用时都要公开加、解密算法,例如,国家的军政核心密码一般都不公开其加、解密算法,但这些密码在设计时仍然应坚持算法公开的原则,只不过是只对内部专业设计与分析人员公开,而不对外公开,在公开设计原则下是安全的密码体制,

在实际使用时对算法保密,将会更安全,这是核心密码系统设计和使用的正确路线。而对于商业密码,则应当坚持公开征集、公开评价的原则。

2.2.2 密码体制的分类

1. 根据变换对象分类

根据加密变换对象不同,密码体制分为古典密码体制和现代密码体制。其中,古典密码体制以字母(字符)作为变换的单位,通常指从古代至第二次世界大战前后产生的密码,目前已经很少使用,而现代密码体制以位或字节作为变换的单位。

2. 根据密钥的使用方式分类

根据密钥使用方式的不同,密码体制可分为对称密码体制和非对称密码体制(也称为公钥密码体制)。

对称密码体制是指用于加密数据的密钥和用于解密数据的密钥相同或者两者之间存在某种明确的数学关系因而容易相互导出。由于算法本身可以公开,因此采用对称加密算法进行加密通信前,需要通过可靠的途径将密钥送至接收端,一旦密钥泄露等于泄露了被加密的信息。对称密码算法中最广泛使用的是 DES 算法。

非对称加密算法是指用于加密数据的密钥和用于解密数据的密钥是不同的,而且已知加密密钥无法推导出解密密钥。在非对称加密算法中用于加密的密钥是可以公开的,任何人都可以基于公开密钥对信息进行加密,但只有拥有对应解密密钥的人才能解密信息,因此解密密钥需要严格保密。RSA 算法是常用的非对称密码算法。

这两类密码技术都能提供机密性,但对称密码体制的加密效率更高,因此它常用于数据量较大的保密通信中,而公钥密码常用于数字签名、密钥分发等场合。

3. 根据明文和密文的处理方式分类

根据明文处理方式和密钥使用方式的不同,可以将密码体制分成分组密码和序列密码。分组密码一次加密一个明文块,序列密码一次加密一个字符或一个位。

分组密码也称为块密码,它将明文 M 划分成一系列明文块 $M_1,M_2,\cdots,M_n$,通常每块包括若干字符,并且对每块 M_i 用同一个密钥 K_e 逐个进行加密,即

$$C = (C_1, C_2, \cdots, C_n)$$

其中,$C_i = E(M_i, K_e), i = 1, 2, \cdots, n$。

序列密码也称为流密码,它将明文和密钥都划分为位或字符的序列,并且对明文序列中的每一位或字符都用密钥序列中对应的分量来加密,即

$$M = (m_1, m_2, \cdots, m_n), K_e = (k_{e1}, k_{e2}, \cdots, k_{en}), C = (c_1, c_2, \cdots, c_n)$$

其中,$c_i = E(m_i, k_{ei}), i = 1, 2, \cdots, n$。

2.2.3 密码设计的两个重要原则

直到第二次世界大战,密码技术仍较为简陋。为了寻求新的密码设计方法,香农(Shannon)于 1949 年提出密码系统设计的两个基本原则。

1. 扩散性

密码系统应该把明文或密钥信息的变化尽可能多地散布到输出的密文信息中,以便

隐蔽明文信息的统计特性。产生扩散的最简单的方法是置换(例如重新排列字符)。

2. 混淆性

混淆是指密码系统应该在加密变换过程中使明文、密钥及密文之间的关系复杂化,用于掩盖明文和密文间的关系。产生混淆通常采用的方法是代换。

随后出现的对称密码主要包括分组密码和序列密码,它们的设计者用不同的方法贯彻了以上原则。分组密码有很多,如 DES、AES、IDES、RC5、SMS4 等。SMS4 是 2006 年中国国家密码管理局公布的无线局域网产品中应用的建议密码算法之一。

2.2.4　密码分析

密码分析学(俗称破译)是在不知道密钥的情况下,恢复出明文的一门科学。成功的密码分析能恢复出消息的明文或密钥,密码分析也可以发现密码体制的弱点,是评判密码系统安全性的重要方法。在密码学术语中,"分析"与"攻击"意义相近,因此密码分析也称为密码攻击。在所有密码分析中,均假设攻击者知道正在使用的密码体制。密码分析的方法有两类:穷举法和分析法。

1. 穷举法

又称为暴力攻击,是指密码分析者对截获的密文用所有可能的密钥试译,直到找到一个正确的密钥能够把密文还原成明文。对于穷举攻击,只要有足够的计算时间,理论上总能成功,当然在穷举法中也要用到经验、直觉判断、猜测等能力。平均而言,破译成功至少要尝试所有可能密钥的一半。穷举攻击所花费的时间等于尝试次数乘以一次解密(破解)所需要的时间。显然可以通过增大密钥量或加大解密(加密)算法的复杂性来对抗穷举攻击。当密钥量增大时,尝试的次数必然增大,当解密(加密)算法的复杂性增大时,完成一次解密(加密)所需的时间增大,从而使穷举攻击在实际上不能实现。

2. 分析法

又分为统计分析攻击和数学分析攻击。统计分析是指密码分析者对截获的密文进行统计分析,利用密文的统计规律来破译密码。例如,单表代换密码通过分析密文中字母出现的频率,与英文字母的使用频率做对比而进行攻击。对抗统计分析攻击的方法是增加算法的混淆性和扩散性,打破密文的统计规律。数学分析法是指密码分析者针对加密算法的数学依据,通过数学求解的方法来破译密码。为了对抗数学分析攻击,应选用具有坚实数学基础和足够复杂度的加密算法。

根据密码分析者可利用的数据,密码分析可分为以下几种类型。

(1) 唯密文攻击:是指密码分析者仅根据截获的密文来破译密码。密码分析者有一些消息的密文,这些消息都是用同一加密算法加密。密码分析者的任务是恢复尽可能多的明文,或者最好是能推算出加密消息的密钥,以便可采用相同的密钥解出其他被加密的消息。

(2) 已知明文攻击:密码分析者可得到一些消息的密文,而且也知道这些密文对应的明文。分析者的任务是用已知信息推出用来加密的密钥或导出一个算法,该算法可以对用同一密钥加密的任何消息进行解密。近代密码学认为,一个密码仅当它能经受得住已知明文攻击才是可取的。中途岛海战就是一次成功的已知明文的攻击,美军故意透露出假情报(明文)来诱使日军发报(密文),从而得知密文"AF"指的是中途岛。

（3）选择明文攻击：指密码分析者不仅可以得到一些小的密文和相应的明文，而且也可以选择被加密的明文，这是对密码分析者最有利的情况。例如，公钥密码体制中，攻击者可以利用公钥加密任意选定的明文，这种攻击就是选择明文攻击情况。计算机文件系统和数据库特别容易受到这种攻击，因为攻击者可以随意选择明文，并得到相应的密文文件和数据库。

（4）选择密文攻击：密码分析者能选择不同的密文，并可得到对应的解密后的明文。在这些攻击方法中，唯密文攻击难度最大，因为攻击者拥有的信息量最少。

如果密码分析者无论具有多少资源，都不足以唯一地确定在该密码体制下的密文所对应的明文，则此加密体制是无条件安全的。一次一密可以满足无条件安全，它用一组完全无序的数字(密钥)对消息进行加密，而且每个密钥只使用一次。除了一次一密，几乎所有的算法都不是无条件安全的，也就是说，在理论上是可能被攻破的，在密码研究中更关心的是在计算上安全的密码体制，加密算法应该至少满足下面两个条件之一就认为是计算上安全的。

（1）破译密码的代价超出密文信息的价值。那么对于破译密码的人来说，这么做是得不偿失。

（2）破译密码的时间超出了密文信息的有效期。当密码被破解时，明文实际上已经丧失了使用价值。

2.3 古典密码体制

视频讲解

古典密码体制采用手工或者机械操作实现加解密，相对简单，大多数古典加密早在计算机普及之前已经被开发出来，计算机出现后，由于计算机运行的速度远远高于手工计算速度，所有古典密码算法能够很容易被计算机破解，目前任何重要的应用程序都不推荐使用古典加密算法。古典密码的安全性较弱，但反映了密码设计的一些基本原则和方法，回顾和研究这些密码的原理与技术，对于理解、设计和分析现代密码仍有较强的借鉴意义。

古典密码采用两种基本技术：代换和置换技术。代换是将明文字母替换成其他字母、数字或符号。置换是打乱明文的字母位置形成密文。古典密码体制只使用代换或置换技巧，而现代密码体制大多是综合应用这两种技术实现的，相对于古典密码体制来说，基于的数学基础更加复杂。

2.3.1 代换密码

1. 凯撒密码

已知的最早的代换密码是由古罗马 Julius Caesar 发明的凯撒密码，这种密码将明文中每个字母用字母表中在它之后的第三个字母进行循环代换。凯撒密码的密码表如表 2.1 所示。

表 2.1 凯撒密码的密码表

明文	a	b	c	d	e	f	g	h	i	j	k	l	m	n	o	p	q	r	s	t	u	v	w	x	y	z
密文	D	E	F	G	H	I	J	K	L	M	N	O	P	Q	R	S	T	U	V	W	X	Y	Z	A	B	C

【例 2-1】　用凯撒密码对"attack on three am"进行加密,得到的密文为"DWWDFN RQ WKUHH DP"。

如果让每个字母等价于一个数值,如表 2.2 所示,那么凯撒密码的加解密公式分别为:

$$C_i = (P_i + 3) \bmod 26$$
$$P_i = (C_i - 3) \bmod 26$$

表 2.2　字母和数字对应关系

字母	A	B	C	D	E	F	G	H	I	J	K	L	M	N	O	P	Q	R	S	T	U	V	W	X	Y	Z
数字	0	1	2	3	4	5	6	7	8	9	10	11	12	13	14	15	16	17	18	19	20	21	22	23	24	25

如果移位可以是任意整数 k,则更加通用的密码算法(也称为移位代换密码)如下:

加密:$C_i = (P_i + k) \bmod 26$

解密:$P_i = (C_i - k) \bmod 26, k \in [0, \cdots, 25]$

由于密钥 k 只有 26 种可能的取值,因此用穷举分析可以轻松破解移位代换密码。

2. 单表代换密码

移位代换密码仅有 26 种可能的密钥,是很不安全的,之所以只有 26 个密钥,是因为移位代换密码中字母代换太有规律了,如果打破规律代换而允许任意代换,则密钥空间将会急剧增大。例如,如果明文字母 A 用 C 代换,在移位代换中字母 B 只能用 D 代换,字母 C 只能用 E 代换,以此类推。而如果采用任意代换,则 B 可用除 C 之外剩余 25 个字母中的随机一个来代换,C 用剩余 24 个字母中的随机一个来代换,以此类推,这样,密钥空间为 26!,约 4×10^{26} 种可能的密钥,这么大的密钥空间即使对于计算机来说也应该可以抵挡穷举攻击。因为每条消息用一个字母映射表(从明文字母到密文字母的映射)加密,所以这种方法称为单表代换密码。

【例 2-2】　采用单表代换加密的密码表如表 2.3 所示,请对"attack on three am"进行加密,密文为"FXXFGP ZQ XALMM FC"。

表 2.3　单表代换加密密码表

文明	A	B	C	D	E	F	G	H	I	J	K	L	M	N	O	P	Q	R	S	T	U	V	W	X	Y	Z
密文	F	T	G	S	M	O	N	A	Y	V	P	D	C	Q	Z	R	W	L	E	X	H	B	K	I	U	J

攻击单表代换密码的有效方法是利用统计分析法,也即利用语言规律进行攻击。公元 9 世纪,阿拉伯的密码破译专家就已经娴熟地掌握了用统计字母出现频率的方法来攻击单表代换密码。破解的原理很简单:在每种拼音文字语言中,每个字母出现的频率并不相同,例如在英语中,e 出现的次数就要大大高于其他字母,字母使用频率分布如图 2.2 所示。所以如果取得了足够多的密文,通过统计每个字母出现的频率,就可以猜出密码中的一个字母对应于明文中哪个字母(当然还要通过揣摩上下文等基本密码破译手段)。

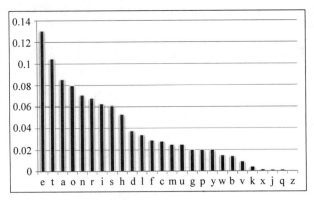

图 2.2   英语字母的统计规律图

如果消息足够长,只要用这种方法就足够了,但是如果消息比较短,还可以用到以下一些统计规律。

(1) 英文单词以 E、S、D、T 结尾的超过一半。

(2) 英文单词以 T、A、S、W 为起始字母的约为一半。

(3) 一般来说,3 个字母出现的可能是 THE 或 AND。

(4) 单个字母出现的可能是 A 或 I。

(5) 最常见的两字母组合,依照出现次数递减的顺序排列为:TH、HE、IN、ER、AN、RE、DE、ON、ES、ST、EN、AT、TO、NT、HA、ND、OU、EA、NG、AS、OR、TI、IS、ET、IT、AR、TE、SE、HI、OF。

单表代换之所以能采用统计的方法进行攻击,主要的原因是单表代换中每个明文字母只用一个密文字母来代替,明文中字母出现的频率信息还会保留在密文中。如果一个明文字母可以用多个字母代换,例如,字母 A 有时用 B 代换,有时用 F 代换,可以使得明文字母出现的频率信息得到隐藏,这就是多表代换的思想。

3. 多表代换密码

改进单表代换的方法是在明文消息中采用多个单表代换,这样密文中的每个字母都有多个可能的密文字母来代换它,从而在密文中隐藏明文字母出现的频率信息,这种方法称为多表代换。Vigenere 密码是最为著名的多表代换密码。

Vigenere 密码是一种以移位代换为基础的周期代换密码,采用该算法,明文中每个字母采用移位代换法,所移位的位数由密钥决定。每一个密钥字母加密一个明文字母,直到所有的密钥字母用完,然后再从头开始,也就是密钥循环使用。

【例 2-3】 密钥词为 deceptive,那么明文"we are discovered save yourself"将这样被加密:

w	e	a	r	e	d	i	s	c	o	v	e	r	e	d	s	a	v	e	y	o	u	r	s	e	l	f
d	e	c	e	p	t	i	v	e	d	e	c	e	p	t	i	v	e	d	e	c	e	p	t	i	v	e
z	i	c	v	t	w	q	n	g	r	z	g	v	t	w	a	v	z	h	c	q	y	g	l	m	g	j

第一个明文字母 w(对应表 2.2 中数字为 22),该明文字母采用移位代换进行加密,

移位数目由对应的密钥字母 d(对应数字为 3)确定,则密文为 22＋3(mod 26)＝25,对应的密文字母为 z,其他密文字母的产生采用相同的方法。

采用 Vigenere 密码,明文第 2 位和第 5 位的字母 e 对应的密文字母分别为 i 和 t,也即每个明文字母对应多个密文字母,这样字母出现的频率信息被屏蔽了。

Vigenere 密码如何进行破译呢? 在上述例子中,明文中出现了两次"red",通过观察发现其对应的密文序列 vtw 也相同,这是因为两个"red"对应的密钥字母序列也相同。采用 Vigenere 密码加密,如果两个相同的明文序列之间的距离是密钥词长度的整数倍,那么产生的密文序列也是相同的。这样,密码分析者只要发现重复序列 vtw,且重复序列之间相隔 9 个字母,那么就可以认为密钥词长度是 3 或者 9。vtw 的两次出现可能是偶然的,不一定是用相同密钥词加密相同明文所导致的,然而,如果信息足够长,就会有大量重复的密文序列出现,通过计算重复密文序列间距的公因子,分析者就能猜出密钥的长度。

采用 Vigenere 密码加密,间隔长度是密钥长度整数倍位置上的加密实际上是单表代换。如果密钥的长度为 N,那么加密过程包含 N 个单表代换。例如上例中,位置 1,10,19,…的字母的加密是单表代换,第 2,11,20,…位的字母加密也是单表代换,以此类推,在分析出密钥长度后,对于每一个单表代换可以用明文语言的频率特性进行分析从而破解 Vigenere 密码。

虽然破译 Vigenere 密码的技术并不复杂,但是在 1917 年的一期《科学美国人》的杂志上却称为不可破译的。当对现代密码算法做出类似论断时,这是值得吸取的教训,计算上安全的密码的安全性需要经常性评估。

Vigenere 密码之所以能被破解的主要原因是密钥长度有限,必须重复使用,因此仍然能够用统计的方法进行分析,要抗击这样的密码分析,只有选择与明文长度相同的密钥。

4. 一次一密

美国 AT&T 公司的 Gilbert Vernam 于 1917 年发明了一种加密方案 Vernam,利用随机密钥和 XOR 运算实现加密。美国陆军上尉 Joseph Mauborgne 在此基础上提出了一次一密乱码本。一次一密乱码本是一个大的不重复的随机密钥字母集,每个密钥被分别写在一张纸上,所有密钥纸被粘成一个乱码本,发送者在发送消息时用乱码本中的一个密钥加密,然后销毁乱码本中用过的一页,接收者有一个相同的乱码本,依次用乱码本上的密钥解密,并销毁密钥本中用过的一页。采用这种方式,每个密钥仅对一个消息使用一次。Grilbert Vernam 和 Joseph Mauborgne 提出的方案结合起来称为一次一密(One-time Pad)。

一次一密要求使用与消息本身一样长的随机密钥,每个密钥只能使用一次,一次一密的安全性完全取决于密钥的随机性。如果构成密钥的字符流是真正随机的,那么构成密文的字符流也是真正随机的,这样的密码是无条件安全的。

【例 2-4】 1917 年,美国 AT&T 公司的 Gilbort Vernam 提出了 Vernam 密码系统:明文英文字母编成 5b 二元数字,称为五单元波多码(Baudot Code),选择随机二元数字流作为密钥,加密通过执行明文和密钥的逐位异或操作,产生密文,可以简单地表示为:

$$C_i = P_i \oplus K_i$$

其中,P_i 表示明文的第 i 个二元数字,K_i 表示密钥的第 i 个二元数字,C_i 表示密文的第 i 个二元数字,$\oplus$ 表示异或操作。解密仅需执行相同的逐位异或操作:

$$P_i = C_i \oplus K_i$$

但实际上一次一密要想达到无条件安全,存在两个基本难点:一是产生大规模随机密钥的实际困难,另一个是密钥分配和保护问题,对每一条发送的消息,需要提供给发送方和接收方等长度的密钥,因此存在庞大的密钥分配问题,所以一次一密在实际中很少使用,而主要用于安全性要求很高的低带宽通信。

苏联曾经在第二次世界大战后使用过一次一密的方法来加密间谍发送的消息,用一叠在每一页上都标有随机数的纸,每页纸用于一条消息,而且只用一次。如果正确使用,这种加密机制无法破解,但是苏联人的错误是没有正确使用它们,重复使用了一次性便条,所以一些消息就被破解了。

那么什么样的密码才是真正的一次一密呢?它必须满足以下三个条件。

(1) 密钥是随机产生的,而且必须是真随机数,而不是伪随机数。

(2) 密钥不能重复使用。

(3) 密钥的有效长度不小于密文长度。

2.3.2 置换密码

与代换不同的另外一种加密方式是打乱明文字母的顺序形成新的序列,这种技术称为置换密码。置换密码的基本思想是按一定的规则书写明文,而按另一规则读出密文。

早在公元前6年古希腊人借助于一根叫scytale的棍子进行加密,送信人将一张纸条环绕在scytale棍子上,把要加密的消息沿着棍子横写,将缠绕在棍子上的纸条展开后,纸条上的字母看起来是一些随机字母,如果不知道棍子的宽度(这里作为密钥)是很难解密的。这种加密方法就是典型的置换法。

典型的置换还可采用栅栏技术,这种加密方法将明文按照对角线的顺序写入,再按行的顺序读出作为密文。

【例2-5】 用深度为2的栅栏技术加密明文"meet me after the toga party",可写为:

m	e	m	a	t	r	h	t	g	p	r	y
e	t	e	f	e	t	e	o	a	a	t	

则密文为:mematrhtgpryetefeteoaat。

一种更加复杂的方案是把消息一行一行地写成矩形块,然后按列读出,但是把列的次序打乱,列的次序就是密钥。

【例2-6】 用矩阵法加密明文"meet after the toga party",如表2.4所示。

表2.4 矩阵法加密

密　钥	4	3	1	2	5	6	7
明文	m	e	e	t	a	f	t
	e	r	t	h	e	t	o
	g	a	p	a	r	t	y
密文	e	t	e	m	a	f	t
	t	h	r	e	e	t	o
	p	a	a	g	r	t	y

则生成的密文为：etpthaeramegaerftttoy。

解密时将密文分组后按列的顺序排列,并根据密钥重新排列列的顺序,原来的第四列调整到第一列,第三列调整到第二列,以此类推,最终得到表 2.4,按行的顺序读出即可得到明文序列。

单纯的置换技术对于现代密码分析来说是微不足道的。因此,置换技术通常是与代换技术相结合使用的,一般可先用代换技术加密,再用置换技术将密文再次加密。

2.4　对称密码体制

视频讲解

相对于古典密码体制,现代密码体制的算法是针对比特而不是针对字母进行变换,并且算法更加复杂,但是采用的技术还是没变,大多数优秀算法的主要组成部分仍然是代换和置换的组合。现代密码体制按密钥特征进行划分,可以分为对称密码体制和公钥密码体制,其中,对称密码体制是指加密和解密用到的密钥相同,或者存在确定的转换关系。根据密码算法对明文信息的加密方式,对称密码体制分为两类,即分组密码和序列密码(或称流密码)。其中,分组密码是先把明文划分为长度相等的分组(分组大小通常为 64b 或 128b),每个明文分组被当作一个整体来产生一个等长(通常情况下)的密文分组。分组密码体制是目前商业领域中比较重要而流行的一种加密机制,广泛应用于数据的保密传输、加密存储等应用场合。序列密码每次加密数据流中的一位或一字节。目前流行的对称密码有 DES、3-DES、AES、IDES、Blowfish、RC 系列算法,这里主要介绍数据加密标准 DES 算法。

2.4.1　DES 简介

20 世纪 60 年代计算机应用得到了迅猛的发展,大量数据资料被集中存储在计算机数据库中并在计算机通信网中进行传输,有些通信内容具有高度机密性,例如,大额度的转账信息、有价证券购买或出售信息、逮捕令、航班和票务预订、医疗和保险记录等,因此对计算机通信及数据进行保护的需求日益增长。

1973 年,美国国家标准局(NBS)发布密码算法征集通知,公开征求一种标准算法用于保护计算机数据的传递和存储。IBM 公司 Feistel 领导的设计小组提交了他们研制的一种密码算法,该算法是由早期的 LUCIFFR 密码改进而得的。在经过大量的公开讨论后该密码算法于 1977 年 1 月被正式批准为美国数据加密标准(Data Encryption Standard,DES),1980 年 12 月,美国国家标准协会 ANSI 正式采用该算法为美国商用加密算法。

DES 设计巧妙,除了密钥输入顺序,其加密和解密的步骤完全相同,在 DES 出现后,经过许多专家学者的分析论证证明该算法是一种性能良好的数据加密算法,不仅随机特性好、线性复杂度高,而且易于实现,因此 DES 在国际上得到了广泛的应用,它的产生被认为是信息加密技术发展史上的里程碑之一。

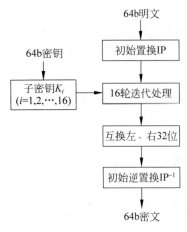

图 2.3　DES 算法步骤

2.4.2　DES 加解密原理

1. DES 的加密

DES 算法是典型的分组密码,加密前先将明文编码表示后的二进制序列划分成长度为 64b 的分组,对于每个分组执行如图 2.3 所示的算法步骤,DES 算法的密钥也是长度为 64b 的二进制序列,密钥中第 8、16、24、32、40、48、56、64 位为奇偶校验位,因此真正起作用的只有 56 位,算法的输出为 64b 的密文。

下面具体介绍一个分组的加密过程。

1) 初始置换 IP

初始置换 IP 是将 64b 的明文进行位置重排,通过 IP 运算得到一个乱序的 64b 明文组,置换表如表 2.5 所示。置换后的数据平均分成左右两段,用 L 和 R 来表示,这两部分数据是下一步迭代变换的初始输入。

表 2.5　初始置换

58	50	42	34	26	18	10	2	60	52	44	36	28	20	12	4
62	54	46	38	30	22	14	6	64	56	48	40	32	24	16	8
57	49	41	33	25	17	9	1	59	51	43	35	27	19	11	3
61	53	45	37	29	21	13	5	63	55	47	39	31	23	15	7

2) 迭代变换

它是 DES 算法的核心部分。如图 2.4 所示,将上一步经过 IP 置换后的数据分成左右两组各 32b,作为第一轮迭代变换的输入。每轮迭代只对右边的 32b 进行一系列的加密变换 F,加密变换具体包括选择运算 E、密钥加密运算、选择压缩运算 S、置换运算 P。在一轮迭代即将结束时,把上一轮左边的 32b 与本轮经加密变换 F 得到的 32b 进行模 2 相加,作为下一轮迭代时右边的段,并将上一轮右边的未经变换的段直接送到左边的寄存器中作为下一轮迭代时左边的段,即

$$L_i = R_{i-1}$$
$$R_i = L_{i-1} + F(R_{i-1}, K_i)$$

这样的迭代共进行 16 轮,结束后,再将所得的左、右长度相等的 L_{16} 和 R_{16} 进行交换得到 64b 数据。下面具体介绍加密变换,包括选择扩展运算 E、密钥加密运算、选择压缩运算 S、置换运算 P。

(1) 选择扩展运算 E。

选择扩展运算将输入的 32b 扩展成 48b 输出,扩展方法是重复某些位置上的元素,其变换表如图 2.5 所示,共有 16 个位置的元素被读了两次。

(2) 密钥加密运算。

将子密钥产生器输出的 48b 子密钥 k 与选择扩展运算 E 输出的 48b 数据按位模 2

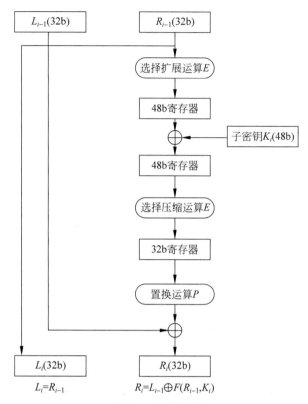

图 2.4 迭代变换

相加(子密钥如何产生请见后文)。

(3)选择压缩运算 S。

将前一步骤产生的 48b 数据自左至右分成 8 组,每组 6b,然后并行送入 8 个 S 盒。每个 S 盒为一非线性代换网络,能够将 6b 的输入转换为 4b 的输出,具体做法是对于每个 S 盒,将输入的第 1 位和第 6 位组成的二进制数作为横坐标,其他 4b 作为纵坐标,然后查询相应的 S 盒,再将对应位置上的十进制数用二进制表示。盒 $S_1 \sim S_8$ 的选择函数关系如表 2.6 所示,运算 S 的框图如图 2.6 所示。

32	01	02	03	04	05
04	05	06	07	08	09
08	09	10	11	12	13
12	13	14	15	16	17
16	17	18	19	20	21
20	21	22	23	24	25
24	25	26	27	28	29
28	29	30	31	32	01

图 2.5 选择扩展运算

表 2.6 DES 的 S 盒定义

	14	4	13	1	2	15	11	8	3	10	6	12	5	9	0	7
S_1	0	15	7	4	14	2	13	1	10	6	12	11	9	5	3	8
	4	1	14	8	13	6	2	11	15	12	9	7	3	10	5	0
	15	12	8	2	4	9	1	7	5	11	3	14	10	0	6	13
	15	1	8	14	6	11	3	4	9	7	2	13	12	0	5	10
S_2	3	13	4	7	15	2	8	14	12	0	1	10	6	9	11	5
	0	14	7	11	10	4	13	1	5	8	12	6	9	3	2	15
	13	8	10	1	3	15	4	2	11	6	7	12	0	5	14	9

续表

	10	0	9	14	6	3	15	5	1	13	12	7	11	4	2	8
S_3	13	7	0	9	3	4	6	10	2	8	5	14	12	11	15	1
	13	6	4	9	8	15	3	0	11	1	2	12	5	10	14	7
	1	10	13	0	6	9	8	7	4	15	14	3	11	5	2	12
	7	13	14	3	0	6	9	10	1	2	8	5	11	12	4	15
S_4	13	8	11	5	6	15	0	3	4	7	2	12	1	10	14	9
	10	6	9	0	12	11	7	13	15	1	3	14	5	2	8	4
	3	15	0	6	10	1	13	8	9	4	5	11	12	7	2	14
	2	12	4	1	7	10	11	6	8	5	3	15	13	0	14	9
S_5	14	11	2	12	4	7	13	1	5	0	15	10	3	9	8	6
	4	2	1	11	10	13	7	8	15	9	12	5	6	3	0	14
	11	8	12	7	1	14	2	13	6	15	0	9	10	4	5	3
	12	1	10	15	9	2	6	8	0	13	3	4	14	7	5	11
S_6	10	15	4	2	7	12	9	5	6	1	13	14	0	11	3	8
	9	14	15	5	2	8	12	3	7	0	4	10	1	13	11	6
	4	3	2	12	9	5	15	10	11	14	1	7	6	0	8	13
	4	11	2	14	15	0	8	13	3	12	9	7	5	10	6	1
S_7	13	0	11	7	4	9	1	10	14	3	5	12	2	15	8	6
	1	4	11	13	12	3	7	14	10	15	6	8	0	5	9	2
	6	11	13	8	1	4	10	7	9	5	0	15	14	2	3	12
	13	2	8	4	6	15	11	1	10	9	3	14	5	0	12	7
S_8	1	15	13	8	10	3	7	4	12	5	6	11	0	14	9	2
	1	11	4	1	9	12	14	2	0	6	10	13	15	3	5	8
	2	1	14	7	1	10	7	13	15	12	9	0	3	5	6	11

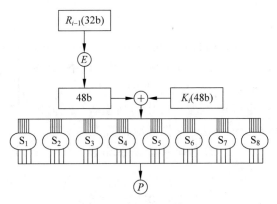

图 2.6　选择压缩运算过程

　　【例 2-7】　若对于 S_6 的输入为 110011,则行号为 $11_2 = 3$,列号为 $1001_2 = 9$,查询 S_6 的第 3 行第 9 列(行列号从 0 开始编号)得到的十进制数为 14,转换为二进制数为 1100, 所以输出为 1100。

　　(4) 置换运算。

　　置换运算 P 对 $S_1 \sim S_8$ 盒输出的 32b 数据进行坐标变换,具体置换方法见表 2.7。

表 2.7　置换 P 表

16	7	20	21	29	12	28	17
1	15	23	26	5	18	31	10
2	8	24	14	32	27	3	9
19	13	30	6	22	11	4	25

3）子密钥产生器

DES 加密过程共涉及 16 轮迭代，每轮使用一个不同的 48 位子密钥，共需 16 个子密钥，这些子密钥由初始输入的 64 位密钥产生，初始密钥中有 8 位为奇偶校验位，位置号分别为 8、16、24、32、48、56 和 64，因此真正有效的只有 56 位，子密钥具体生成过程如图 2.7 所示。

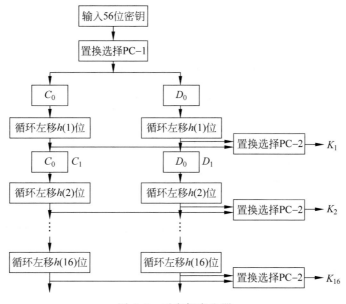

图 2.7　子密钥产生器

56 位密钥首先经过置换选择 PC-1（如表 2.8 所示），将其位置打乱重排，置换后分为两组，每组为 28b，分别送入 C 寄存器和 D 寄存器中。接下来对 C 和 D 寄存器中数据进行左循环移位置换，每轮移位数目如表 2.9 所示，移位后将 C 和 D 寄存器的存数送给置换选择 PC-2，从中挑出 48 位作为这一轮的子密钥，这个子密钥作为前面介绍的加密函数的一个输入，再将 C 和 D 寄存器的存数循环左移后，使用置换选择 PC-2 产生下一轮迭代的子密钥，如此继续，产生所有 16 个子密钥。

表 2.8　置换选择 PC-1

57	49	41	33	25	17	9	1	58	50	42	34	26	18
10	2	59	51	43	35	27	19	11	3	60	52	44	36
63	55	47	39	31	23	15	7	62	54	46	38	30	22
14	6	61	53	45	37	29	21	13	5	28	20	12	4

置换选择 PC-2(见表 2.10)将 C 中第 9、18、22、25 位和 D 中的第 7、9、15、26 位删去,并将其余数字置换位置后送出 48b 数字作为第 i 次迭代时所用的子密钥 k_i。

表 2.9   移位次数表

第 i 次迭代	1	2	3	4	5	6	7	8	9	10	11	12	13	14	15	16
循环左移次数	1	1	2	2	2	2	2	2	1	2	2	2	2	2	2	1

表 2.10   置换选择 PC-2

14	17	11	24	1	5	3	28	15	6	21	10
23	19	12	4	26	8	16	7	27	20	13	2
41	52	31	37	47	55	30	40	51	45	33	48
44	49	39	56	34	53	46	42	50	36	29	32

4)逆初始置换 IP^{-1}

如表 2.11 所示,逆初始置换 IP^{-1} 将 16 轮迭代后给出的 64b 组进行置换得到输出的密文组,逆初始置换后得到的 64b 数据分组,即为加密后得到的密文。

表 2.11   逆初始置换

40	8	48	16	56	24	64	32	39	7	47	15	55	23	63	31
38	6	46	14	54	22	62	30	37	5	45	13	53	21	61	29
36	4	44	12	52	20	60	28	35	3	43	11	51	19	59	27
34	2	42	10	50	18	58	26	33	1	41	9	49	17	57	25

2. DES 算法的解密

解密算法与加密算法相同,只是子密钥的使用次序相反。把 64b 密文当作输入,第一次解密迭代使用子密钥 k_{16},第二次解密迭代使用子密钥 k_{15},…,第 16 次解密迭代使用子密钥 k_1,最后输出的便是 64 位的明文。

3. DES 算法的工作模式

DES 是对称分组密码体制,分组密码可以在不同的操作模式下运行,允许用户选择不同的模式满足他们的应用需求,有 5 种常见的操作模式:电子密码本(ECB)、密码分组链接(CBC)、密码反馈(CFB)、输出反馈(OFB)和计数器(CTR)模式。这里主要介绍 ECB 和 CBC 模式。

1)电子密码本

这种方式是分组密码的基本工作方式,它将长的明文分成大小相等的分组,$P = (P_1, P_2, \cdots, P_L)$,最后一组在必要时需要进行填充,每组用相同的密钥 K 进行加密 $C_j = E_K(P_j)$,加密后将各组密文合并成密文消息 $C = (C_1, C_2, \cdots, C_L)$,如图 2.8 所示。

在 ECB 模式下,每一个分组独立加密,产生独立的密文组,采用这种方式可以利用并行处理来加速加密运算和解密运算,并且在传输时任意一个分组的错误不会影响其他分组,这是该模式的一个优点。但是,相同的明文组产生相同的密文组,当处理长的明文时,ECB 工作模式就会暴露出弱点。假设敌方 Eve 在充分长的一段时间内观察了 Alice 和 Bob 之间的通信,如果 Eve 已经设法获得了一些密文对应的明文,她可以开始建立一个密

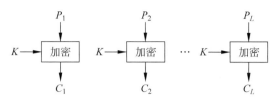

图 2.8　电子密码本方式

码本用来解密 Alice 和 Bob 之间未来的通信信息,Eve 没有必要计算 K,她只要查询一下密码本中的密文所对应的明文来解密消息。

2)密码分组链接

为了克服 ECB 的缺陷,人们希望设计一种方案使同一明文分组重复出现时产生的密文分组不同。一种简单的方案是使用密码分组链接(Cipher Block Chaining,CBC)模式,如图 2.9 所示。这种模式和 ECB 模式一样,也要将明文分成大小相等的分组,$P=(P_1,P_2,\cdots,P_L)$,最后一组在必要时需要进行填充,CBC 将这些分组链接在一起进行加密,加密输入是当前明文分组和前一密文分组的异或,它们形成一条链,每次加密使用相同的密钥。在加密时,最开始一个分组先和一个初始向量(Initialization Vector,IV)进行异或,然后用密钥加密,每个分组的加密结果均会受到前面所有分组的影响,所以即使相同的明文分组也会产生不同的密文,有利于保护明文。但是 CBC 模式会导致错误传播,密文传输中任何一组发生错误不仅影响该分组的正确解密,也会影响其下一分组的正确解密。该模式的另一个缺点是不能实时解密,也就是说,必须等到所有分组密文收到之后才能解密。

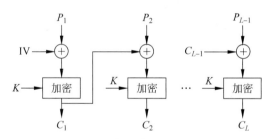

图 2.9　密码分组链接方式

2.4.3　DES 的安全性

DES 的出现是密码学史上的一个创举,在此之前,密码体制及其设计细节都是严加保密的,而 DES 算法公开发表,可供任何人研究和分析,DES 的安全性完全依赖于密钥。DES 在二十多年的应用实践中,没有发现严重的安全缺陷,在世界范围内得到了广泛的应用,为确保信息安全作出了巨大贡献。

从应用实践来看,DES 具有良好的“雪崩效应”。“雪崩效应”是指明文或密钥的微小改变将对密文产生很大影响。DES 显示了很强的雪崩效应,在密钥相同的情况下,明文的 1 位发生变化,3 次迭代后密文有 21 位不同,16 轮迭代后有 34 位不同。

当 DES 算法被建议作为一个标准时,曾出现过很多批评。其中最有争议的问题之一就是S盒。S盒的设计原则是DES的安全核心,因为在DES算法中,除了S盒外,所有计算都是线性的。S盒的设计被列为官方机密,所以有人认为S盒可能存在陷门,美国国家安全局(NSA)有可能利用这些弱点在没有密钥的情况下解密,但至今没有迹象表明S盒中存在陷门。IBM在20世纪90年代早期公布了如下设计准则。

(1) 每一个S盒的输入是6位,输出是4位。这是1974年在一个芯片上能放的最大的内容。

(2) S盒的输出不应该和输入的线性函数接近(线性性质可以使系统更容易分析)。

(3) S盒的每一行包含0~15的所有数。

(4) 如果S盒的两个输入只有一位不同,那么这两个输出至少有两个不同。

(5) 如果S盒的两个输入的前两位不同,后两位相同,那么输出一定不同。

(6) 给定32对输入的异或,对每一对计算输出的异或,至多有8个相同。这显然是为了抵御差分攻击。

关于DES算法另一个具有争议的问题就是担心实际56b的密钥长度不足以抵御穷举攻击,因为密钥量只有2^{56}。1977年,Diffie和Hellman认为利用100万个超大规模集成电路块所组成的一台专门用于破译DES的并行计算机能在一天中穷举搜索所有2^{56}个密钥,这样一台计算机在1977年需要耗资2000万美元。Diffie和Hellman指出,除了像美国国家安全局那样的机构,任何人不可能破译DES,但他们预测到1990年制造和破译DES专用机的成本将大幅度下降,那时DES将完全不安全。

事实证明,他们的预测是有道理的,随着计算能力和因特网的发展,DES已经不能经受住穷举攻击。1997年,1月28日,美国的RSA数据安全公司在RSA安全年会上悬赏10 000美金破解DES,科罗拉多州的程序员Verser在因特网上数万名志愿者的协作下用96天的时间找到了DES密钥。1998年7月,电子前沿基金会(EFF)使用一台价值25万美元的计算机在56h之内破译了56b的DES。1999年1月,电子前沿基金会(EFF)通过因特网上的10万台计算机合作,仅用22h15min就破解了56b的DES。这一事件表明,依靠因特网的分布式计算能力,用穷举攻击方法破解DES已经成为可能,因此需要寻找新的算法代替DES算法。

2.4.4 三重DES

出于安全性考虑,美国政府于1998年12月宣布DES不再作为联邦加密标准。在新的加密标准实施前,为了使已有的DES算法投资不浪费,人们尝试用DES和多个密钥进行多次加密,其中三重DES已被广泛采用。

1. 二重DES

最简单的多重DES加密是用DES加密两次,每次使用不同的密钥,二重DES的加密与解密过程如图2.10所示,给定明文P和两个加密密钥k_1和k_2,采用二重DES加密过程为$C = E_{k_2}(E_{k_1}(P))$,解密过程为$P = D_{k_1}(D_{k_2}(C))$。因为使用了两个64b的密钥,所以二重DES的密钥总长度为112b,密钥空间的数量为2^{112},似乎密码强度增加了一倍,但是如果采用"中间相遇攻击"进行攻击,则可以大大减少攻击代价。

从图2.10中可以看出:$X = E_{k_1}(P) = D_{k_2}(C)$。

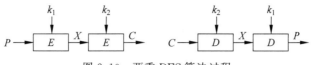

图 2.10 两重 DES 算法过程

若给出一个已知的明-密文对 (P, C)，分别用 2^{56} 个密钥 k_1 对明文 P 进行加密，得到一张密钥/密文 X 对应表，类似地，用 2^{56} 个密钥 k_2 对密文 C 进行解密，得到相应的密钥/明文 X 对应表，比较两个表中 X 相同的项，就会得到真正使用的密钥对 (k_1, k_2)，可以看出攻击代价为 $2^{56} + 2^{56} = 2^{57}$。因而采用二重 DES 加密，不能显著增大攻击难度。

2. 三重 DES

为了防止中间相遇攻击，可以采用三次加密方式，如图 2.11 所示。这是使用两个密钥的三重 DES，采用加密-解密-加密（EDE）方案。加密过程为 $C = E_{k_1}(D_{k_2}(E_{k_1}(P)))$，解密过程为 $P = D_{k_1}(E_{k_2} D_{k_1}(C))$，这种加密方案的攻击代价为 2^{112}。

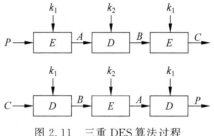

图 2.11 三重 DES 算法过程

目前还没有针对两个密钥的三重 DES 的实际攻击方法，但是感觉它不太可靠，专家建议使用三个密钥的三重 DES，加密过程为 $C = E_{k_3}(D_{k_2}(E_{k_1}(P)))$，解密过程为 $P = D_{k_1}(E_{k_2}(D_{k_3}(C)))$，此时密钥长度为 168b。目前这种加密方式已经被一些网络应用采用，例如，PGP 和 S/MIME 就采用了这种方案。

2.4.5 高级加密标准 AES

虽然多重 DES 能较好地应对攻击，但是考虑到计算机能力的持续增长，人们需要一种新的、更加强有力的加密算法。1995 年，美国国家标准技术研究所 NIST 开始寻找新的算法来取代 DES 算法。NIST 对 AES 候选算法的基本要求是：对称分组密码体制；密钥长度支持 128b、192b、256b；明文分组长度 128b；算法应易于各种硬件和软件实现。1998 年，NIST 开始 AES 第一轮征集、分析、测试，共产生了 15 个候选算法。1999 年 3 月完成了第二轮 AES 的分析、测试。1999 年 8 月，NIST 公布了五种算法（MARS、RC6、Rijndael、Serpent、Twofish）成为候选算法。最后，Rijndael，这个由比利时人设计的算法与其他候选算法在为高级加密标准（AES）的竞争中取得成功，于 2000 年 10 月被 NIST 宣布成为取代 DES 的新一代数据加密标准。尽管人们对 AES 还有不同的看法，但总体来说，Rijndael 作为新一代的数据加密标准汇聚了强安全性、高性能、高效率、易用和灵活等优点。

AES 算法是具有分组长度和密钥长度均可变的多轮迭代型加密算法，分组长度一般为 128b，密钥长度可以是 128b、192b、256b，AES 的 128b 输入可以看成一个 4×4 矩阵 S，这个矩阵称为"状态"（State）。假设输入为 16B：$b_0, b_1, \cdots, b_{15}$，这些字节在状态中的位置及其用矩阵的表示如表 2.12 所示。

表 2.12　AES 中状态的位置及其矩阵表示

$s_{0,0}$	$s_{0,1}$	$s_{0,2}$	$s_{0,3}$	b_0	b_4	b_8	b_{12}
$s_{1,0}$	$s_{1,1}$	$s_{1,2}$	$s_{1,3}$	b_1	b_5	b_9	b_{13}
$s_{2,0}$	$s_{2,1}$	$s_{2,2}$	$s_{2,3}$	b_2	b_6	b_{10}	b_{14}
$s_{3,0}$	$s_{3,1}$	$s_{3,2}$	$s_{3,3}$	b_3	b_7	b_{11}	b_{15}

AES 算法属于分组密码算法,它的输入分组、输出分组以及加/解密过程中的中间分组都是 128b。本书用 N_r 表示对一个数据分组加密的轮数,N_r 依赖于密钥长度,密钥长度为 128b,$N_r=10$;密钥长度为 192b,$N_r=12$,密钥长度为 256b,$N_r=14$。下面以分组长度为 128b,密钥长度为 128b,也即加密轮数为 10 为例,介绍 AES 算法加密与解密的过程。

1. 加密过程

如图 2.12 所示,加密算法的 4 个步骤如下。

(1) 给定一个明文 x,将 State 初始化为 x,并进行轮密钥(AddRoundKey)操作,该操作是将轮密钥与 State 进行异或。

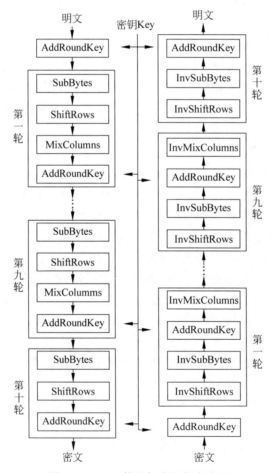

图 2.12　AES 算法加密和解密流程

（2）执行 $N_r - 1$ 轮操作，每轮涉及如下操作步骤：对当前的 State 进行 S 盒变换操作（SubBytes）、行移位（ShiftRows）、列混淆操作（MixColumns）以及轮密钥（AddRoundKey）操作。

（3）在最后一轮，对当前的 State 进行 SubBytes、ShiftRows、AddRoundKey 操作。

（4）State 中的内容即为密文。

上述加密过程涉及以下 5 个重要操作。

（1）AddRoundKey：轮密钥加变换操作。将输入或状态 State 中的每一字节分别与产生的密钥的每一字节进行异或操作。

（2）SubBytes：S 盒变换操作。SubBytes 操作是一个基于 S 盒的非线性置换，S 盒是一个 16 行 16 列的矩阵，矩阵中每个元素为一字节，如表 2.13 所示。将 State 状态中的每一字节通过查表操作映射成另一字节。映射方法是：输入字节的高 4 位作为 S 盒的行值，低 4 位作为 S 盒的列值，然后取出 S 盒中对应的行和列的值作为输出。例如，输入为 11 010 100 时，行值为 c，列值为 4（十六进制），S 盒中相应位置上的值为"$1c$"，这样 11 010 100 就被映射成了 00 011 101。

表 2.13　S 盒变换（十六进制）

列 行	0	1	2	3	4	5	6	7	8	9	a	b	c	d	e	f
0	63	7c	77	7b	f2	6b	6f	c5	30	01	67	2b	fe	d7	ab	76
1	ca	82	c9	7d	fa	59	47	f0	ad	d4	a2	af	9c	a4	72	c0
2	b7	fd	93	26	36	3f	F7	cc	34	a5	e5	f1	71	d8	31	15
3	04	c7	23	c3	18	96	05	9a	07	12	80	e2	eb	27	b2	75
4	09	83	2c	1a	1b	6e	5a	a0	52	3b	d6	b3	29	e3	2f	84
5	53	d1	00	ed	20	fc	b1	5b	6a	cb	be	39	4a	4c	58	cf
6	d0	ef	aa	fb	43	4d	33	85	45	f9	02	7f	50	3c	9f	a8
7	51	a3	40	8f	92	9d	38	f5	bc	b6	da	21	10	ff	f3	d2
8	cd	0c	13	ec	5f	97	44	17	c4	a7	7e	3d	64	5d	19	73
9	60	81	4f	dc	22	2a	90	88	46	ee	b8	14	de	5e	0b	db
a	e0	32	3a	0a	49	06	24	5c	c2	d3	ac	62	91	95	e4	79
b	e7	c8	37	6d	8d	d5	4e	a9	6c	56	f4	ea	65	7a	ae	08
c	ba	78	25	2e	1c	a6	b4	c6	e8	dd	74	1f	4b	bd	8b	8a
d	70	3e	b5	66	48	03	f6	0e	61	35	57	b9	86	c1	1d	9e
e	e1	f8	98	11	69	d9	8e	94	9b	1e	87	e9	ce	55	28	df
f	8c	a1	89	0d	bf	e6	42	68	41	99	2d	0f	b0	54	bb	16

（3）ShiftRows：行移位操作。行移位的原则是：中间状态矩阵 State 的第 0 行不动，第 1 行循环左移 1B，第 2 行循环左移 2B，第 3 行循环左移 3B，如图 2.13 所示。

（4）MixColumns：列混合变换操作，对中间状态矩阵 State 逐列进行变换。

$S_{0,0}$	$S_{0,1}$	$S_{0,2}$	$S_{0,3}$
$S_{1,0}$	$S_{1,1}$	$S_{1,2}$	$S_{1,3}$
$S_{2,0}$	$S_{2,1}$	$S_{2,2}$	$S_{2,3}$
$S_{3,0}$	$S_{3,1}$	$S_{3,2}$	$S_{3,3}$

S

$S_{0,0}$	$S_{0,1}$	$S_{0,2}$	$S_{0,3}$
$S_{1,1}$	$S_{1,2}$	$S_{1,3}$	$S_{1,0}$
$S_{2,2}$	$S_{2,3}$	$S_{2,0}$	$S_{2,1}$
$S_{3,3}$	$S_{3,0}$	$S_{3,1}$	$S_{3,2}$

S′

图 2.13　ShiftRows 完成行移位操作

$$\begin{pmatrix} S'_{0,C} \\ S'_{1,C} \\ S'_{2,C} \\ S'_{3,C} \end{pmatrix} = \begin{pmatrix} 02 & 03 & 01 & 01 \\ 01 & 02 & 03 & 01 \\ 01 & 01 & 02 & 03 \\ 03 & 01 & 01 & 02 \end{pmatrix} \begin{pmatrix} S_{0,C} \\ S_{1,C} \\ S_{2,C} \\ S_{3,C} \end{pmatrix}$$

(5) 密钥扩展。根据加密的轮数用相应的扩展密钥的四个数据项和中间状态矩阵上的列进行按位异或。首先定义几个数组和操作。

① $w[i]$：存放生成的密钥。

② Rcon[i]：存放前 10 个轮常数 RC[i]的值(用十六进制表示)，见表 2.14。其对应的 Rcon[i]见表 2.15。Rcon[i]=(RC[i],'00','00','00'),RC[0]='01',RC[i]=2RC[$i-1$]。

③ RotWord()操作：循环左移 1B,将($b_0b_1b_2b_3$)变成($b_1b_2b_3b_0$)。

④ SubWord()操作：基于 S 盒对输入字中的每字节进行 **S** 代替。

表 2.14　RC[i]中的值

i	1	2	3	4	5	6	7	8	9	10
RC[i]	01	02	04	08	10	20	40	80	1b	36

表 2.15　Rcon[i]中的值

i	1	2	3	4	5
Rcon[i]	01 000 000	02 000 000	04 000 000	08 000 000	10 000 000
i	6	7	8	9	10
Rcon[i]	20 000 000	40 000 000	80 000 000	1b 000 000	36 000 000

AES 算法利用外部输入密钥 K,通过密钥扩展程序得到共 $4(N_r+1)$字的扩展密钥 $w[4\times(N_r+1)]$。密钥扩展涉及如下三个模块的具体步骤。

(1) 初始密钥直接被复制到数组 $w[i]$的前 4 字节中，得到 $w[0]$、$w[1]$、$w[2]$、$w[3]$。

(2) 对 w 数组中下标不为 4 的倍数的元素，只是简单地异或，即 $w[i]=w[i-1]\oplus w[i-4]$(i 不为 4 的倍数)。

（3）对 w 数组中下标为 4 的倍数的元素,在使用上式进行异或前,需对 $w[i-1]$ 进行一系列处理,即依次进行 RotWord、SubWord 操作,再将得到的结果与 $\mathrm{Rcon}[i/4]$ 进行异或运算。

2. 解密过程

如图 2.12 所示,基本运算中除轮密钥 AddRoundKey 操作不变外,其余操作:S 盒变换操作(SubBytes)、行移位(ShiftRows)、列混淆操作(MixColumns)都要求进行求逆变换,分别记作 InvSubBytes、InvShiftRows、InvMixColumns。

在不同的安全系统中,还可使用其他对称加密算法,其中包括:

（1）IDEA。国际数据加密算法(International Data Encryption Algorithm)是由旅居瑞士的华人来学嘉和他的导师 J. L. Massey 共同开发的。IDEA 使用 128b 密钥,明文和密文分组长度为 64b,目前已被用在多种商业产品中。

（2）Blowfish。Blowfish 允许使用最长为 448b 的不同长度的密钥,并针对在 32 位处理器上的执行进行了优化。

（3）Twofish。Twofish 使用 128 位分组,可以使用 128b、192b 或 256b 密钥。

2.5　公钥密码体制

视频讲解

2.5.1　公钥密码体制的产生

对称密码体制在加密和解密时,使用的是同一密钥,或者虽然使用不同的密钥,但是能通过加密密钥方便地导出解密密钥,因此,加密密钥是整个密码通信系统的核心机密,一旦加密密钥被暴露,整个密码体制也就失去了安全保密作用。

随着信息加密技术的应用领域从单纯的军事、外交、情报领域,扩大到商业、金融、计算机通信网络中的信息保密等民用领域,对称密码体制在应用中暴露出越来越多的缺陷。

1. 密钥管理十分困难

密钥管理是对称密码体制遇到的最大困难之一。在以对称密码体制为基础的保密通信中,通信双方需要在通信开始前分配相同的密钥,当用户数量很大时,互相之间通信需要大量密钥。如在一个民用通信网中,如果用户数为 n,为了实现用户两两之间的保密通信,系统需要管理 $n(n-1)/2$ 个密钥,当 n 等于 1000 时,网络中共需 499 500 个不同的密钥,产生、保存、分配、管理如此大量的密钥,本身就是一个难题。

2. 密钥传递的安全性无法保障

对称密码体制由于加解密密钥相同,因此在传输任何密文之前,发送者和接收者必须使用一个安全信道预先传送密钥,受到经济条件的限制,每两个用户之间都建立专用的秘密信道是不可行的,因此保证密钥传输的绝对安全在实际应用中是很难做到的。

3. 无法提供不可否认性服务

如果采用对称密码机制加密商业往来信息,由于消息的发送方和接收方均拥有相同的密钥,接收方完全有能力篡改接收到的文件或伪造文件,发送方也可以抵赖他曾发出文件,而第三方没有足够的证据分辨实情。

例如,用户甲利用商用对称密码通信向用户乙订购了一批货物,用户乙如数寄出,后来由于该商品价格猛跌,用户甲抵赖发送过订单,拒绝付款,这样甲乙双方就发生争端,由于采用对称密码体制,双方都拥有相同的密钥,因此加密的订单双方都能产生,用户乙不能提供有说服力的法律证据来证明该订单是用户甲产生并发送的,此案法院无法受理。

对称密码体制存在上述缺陷,人们希望能设计一种新的密码,从根本上克服对称密码体制存在的问题,公钥密码体制的出现正好弥补了上述缺陷。1976年,美国斯坦福大学的 Diffie 和 Hellman 发表了 *New Direction in Cryptography* 一文,第一次提出了公钥密码体制的思想,开创了密码学的新时代。公钥密码体制的出现是密码学发展史上的一次革命,从古老的手工密码,到机电式密码,直至运用计算机的现代对称密码,这些编码系统虽然越来越复杂,但都建立在基本的替换和置换工具的基础上,而公钥密码体制的编码系统是基于数学函数(例如单向陷门函数)。由于公钥密码算法不需要联机密码服务,密钥分配协议简单,所以极大简化了密钥管理,除了加密功能外,公钥密码还可以提供数字签名。

自1976年以来,已经提出了多种公钥密码算法,其安全基础都是基于一些在短期内不可能得到解决的数学难题,如大整数因子的分解难题至今已有数千年的历史,可以认为基于这些数学难题的公钥密码体制是安全的。

2.5.2　公钥密码体制的基本原理

1. 公钥密码体制的基本构成

在公钥密码体制中密钥是成对出现的,一个为加密密钥,一个为解密密钥,且不可能从加密密钥推导出解密密钥,加密密钥通常公开发布,而解密密钥则需要秘密保存。

一个公钥密码体制由四部分构成:明文(用 M 表示);密文(用 C 表示);公钥和私钥对,公钥用于加密,记为 K_e,此密钥公开,私钥用于解密,记为 K_d,此密钥保密,且从公钥很难推导出私钥;加、解密算法,算法公开,持有公钥的任何人都可以加密消息,只有持有私钥的人才能够解密。

一般情况下,网络中的用户预先约定一个共同使用的公钥密码系统,每个用户都有自己的一对公钥和私钥,网络中会有一个公开的数据库,任何用户都可以把自己的公钥发布到公开数据库中,同时可以从该数据库下载通信对方的公钥。基于公钥密码体制的一次秘密通信过程如图 2.14 所示,这里用户 Alice 利用公钥密码系统向用户 Bob 发送消息,具体步骤描述如下。

(1) Alice 从公开数据库中取出 Bob 的公钥 K_e。

(2) Alice 用 Bob 的公钥加密消息,并发送给 Bob: $C = E(M, K_e)$。

(3) Bob 用他的私钥 K_d 解密,获得 Alice 发送的消息: $M = D(C, K_d)$。

2. 公钥密码体制的优点

相对于对称密码体制,公钥密码体制具有如下优点。

(1) 简化了密钥分配与管理。在对称密码体制中,加、解密密钥相同,用户两两通信必须采用不同的密钥,因此在采用该加密机制的通信网中,需要管理的密钥数量大,而采用公钥密码体制进行保密通信,每个用户只需要一对公私钥,相对于对称密码体制,密钥

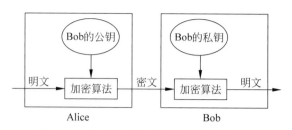

图 2.14 公钥密码体制下的秘密通信过程

的分配与管理得到了简化。

（2）密钥不需传递。在对称密码体制中,由于加、解密密钥相同,因此在通信开始之前,需要安全传递密钥到接收方,受经济和技术条件的限制,密钥传递的绝对安全性无法得到保证。而在公钥密码体制中,存在一对密钥,加密密钥公开,解密密钥自己保存,不涉及密钥的保密传递,降低了密钥泄露的风险。

（3）能提供不可否认性服务。对称密码体制无法防止通信双方的相互欺骗,而公钥密码体制不仅可以实现保密通信,而且还能实现提供不可否认性服务。在公钥密码体制中,用公钥加密的信息只能用对应的私钥解密,反之亦然,而私钥是用户私密保存的,因此如果某密文能用该用户的公钥解密,则可说明该消息一定是用该用户的私钥加密的,而私钥只有该用户知道,任何其他人都无法伪造,所以该消息一定来自该用户,无法抵赖。提供此功能的公钥密码算法称为数字签名,后续章节会详细介绍。

3. 公钥密码体制应该满足的要求

Diffie 和 Hellman 同时在文中给出了如下公钥密码体制应该满足的要求。

（1）用户产生一公私钥对(P_K, S_K)在计算上是容易的。

（2）发送方利用接收方的公钥P_K对消息M进行加密产生密文C即$C = E_{PK}[M]$在计算上是容易的。

（3）接收方利用自己的私钥S_K对密文C解密,即$m = D_{SK}[C]$,在计算上是容易的。

上面的三个条件是公钥密码体制的工程实用条件,因为只有算法高效,密码才能实际应用,否则,只有理论意义而无实用价值。

（4）攻击者由公开密钥P_K求私钥S_K在计算上不可行。这个条件是公钥密码的安全条件,是公钥密码的安全基础,也是最难满足的一个条件。

（5）加、解密操作的次序可以互换,即$E_{PK}[D_{SK}(m)] = D_{SK}[E_{PK}(m)]$。

自 1976 年公钥密码的思想被 Diffie 和 Hellman 提出后,由于其优良的密码学特性和广阔的应用前景,吸引了全世界的密码爱好者,他们提出了各种各样的公钥密码算法和应用方案,密码学进入了一个空前繁荣的时代。然而研究公钥密码并非易事,尽管提出的方案有很多,但能经受得住时间考验的却寥寥无几。经过三十多年的研究和发展,目前世界公认的比较安全的公钥密码有 RSA 和 ElGamal 密码类。RSA 算法的安全性基于 100 位十进制数以上的大整数的素数因子分解难题,这是一个至今没有有效快速算法的数学难题。ElGamal 的安全性基于计算离散对数的困难性,离散对数问题是指模指数运算的逆问题,即找出一个数的离散对数,而计算离散对数是非常困难的。

2.5.3 RSA 公钥密码体制

RSA 是在 1977 年由美国麻省理工学院的三位科学家 Ron Rivest、Adi Shamir 和 Leonard Adleman 提出的非常著名的公钥密码算法,RSA 这个名字就来自他们的姓名缩写。

RSA 算法的安全性基于数论中将大整数分解成素数乘积的困难性,只要其密钥长度足够长,用 RSA 加密的信息实际上是不能被破解的。到目前为止,世界上还没有任何可靠的攻击 RSA 算法的方式。

RSA 密码既可用于加密,又可用于数字签名,RSA 密码已经成为目前应用最为广泛的公钥密码。许多国际化标准组织,如 ISO、ITU 等都已经将 RSA 作为标准。因特网上的 E-mail 保密系统以及国际 VISA 和 MASTER 组织的电子商务协议 SET 都将 RSA 作为传送会话密钥和数字签名的标准。

1. RSA 算法

如果把加密算法看作函数、把明文看作定义域、把密文看作值域,那加密就是求函数 $F(X)$,解密实际上就是求 $F(X)$ 的逆 $F^{-1}(X)$。

如果找到一个函数,求 $F(X)$ 容易,求 $F^{-1}(X)$ 难,这意味着只能加密,不能解密。这样的函数称为单向函数。简单来讲,单向函数就像是把蓝色的颜料和红色的颜料混合在一起很容易,但是混合完了之后再想分开就非常困难了。单向函数只能加密不能解密是没有意义的。如果这个单向函数在知道某些信息的情况下可以求出逆函数,那不就可以实现解密了吗?这种信息称为陷门。知道它能够解密,不知道它无法解密,存在陷门的函数称为单向陷门函数。单向陷门函数就是在不知道陷门信息下是单向函数,当知道陷门信息后,求逆是易于实现的。

如果找到这个单向陷门函数,发送方就可以利用这个单向陷门函数来加密,但只有接收方才能利用不公开的陷门来解密从而实现加解密分离。这样目标就转变为寻找一个单向陷门函数,也就是把一个密码学问题转换成为一个数学问题。

RSA 算法采用模函数 $M^k \bmod n$ 构造单向函数,在加密时,明文 M 经过加密运算得到密文 $C = M^e \bmod n$,e 为加密密钥。

密文经过解密得到明文 M:$C^d \bmod n = (M^e \bmod n)^d \bmod n = M^{ed} \bmod n = M$,$d$ 为解密密钥。

即必须存在 e,d,n,使 $M^{ed} \bmod n = M$ 成立。这里以 n,e 为公钥,私钥为 d。那么现在的问题是,如何才能找到能够使 $M^{ed} \bmod n = M$ 成立的参数 e,d,n 呢?这就需要借助于数论中的欧拉函数和欧拉定理。

欧拉函数:小于 n 且与 n 互素的正整数的个数,记为 $\Phi(n)$。如果 n 是素数则 $\Phi(n) = n-1$,若 $n = p \times q (p,q$ 都是素数),则 $\Phi(n) = \Phi(p \times q) = \Phi(p) \times \Phi(q) = (p-1) \times (q-1)$。

欧拉定理:对于任意互素的整数 M 和 n,有 $M^{\Phi(n)} \equiv 1 \bmod n$,这里 $\Phi(n)$ 为欧拉函数。

根据欧拉定理,有 $M^{K\Phi(n)+1} \equiv M \bmod n$,这样,为了使 $M^{ed} \bmod n = M$ 成立,需要满足 $ed = K\Phi(n)+1$,也即 $ed \bmod \Phi(n) = 1$,满足上式的 e、d 一定存在吗?根据数论中的

乘法逆元定义：

如果 a，b 互为素数，存在 a^{-1} 使得 $(a \times a^{-1}) \bmod b = 1$。

则如果 e 和 $\Phi(n)$ 互素，则一定存在 d，使得 $ed \bmod \Phi(n) = 1$ 成立。这样如果选取两大素数 p 和 q，$n = p \times q$，计算 n 的欧拉函数值 $\Phi(n) = (p-1) \times (q-1)$，随机选择一整数 e，使得 $1 < e < \Phi(n)$ 和 $\gcd(\Phi(n), e) = 1$ 成立，计算 e 模 $\Phi(n)$ 的乘法逆元，即为 d：$ed \equiv 1 \bmod \Phi(n)$，将 e 和 n 作为公钥公开，攻击者由已知的公钥获得私钥 d 的唯一途径是求得 $\Phi(n)$，而求 $\Phi(n)$ 必须将 n 分解成两个素数的乘积，这是数论中的难题，没有有效的解决方法，由此保证了算法的安全性。

根据上述原理，RSA 算法流程可描述如下。

(1) 选两个保密的大素数 p 和 q（各为 100～200 位十进制数）。

(2) 计算 $n = p \times q$，$\Phi(n) = (p-1) \times (q-1)$，其中，$\Phi(n)$ 是 n 的欧拉函数值。

(3) 选一整数 e，满足 $1 < e < \Phi(n)$ 和 $\gcd(\Phi(n), e) = 1$ 成立。

(4) 计算 d，满足 $ed \equiv 1 \bmod \Phi(n)$。即 d 是 e 在模 $\Phi(n)$ 下的乘法逆元，因 e 与 $\Phi(n)$ 互素，由模运算可知，它的乘法逆元一定存在。

(5) 以 $\{e, n\}$ 为公钥，$\{d, n$ 为私钥$\}$。

【例 2-8】　已知 $p = 7$，$q = 17$，明文 $m = 19$，求用 RSA 加密后的密文。

解：求得 $n = p \times q = 119$，$\Phi(n) = (p-1) \times (q-1) = 96$。

取 $e = 5$，满足 $1 < e < \Phi(n)$，且 $\gcd(\Phi(n), e) = 1$。确定满足 $ed \equiv 1 \bmod 96$ 且小于 96 的 d，因为 $77 \times 5 = 385 = 4 \times 96 + 1$，所以 $d = 77$。

因此公钥为 $\{5, 119\}$，私钥为 $\{77, 119\}$，明文为 $m = 19$，则密文为：

$$C = 19^5 \bmod 119 = 66$$

解密为

$$66^{77} \bmod 119 = 19$$

2. RSA 的安全性

RSA 算法的加密函数是一个单向函数，所以对于攻击者来说，试图解密密文在计算上是不可行的，因此对于 RSA 算法的攻击方法有如下几种。

(1) 穷举法：也就是尝试所有的私钥。抵御穷举攻击的方法是使用长的密钥。例如，RSA 目前建议的密钥长度为 2048b，但是密钥长度的增加也增加了加密、解密的复杂性，运行速度也会受到较大影响。

(2) 利用数学分析来进行破解：RSA 算法及公钥 e，n 公开，用于解密的私钥 d 和公钥之间满足 $ed \equiv 1 \bmod \Phi(n)$，因此攻击者为了获得私钥 d，必须要能由 n 计算 $\Phi(n)$，而 $\Phi(n) = (p-1) \times (q-1)$，$n = p \times q$，所以数学攻击法实质上是试图把大整数分解为两个素数的乘积。虽然大合数因子分解十分困难，但随着科学技术的发展，人们对大合数因子分解的能力在不断提高，而且分解需要的成本在不断下降。继 1994 年 4 月 RSA-129 被破译，1996 年 4 月 RSA-130 也被破译。1999 年 2 月，由美国、荷兰、英国、法国和澳大利亚的数学家和计算机专家，通过因特网，历时 1 个月，成功分解了 140 位的大合数，破译了 RSA-140，同年 RSA-155 被破解。2002 年，RSA-158 也被成功因数分解，2005 年，RSA-200 被破解。因此今天要使用 RSA 密码，首先应当采用足够大的整数 n，普遍认为，n 至少应该有 1024 位,最好 2048 位。估计在未来一段比较长的时期,密钥长度介于 1024~2048b 的 RSA 是安全的。

2.6　消　息　认　证

为达到某种目的,攻击者会采取各种攻击方法对信息系统进行攻击,这些攻击方法分为两类:被动攻击和主动攻击。被动攻击是以获取信息为目的,不对信息内容做任何篡改,破坏消息的机密性,前面介绍的加密技术可以预防被动攻击。而主动攻击通过冒充、重放、篡改等手段改变发送的消息,破坏了消息的完整性。例如,当合法用户 A 和 B 在传递消息时,通信链上的恶意攻击者 C 可能通过盗取用户密码等方式假冒 A 的身份向 C 发送消息;可能截获消息并对消息篡改后再发送给 B;也可能伪造一条消息发送给 B;或者是把消息 M 保存下来,在某个特定的时间再发送给用户 B,这种攻击形式称为消息的延迟;也可能在以后的时段中多次将截获的消息 M 发送给 B,这种攻击形式称为消息的重放。以上是主动攻击的主要方式,认证是发现和检测主动攻击的重要手段。

认证的目的有两个:第一,验证消息的发送者和接收者是合法的,不是冒充的,这称为实体认证或身份认证,具体技术包括口令、智能卡、指纹、视网膜等手段;第二是验证消息本身的完整性,称为消息认证,验证消息在传送或存储过程中是否被篡改、伪造、重放或延迟等。身份认证在后续章节中会介绍,本节主要介绍消息认证技术。

消息认证通过认证符来认证消息的完整性,认证符由消息的发送方通过认证函数产生,并传递给接收方,接收方通过验证认证符以鉴别收到消息的真实性。对一个消息认证系统而言,关键在于认证函数的选择,即如何根据需要传输的消息产生能够对该消息进行鉴别的认证符。认证函数主要有以下三类。

(1) 加密函数:对消息进行加密得到密文,用密文作为消息认证符。

(2) 消息认证码(Message Authentication Code,MAC):消息认证码是基于消息和密钥的公开函数,它产生定长的值,将该值作为认证符。

(3) 散列函数(Hash Function):散列函数能将任意长的消息映射成小的固定长度的消息,该消息用作认证符,映射过程不需要密钥的参与。

2.6.1　消息加密认证

对消息进行加密不仅可实现保密通信,也可达到对消息进行认证的目的,本节主要讨论对称密码体制如何实现认证。

如图 2.15 所示,采用对称密码体制进行消息认证,用户 A、B 在通信之前,首先商定密钥 K,消息 M 经对称加密算法加密后传送 B。例如,发送方发送的明文为"端午节子时在南京火车站会合",如果攻击者截获了传输的密文信息,由于不知道密钥,因此不知道如何更改密文中的信息才能使得在明文中产生预期的改变,所以只能通过任意修改消息以破坏消息。接收方如何判断消息是否被篡改过呢? 如果消息 M 是具有某种语法特征的文本,则 B 可通过分析解密后消息是否具有合理的语法结构来判断消息是否完整。没有被篡改过的消息通常有正确的语言结构和一定的含义,而篡改后的消息几乎不再具有合理的语法结构,通过这一点可以判断消息是否被篡改过。例如,如果收到的消息经解密后为"端午·*iipp-会合",则可判断该消息被篡改了。

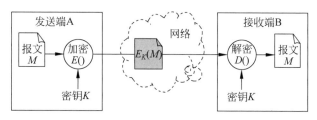

图 2.15　对称密码体制下的加密认证

如果消息 M 没有明显的语法结构或特征,例如二进制比特序列,采用上述方法则无法判断消息是否被篡改,为了解决这个问题,可强制明文使其具有某种结构。例如,可在消息上附加一个错误检测码 FCS,该错误检测码根据明文信息和公开的函数 F 产生,与消息串接后进行加密并传输,接收方在接收到信息后首先进行解密,分离出消息和 FCS,然后利用函数 F 对解密后的消息重新计算 FCS,如果跟传输过来的 FCS 相同的话,则说明消息没有被篡改,否则说明消息被篡改过,如图 2.16 所示。

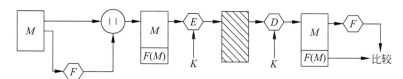

图 2.16　利用错误控制码的加密认证

采用加密函数实现认证,加密函数身兼数职,既要保证数据传输的保密性,又要认证报文的真实性,由于加密函数为了保证机密性通常设计得比较复杂,计算代价大,而在有些情况下,只需要保证信息传输的真实性,而不需要机密性。例如,政府或者权威部门的公告,如果将认证与加密分离则能够提供功能上的灵活性。下面介绍单纯提供真实性的认证机制:消息认证码和散列函数。

2.6.2　消息认证码

消息认证码是一种密钥相关的认证技术,它将密钥和消息一起代入认证函数,计算出一个固定长度的短数据块,称为 MAC,发送时将 MAC 附加在消息之后,一起发送给接收方。由于这种验证方式需要密钥的参与,而密钥只有通信双方知道,因此采用消息认证码不仅可以验证消息的完整性,而且还能对消息的发送方进行验证。具体认证过程如图 2.17 所示。

设 M 是发送方要发送的消息,K 是通信双方共享的密钥,则 MAC$=C_K(M)$,这里,C 是 MAC 函数,它将任意长的消息映射成短的定长的消息认证码 MAC。发送方将消息 M 和认证符 MAC 串接后一起发送给接收方。接收方在收到消息后,分离出消息 M 和 MAC,根据密钥、收到的消息 M 重新计算 MAC,并检查是否与传过来的 MAC 一致。如果两者相等,则接收者可以确信消息 M 未被篡改,因为如果攻击者改变了消息,由于不知道密钥 K,无法生成正确的 MAC,并且,如果接收者重新计算得到的 MAC 值与传送过来

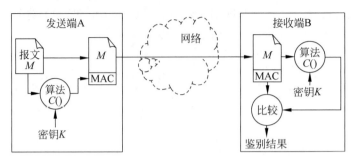

图 2.17　MAC 的基本用法

的 MAC 值一致的话,也可以确信消息来自真正的发送方,因为其他人由于没有密钥不能产生和原始消息相对应的 MAC。

MAC 函数与前面介绍的加密函数类似,在计算时都需要明文、密钥的参与,不同之处在于 MAC 算法不要求可逆性,而加密算法必须可逆,且相对于加密函数来说,MAC 的计算代价小,更适合进行消息完整性的认证。

在图 2.17 中,消息本身在传送时没有经过加密,不提供机密性,如果同时需要机密性,可以利用对称密码体制或者公钥密码体制对消息进行加密。

对消息认证码的攻击主要有两种方法:其一是攻击密钥,试图找到计算 MAC 的密钥,其二是攻击 MAC 函数的算法,找到其弱点。这里主要讨论攻击密钥的方法。

MAC 将任意长的消息映射为短的定长数据块,定义域空间大于值域空间,因此 MAC 函数是多对一的函数,也即多个不同的消息可能映射到相同的 MAC 码,这将会增加密钥攻击的难度。如何找到 MAC 的密钥呢?假设攻击者已获得消息的明文和相应的 MAC,即已知 (M_1, MAC_1),现要用穷举法来破解密钥,设密钥长度为 k b,MAC 的长度是 n b,通常 $k > n$,则所有可能的密钥个数是 2^k,所有可能的 MAC 个数为 2^n,因此大约有 2^{k-n} 个密钥对应相同的 MAC 码,这些密钥中哪个是正确的密钥呢?需要经过多轮测试才能找到正确的密钥,穷举攻击过程如下。

第一轮:

已知:(M_1, MAC_1),for i=1 to 2^k,试探 $MAC_1 = C_{K_i}(M_1)$,匹配数 $\approx 2^{k-n}$,无法确定真正的密钥。

第二轮:

已知:(M_2, MAC_2),for i=1 to 2^{k-n},试探 $MAC_2 = C_{K_i}(M_2)$,匹配数 $\approx 2^{k-2 \times n}$,无法确定真正的密钥。

……

大约需要 k/n 轮才能找出一个唯一正确的密钥,所以用穷举法攻破 MAC 比攻破加密算法要困难得多。

2.6.3　Hash 函数

1. 安全散列函数的结构

Hash 函数又称为散列函数或杂凑函数,是一种能将不定长的输入映射成定长输出的特殊函数,记为 $h=H(M)$,其中,M 为消息,其长度可为任意;h 被称为散列值、哈希值或消息摘要,长度一定,通常为 128b 或 160b,生成散列值时不需要密钥。由于散列函数输入的长度是任意的,因此要求散列函数的计算效率比较高,也即对于任何给定的消息 x,$H(x)$ 要相对易于计算。从 Hash 函数的特征可以看出,H 是一个多对一的函数,多个不同的输入会产生相同的输出,因此散列函数必须具有单向性,也就是从 M 计算 h 容易,而从 h 计算 M 是不可能的。

Hash 函数对于两个差别很小(如仅差别一两位)的消息产生的散列值会截然不同,因此 Hash 函数的一个重要功能就是实现消息完整性的检测,能够发现对消息的任何改动。例如,用户 A 和 B 通信,为了使得接收方能检测消息在传送过程中是否被篡改,用户 A 利用散列函数对要发送的消息生成 Hash 值,附着在消息之后进行发送,接收方收到消息后,重新计算 Hash 值,如果跟发送过来的 Hash 值相同,则表示在传送过程中消息未被篡改,反之则表明消息被篡改,如图 2.18 所示。

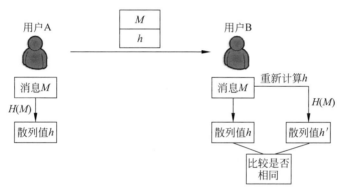

图 2.18　散列函数的简单用法

但是,由于散列函数计算时不需要密钥,并且通常散列函数属于公开函数,如果恶意用户在篡改明文 M 后,重新基于修改后的消息计算散列值,则接收方无法发现消息被篡改过,采用这种方法无法达到认证的效果。所以在实际使用过程中,发送方会用某种加密算法对 Hash 值进行加密,然后附着在消息后传递给接收方。接收方首先基于接收到的消息计算出 Hash 值,然后对传送过来的附加在消息后的 Hash 密文进行解密得到原始 Hash 值,如果两者相同则表示认证成功,如图 2.19 所示。

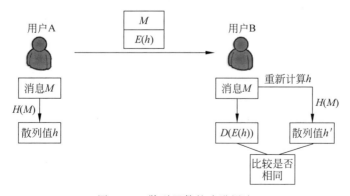

图 2.19　散列函数的改进用法

由于 Hash 值位数很少,一般只有 128b 或者 160b,所以加密或解密不会为通信系统带来太大负担。

为了防止第三方伪造 Hash 值或者通过 Hash 值计算出明文,散列函数 H 必须满足以下性质。

(1) 单向性:对任何给定的散列码 h,寻找 x 使得 $H(x)=h$ 在计算上不可行。

(2) 弱抗碰撞性:对于给定的 x,寻找不等于 x 的 y,使得 $H(x)=H(y)$ 在计算上是不可行的。

(3) 强抗碰撞性:寻找任何的 (x,y),使 $H(x)=H(y)$ 在计算上是不可行的。

Hash 函数一般采用迭代的构造方法,其结构如图 2.20 所示,输入数据被划分为长度为 b 的分组,最后一个分组需要填充以满足长度要求,且最后一个分组包含散列函数的输入总长度,散列算法中重复使用了一个压缩函数 f,f 的输入是前一轮的 nb 输出(称为链接变量)以及当前的 bb 分组,输出为 nb 的链接变量值。

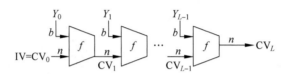

图 2.20 迭代型 Hash 函数的一般结构

图 2.20 中明文被分为 L 个分组 $Y_0,Y_1,\cdots,Y_{L-1}$,b 为明文分组长度,n 为输出 Hash 值的长度,CV_i 是各级输出,IV 为 nb 的链接变量初始值,最后一个输出值即是 Hash 值。

迭代型结构的 Hash 函数已被证明是合理的,如果采用其他结构构造 Hash 函数不一定能确保安全性。采用这种结构的典型算法包括 MD5、SHA 等。MD5 算法由 RSA Data Security 公司的 Rivest 于 1992 年提出,能对任意长度的输入消息进行处理,产生 128b 长的消息摘要。SHA 算法是由美国国家标准技术研究所与国家安全局共同设计的安全哈希算法(Security Hash Algorithm,SHA),它能为任意长度的输入产生 160b 的散列值。这两个算法目前广泛应用于因特网的消息认证与数字签名中。这里主要介绍 MD5 算法。

2. MD5 算法

MD5 的全称是 Message-Digest Algorithm 5(消息摘要算法),经 MD2、MD3 和 MD4 发展而来。利用 MD5 Hash 算法产生消息摘要时,对输入按 512b 的分组为单位进行处理,处理后输出为 128b 的 Hash 值。

如图 2.21 所示,算法处理过程主要包含以下几个步骤。

1) 消息填充

首先,填充消息使其长度比 512 的整数倍少 64b。注意,即使消息本身已经满足上述长度要求,仍然需要进行填充。例如,若消息长度为 448b,则仍需要填充 512b,填充的内容由一个 1 和后续的多个 0 组成。

2) 添加原始消息长度

在填充后的消息后面再添加一个 64b 的二进制整数表示填充前消息的长度。如果消息长度大于 2^{64},则取其对 2^{64} 的模。

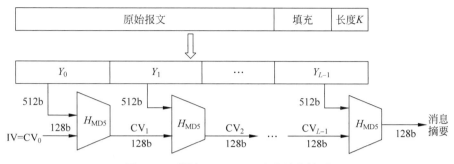

图 2.21　利用 MD5 Hash 产生消息摘要

执行这一步骤后,消息的长度为 512 的整数倍(设为 L 倍),则可将消息表示为分组长为 512 的一系列分组 $Y_0, Y_1, \cdots, Y_{L-1}$。

3) 缓冲区的初始化

Hash 函数的中间结果和最终结果保存于 128b 的缓冲区中,缓冲区中的值称为链接变量,缓冲区由 4 个 32b 的寄存器组成,寄存器中的值分别用 4 个 32b 长的字表示:A,B,C,D,其初始值为:

$$A = 0\text{x}01234567$$
$$B = 0\text{x}89\text{ABCDEF}$$
$$C = 0\text{xFEDCBA}98$$
$$D = 0\text{x}76543210$$

这些值以高端格式存储,即字节的最高有效位存于低地址字节位置。

4) H_{MD5} 运算

压缩函数 H_{MD5} 对每个分组 Y_q 进行处理,是算法的核心。函数包括 4 轮处理过程,如图 2.22 所示。4 轮处理过程结构一样,只是各轮所用的逻辑函数不同,各轮使用的逻辑函数依次记为 F、G、H、I。每轮的输入为当前处理的消息分组 Y_q 和缓冲区当前值 A、B、C、D,输出仍然放在缓冲区中以产生新的 A、B、C、D,第四轮的输出和第一轮的输入相加得到最后的输出。

MD5 的每轮又要进行 16 轮迭代运算,4 轮共需 64 步完成。一步迭代过程如图 2.23 所示。首先当前缓冲区 B、C、D 中的链接变量执行非线性逻辑函数 $g(b, c, d)$,4 轮运算中使用的逻辑函数均不同,各轮逻辑函数的定义如表 2.16 所示。逻辑函数运算结果依次加上缓冲区 A 中的链接变量、消息的一个子分组和一个常数,再将所得的结果向左循环一个

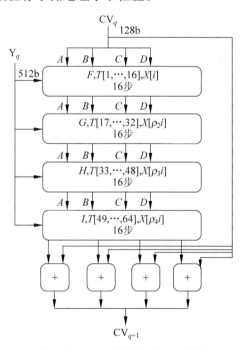

图 2.22　一个分组的 H_{MD5} 处理

不定数,最后得到的结果再加上之前保存在缓冲区 B 中的值更新到缓冲区 B 中,原来缓冲区 D 中的值更新到缓冲区 A 中,原来缓冲区 B 中的值更新到缓冲区 C 中,原来缓冲区 C 中的值更新到缓冲区 D 中。每轮所使用的 512b 的消息分组 Y_q 被均分为 16 个子分量(每个子分组为 32b),记为 $X[k]$,$k=0,1,\cdots,15$,表示当前分组的第 k 个 32 位字,在每一轮的运算中恰好被使用一次。在不同轮中其使用的顺序不相同。在第一轮中,其使用顺序为初始顺序,第二~四轮中其使用顺序由如表 2.17 所示的置换确定,表中 i 的取值为

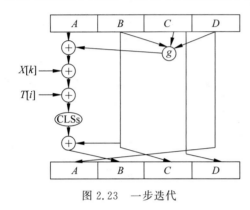

图 2.23 一步迭代

0~15,对应每一轮的第一~十六步骤。图 2.23 中的 $T[i]$ 为 $2^{32} \times \mathrm{abs}(\mathrm{Sin}(i))$ 的整数部分,i 是弧度,$T[1,\cdots,64]$ 个元素表,分为四组参与不同轮的计算,其主要作用是消除输入数据的规律性。每轮各步循环左移位数不同,其中,第一轮的 1~4 步分别循环左移 7b、12b、17b、22b,剩余 12 步则分别重复左移 7b、12b、17b、22b。第二轮分别循环左移 5b、9b、17b、22b,第三轮分别循环左移 4b、11b、16b、23b,第四轮分别循环左移 6b、10b、15b、21b。

表 2.16 逻辑函数

轮	基 本 函 数	$g(b,c,d)$
1	$F(b,c,d)$	$(b \wedge c) \vee (b^- \wedge d)$
2	$G(b,c,d)$	$(b \wedge d) \vee (c \wedge d^-)$
3	$H(b,c,d)$	$b \oplus c \oplus d$
4	$I(b,c,d)$	$c \oplus b \vee d^-$

表 2.17 明文分组使用顺序

明文子分组使用顺序	
轮 数	计 算 公 式
第二轮	$\rho 2(i) = (1+5i) \bmod 16$
第三轮	$\rho 3(i) = (5+3i) \bmod 16$
第四轮	$\rho 4(i) = 7i \bmod 16$

通过这 64 步运算后,所得的结果与最初输入的分组进行模 2^{32} 加法,所得结果成为下一个分组进行运算的缓冲区初始值,以此类推。

所有 L 个 512 分组都处理完成后,最后一个分组的输出即为 128b 的消息。

5) 对 Hash 函数的攻击

一般来说,对一个 Hash 算法的攻击可分为三个级别。

(1) 预映射攻击:给定 Hash 值 h,找到其对应的明文 M,使得 $\mathrm{Hash}(M)=h$,这种攻击是最彻底的,如果一个 Hash 算法被人找出预映射,那这种算法是不能使用的。

(2) 弱碰撞攻击:给定明文 M_1,找到另一明文 M_2($M_1 \neq M_2$),使得 $\mathrm{Hash}(M_1) = \mathrm{Hash}(M_2)$,这种攻击其实就是要寻找弱碰撞。

（3）强碰撞攻击：找到 M_1 和 M_2，使得 Hash(M_1)＝Hash(M_2)，这种攻击其实就是要寻找强碰撞。

攻击者的主要目标是用非法消息替代合法消息进行伪造和欺骗，对散列函数的攻击也是寻找碰撞的过程，要完成上述攻击行为，目前一般都是靠穷举的方法，因为那些没有通过分析和差分攻击考验的算法，大多都已经夭折在实验室了。下面分析采用穷举法进行弱碰撞攻击和强碰撞攻击的代价。

（1）弱碰撞攻击。

寻找弱碰撞的代价问题可以换种说法：给定一个散列函数 H 和某 Hash 值 h，假定 H 有 n 个可能的输出，如果 H 有 k 个随机输入，k 必须为多大才能至少存在一个输入 y，使得 $H(y)＝h$ 的概率大于 0.5？

因为 H 有 n 种可能的输出，所以对于某个 y 值，$H(y)＝h$ 的概率为 $1/n$。那么 $H(y)\neq h$ 的概率为 $1-1/n$。那么产生 k 个随机的 y 值，均使 $H(y)\neq h$ 的概率为 $(1-1/n)^k$，那么在 k 个随机的 y 值当中至少有一个使 $H(y)＝h$ 的概率为 $1-(1-1/n)^k$。

根据二项式定理：
$$(1-a)^k＝1-ka+k(k-1)a^2/2!-k(k-1)(k-2)a^3/3!+\cdots$$

当 a 很小时，$(1-a)^k\approx 1-ka$，所以对于 $(1-1/n)^k$，当 n 很大时，$(1-1/n)^k\approx 1-k/n$。

那么在 k 个随机的 y 值当中至少有一个使 $H(y)＝H(x)$ 的概率为 $1-(1-1/n)^k\approx k/n$。

现在要使这个概率等于 0.5，所以，$k＝n/2$。

如果 Hash 函数为 m 位，则有 2^m 个可能的 Hash 码输出，如果给定 $h＝H(x)$，要想找到一个 y，使 $H(y)＝h$ 的概率为 0.5，尝试的次数大约为 $2^m/2＝2^{m-1}$。

对于一个使用 64b 的 Hash 码，攻击者要想找到满足 $H(M')＝H(M)$ 的 M' 来替代 M，即寻找一个弱碰撞，平均来讲，他找到这样的消息大约需要进行 2^{63} 次尝试。这个结果似乎表明选择 64 位的散列函数是安全的，但事实并非如此。Yuval 提出的"生日悖论"能更有效地找到碰撞。

（2）强碰撞攻击。

首先了解一下"生日悖论"的数学背景：k 为多大时，在 k 个人中至少有两个人具有相同生日的概率不小于 0.5？

分析：第一个人的生日占了一天，因此第二个人有不同生日的概率为 364/365，第三个人则少了两个选择，因此他与前两个人生日都不同的概率是 363/365，以此类推，第 k 个人与前面 $k-1$ 个人生日都不同的概率是 $[365-(k-1)]/365$。

所以，这 k 个人生日都不同的概率是 $(364/365)\times(363/365)\times\cdots\times((365-k+1)/365)$。

那么，这 k 个人中至少有两个生日相同的概率则为：
$$P＝1-(364/365)\times(363/365)\times\cdots\times((365-k)/365)$$
$$＝1-365!/(365-k)!(365)k$$

可以计算出，当 $k＝23$ 时，$p＝0.5073$。

结果说明：任找 23 个人，从中总能选出两个人具有相同生日的概率至少为 0.5。这样的结果与人的直觉是违背的,这说明某些事情的发生概率是比我们的感觉要大得多,这就是"生日悖论"。建立在"生日悖论"基础上的生日攻击,能够有效地找到强碰撞。

可以把找强碰撞的问题表述成:对于一个64b的Hash码,攻击者以50%的概率找到M_1、M_2,使得$\text{Hash}(M_1)=\text{Hash}(M_2)$,要找到这样的消息大约要进行多少次尝试?

通过计算,大约要进行$2^{64/2}$次尝试就能找到散列值相同的两个消息。这一计算代价要比寻找一个弱碰撞小很多。

如何实施生日攻击呢?假设Hash算法生成64b的Hash值,攻击者可以采用如下方法来进行生日攻击。

攻击者截获到报文M,根据M生成2^{32}个表达相同含义的报文集M_1(例如,在文字中加入空格、换行字符等)。同时,攻击者还准备了2^{32}个用于欺骗的假报文M_2。计算两个报文集中能够产生相同签名的报文对$<M_1',M_2'>$,根据生日悖论,只要$k>2^{m/2}$成功的概率大于0.5。攻击者将M_1'提交给发方请求签名,并用M_2'替代M_1'。因为这两个报文具有相同签名,因此即使不知道加密密钥,攻击者也能够获得成功。

生日攻击表明Hash值的长度必须达到一定的值,如果过短,则容易遭受穷举攻击,一般建议Hash值需要160b,SHA-1的最初选择是128b,后改为160b,就是为了防止利用生日攻击穷举Hash值。

2.7 数字签名

视频讲解

2.7.1 数字签名的定义

采用加密技术对传输的信息加密可以防止攻击者窃取信息;采用消息认证技术,消息接收方能验证消息内容是否被篡改过,用以保护通信双方的数据交换不被第三方侵犯,但是这两种技术都不能保证通信双方自身的相互欺骗。例如,发送方A可以否认发送过消息;而接收方B也可以伪造一个不同的消息,但声称是从A收到的,这些行为称为信息抵赖。

签名具有防止抵赖的功能,它是证明当事者身份和数据真实性的一种信息。传统的军事、政治、外交活动中的文件、命令和条约及商业中的契约等采用书面签名的方式,如手印、签字、印章等,以表示确认和防止抵赖,书面签名得到司法部门的支持和承认,具有一定的法律效力。随着计算机通信网的发展,人们更希望通过电子设备实现快速、远距离交易,在以计算机文件为基础的现代事务处理中,应该采用电子形式的签名,即数字签名,它是一种防止源点或终点抵赖的鉴别技术,用于防范通信双方的欺骗。数字签名在ISO 7489-2标准中定义为:附加在数据单元上的一些数据,或是对数据单元所做的密码变换,这种数据和变换允许数据单元的接收者用以确认数据单元的来源和数据单元的完整性,并保护数据,防止被人(例如接收者)伪造。美国电子签名标准(DSS,FIPS186-2)对数字签名做了如下解释:利用一套规则和一个参数对数据计算所得的结果,用此结果能够确认签名者的身份和数据的完整性。数字签名通常利用公钥密码体制进行,其安全性取决于密码体制的安全程度。

在中国,数字签名是具有法律效力的,正在被普遍使用。2000 年,中华人民共和国的新《合同法》首次确认了电子合同、电子签名的法律效应。2005 年 4 月 1 日起,中国首部《电子签名法》正式实施。

2.7.2　数字签名的原理

在传统文件中,书面签名长期以来被用作用户身份的证明,表明签名者同意文件的内容。实际上,签名体现了以下几方面的保证。

(1) 签名是不可伪造的。签名证明是签字者而不是其他人在文件上签字。

(2) 签名是不可重用的。签名是文件的一部分,不可能将签名移动到不同的文件上。

(3) 签名后的文件是不可改变的。在文件签名后,文件就不能改变。

(4) 签名是不可抵赖的。签名和文件是不可分离的,签名者事后不能声称他没有签过文件。

手印、签名、印章等传统的书面签名基本上满足以上条件,所以得到司法部门的支持。例如,人的指纹具有非常稳定的特性,终身不变,据专家计算,大约五十亿人才会有一例相同;公安部门有专业的机构进行笔迹鉴别;公章的刻制和使用都受到法律的保护和限制。

直接将书面签名扫描到计算机中在需要签名的地方将其粘贴上去,这种方法可行吗?这种方法实际是存在问题的。首先,将扫描的签名从一个文件剪辑和粘贴到另一个文件是很容易的,其次,文件在签名后也易于修改,并且不会留下修改的痕迹。所以,通过简单扫描书面签名作为数字签名不能满足上面提出的签名应该具有的条件,这种方法不可行。为了方便使用和实现,对数字签名提出的更进一步的要求如下。

(1) 依赖性:签名必须是依赖签名信息产生的。

(2) 唯一性:签名必须使用某些对发送者来说是唯一的信息,以防止双方的伪造和否认。

(3) 可验性:必须相对容易识别和验证该数字签名。

(4) 抗伪造:伪造该数字签名在计算上是不可行的,根据一个已有的数字签名来构造消息是不可行的,对一个给定消息伪造数字签名是不可行的。

因为数字签名具有不可伪造性,因此必须要用用户独有的信息产生,私钥是用户独有的信息,可以考虑通过私钥来产生数字签名,因此数字签名大多是基于公钥密码体制实现的。用公钥密码体制实现保密性安全目标的时候,公钥用于加密而私钥用于解密,而在进行数字签名的时候,应该用私钥产生签名信息而公钥用于验证用户的签名。具体的签名和验证方式如图 2.24 所示。采用公钥密码体制进行数字签名,发送者用自己的私钥加密数据后发送给接收者,接收者如果能用发送者的公钥解密数据,就可确定消息一定来自发送者,发送者对所发的信息不能抵赖。

发送方 A 利用 A 的私钥对整个发送的消息进行加密,生成的密文作为签名附加到消息之后发送给接收方 B。接收方 B 接收到消息后,分离出签名信息,利用 A 的公钥解密,解密后所得到的消息如果跟发送过来的消息一致,就说明该消息是用户 A 发送过来的,原因是该消息是用 A 的公钥解密得到的,只有用 A 的私钥加密的信息才能用 A 的公钥

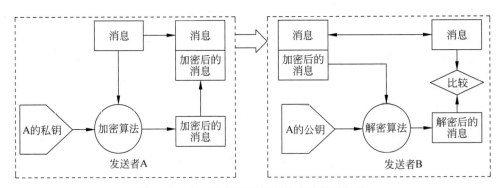

图 2.24　基于公钥密码体制的直接数字签名

解密,而 A 的私钥信息只有 A 才拥有,所以该消息必定是由 A 发出来的,A 不能否认发送过该消息。

　　基于公钥密码体制的直接数字签名的问题主要在于公钥密码体制为安全性考虑,本身参与计算的都是大数,因此执行效率并不高,怎样提高基于公钥密码体制的数字签名的效率呢? 可以考虑减小加密的对象,由此联想到散列函数。散列函数可以将不定长的输入产生定长的输出,而且通常输出相对消息本身会小很多,因此可以考虑首先对消息通过散列函数得到消息的摘要,对消息摘要通过私钥进行签名,这就产生了基于公钥密码体制和散列函数的数字签名,签名过程如图 2.25 所示。

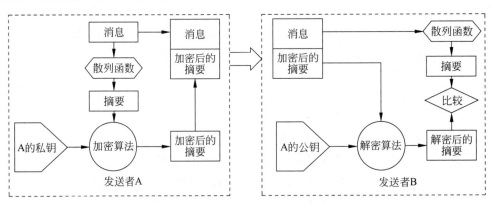

图 2.25　基于公钥密码体制和散列函数的直接数字签名

　　发送方 A 首先产生消息的摘要,利用 A 的私钥进行加密产生签名,将签名附加到消息之后,发送给接收方 B。接收方 B 在接收到信息后,分离出签名信息,用 A 的公钥解密得到消息摘要,接收方再基于接收的消息产生消息摘要,两者进行比较,如果一致,说明消息是发送方 A 发送的,并且 A 不可否认。

　　对于长度为 160b 的散列函数,两个不同的文件具有相同的散列值的概率为 $1/2^{160}$,所以在这个协议中使用散列函数的签名与使用文件的签名是一样安全的。

　　上述数字签名假定接收方知道发送方的公钥,签名通过使用发送方的私钥加密产生,整个签名和验证过程只牵涉通信双方,属于直接数字签名,这种体制有个共同的弱点:方案的有效性依赖于发送方私钥的安全性。如果发送方随后想否认发送过某个数字签名消息,他可以声称用来签名的私钥丢失或者被盗用,并有人伪造了他的签名,通常需要采用与私钥安全性相关的行政管理控制手段来制止这种情况,但威胁依然存在。

为了解决直接数字签名中存在的问题,引入了仲裁数字签名。有关仲裁数字签名本文不做详细介绍。

2.7.3　数字签名的算法

数字签名的算法很多,应用最广泛的三种是 RSA 签名、DSS 签名和基于 ECC 密码体制的 ECDSA 签名。这里对 DSS 签名稍做介绍。

DSS 最初提出于 1991 年,1993 年根据公众对于其安全性的反馈意见进行了修改。1994 年,美国国家标准技术研究所颁布了联邦信息处理标准 FIPS 186,称为数字签名标准(DSS),1996 年又稍作修改,2000 年发布了该标准的扩充版,即 FIPS 186-2。

与 RSA 不同的是,DSS 只用于数字签名,而不用于加密或密钥分发。DSS 的数字签名算法是 DSA,其安全性建立在求离散对数的困难性上,签名时首先利用安全散列函数 SHA 对消息 M 计算出散列值,对该散列值进行签名,签名时需要三类参数:为此次签名产生的随机数 k、发送方的私钥 SK_A 和全局公钥 PK_G。全局公钥 PK_G 为一组通信伙伴所共有,最终生成的签名由两部分组成:标记为 s 和 r。

接收方在验证时首先基于接收到的消息产生散列值,将这个散列值和接收到的签名 (s,r) 一起作为验证函数的输入,验证函数依赖于全局公钥 PK_G 和发送方公钥 PK_A,若验证函数的输出等于签名中的 r,则签名是有效的。签名函数保证只有拥有私钥的发送方才能产生有效签名,如图 2.26 所示。

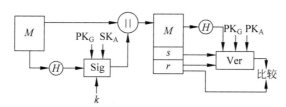

图 2.26　DSS 签名方案

有关于 DSA 算法的具体签名过程请参考相关书籍。

2.8　公钥基础设施

视频讲解

2.8.1　公钥的分配

公钥密码体制有公、私两个密钥,在进行密钥分配时要确保私钥的秘密性,对于公钥,则保证其真实性和完整性,绝不允许攻击者替换或者篡改用户的公钥。

公钥的分配方式主要有以下几种。

(1) 公开发布:用户将自己的公钥通过 BBS 或者邮件列表等方式公开发布。这种方法方便快捷,每个人都可以很方便地发布自己的公钥,但容易被人冒充或者篡改,所以这种方法一般在简单的个人应用或者一些小型网络中使用。

（2）公钥动态目录表：建立一个公共的公钥动态目录表，表的建立和维护以及公钥的发布由某个公钥管理机构承担，每个用户都可靠地知道管理机构的公钥。但在这个方法中，每一用户想要与他人通信都要求助于公钥管理机构，因而可能形成瓶颈，而且公钥目录表也容易被篡改。所以这个方法只适合于小型网络，例如企业局域网中。

（3）直接发送。通信双方直接将自己的公钥发送给对方，由于公钥本身就是公开的，因此发送时不需要加密处理。但是这种方式容易受到"中间人"攻击。例如，考虑 A 和 B 进行通信的情况，A 和 B 在通信之前首先进行公钥的交换，假设攻击者 C 截获了 B 发送给 A 的公钥 P_B，C 用自己的公钥 P_C 冒充 B 的公钥发送给 A，A 以为接收到的是 B 的公钥，A 用 C 的公钥 P_C 加密发送给 B 的消息，这个消息被 C 截获，由于该消息实际是用 C 的公钥加密的，C 用自己的私钥解密可以获取消息内容，为了防止 A、B 发现异常，C 可以将消息用 B 的公钥加密后继续发送给 B，如果 C 也截获了 A 的公钥，就可完全窃听 A、B 之间通信的内容了，如图 2.27 所示。

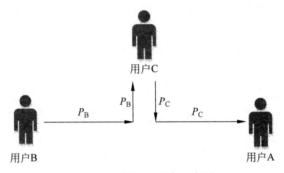

图 2.27　中间人攻击示意图

上述中间人攻击能成功的最根本原因是，A 没办法确定他得到的密钥是否真的属于 B，为了解决这个问题，需要借助于可信的第三方，通过颁发数字证书，将用户公钥和真实身份绑定。

（4）数字证书：采用数字证书分配公钥是最安全有效的方法，数字证书由证书管理机构 CA 为用户建立，实际上是一个数据结构，其中的数据项有该用户的公钥、用户的身份等。

2.8.2　数字证书

在公钥密码体制中，公钥是公开的，因此不需要确保秘密性，但是需要保证完整性和真实性，绝对不允许攻击者更换或篡改用户的公钥，如果公钥的真实性和完整性受到危害，则基于公钥的各种应用的安全将受到危害。保证信息完整性和真实性的方法之一是数字签名。假设有一个权威公正的第三方可信任实体 X，所有的公钥都交由实体 X 验证签名后存入某个数据库公开发布，实体 X 通过可信途径把自己的公钥公开，则用户从数据库中取出公钥时通过验证实体 X 的签名是否完整，从而可以发现对公钥的篡改。进一步，如果将用户的标识符和用户的公钥联系在一起签名，则可以确认公钥的身份，防止有人冒充或者伪造公钥。

可信的实体 X 称为签证机构(Certificate Authority,CA),由一个可信任的权威机构签署的信息集合称为证书,一个简单的数字证书如图 2.28 所示。

证书	
主体身份信息	CA名称
主体的公钥	其他信息
CA签名	

图 2.28　数字证书示意图

数字证书一般包括持证主体的身份标识、公钥等相关信息,这些信息由签证机构进行数字签名,数字签名也是证书的一部分,任何知道签证机构公钥的人通过验证签名的真伪,确保公钥的真实性,确保公钥与持证主体之间的严格绑定。

日常生活中有许多使用证书的例子,例如汽车的驾驶证。驾驶证(公钥证书)确认了驾驶员的身份(用户),表示其开车的能力(公钥),驾驶证上有公安局的印章(CA 对证书的签名),任何人只要信任公安局(CA),就可以信任驾驶证(公钥证书)。

有了公钥证书系统后,如果某个用户需要任何其他已向 CA 注册的用户的公钥,可以向持证人(或证书机构)直接索取其公钥证书,并用 CA 的公钥验证 CA 的签名,从而获取可信的公钥。公钥证书为公钥的分发奠定了基础,成为公钥密码在大型网络系统中应用的关键技术,当前,电子商务、电子政务等大型网络应用系统都采用了公钥证书技术。

2.8.3　X.509 证书

目前应用最广泛的证书格式是国际电信联盟(Internet Telecommunication Union,ITU)提出的 X.509 版本 3 格式。X.509 是由 ITU 制定的数字证书标准。最初的 X.509 版本公布于1988 年,版本 3 的建议稿于 1994 年公布,在 1995 年获得批准。X.509 版本 3 的证书结构如图 2.29 所示。

版本号:定义了证书的版本号,版本号会影响证书中包含的信息的类型和格式。目前版本 4 已颁布,但在实际使用过程中版本 3 还是占主流。

证书序列号:序列号是赋予证书的唯一整数值,用于将本证书与同一 CA 颁发的其他证书区别开来。

签名算法标识符:该域中含有 CA 签发证书所使用的数字签名算法的算法标识符,如 SHA、RSA 等。

颁发者名称:该域含有签发证书实体的唯一名称,命名必须符合 X.500(分布式电子目录服务的标准)格式,通常为某个 CA。

有效期:每个证书均只能在一个有限的时间段内有效。该有效期表示为两个日期的序列:起始日

X.509证书
版本号
证书序列号
签名算法标识符
颁发者名称
有效期
主体名称
主体公钥信息(算法标识、公钥值)
颁发者唯一标识符(可选)
主体唯一标识符(可选)
扩展项(可选)
颁发者的签名

图 2.29　X.509 证书结构

期和时间,终止日期和时间,有效期可以短至几秒或长至一个世纪。有效期长短取决于许多因素,例如,用于数字签名的私钥的使用频率等。

主体名称:证书拥有者的可识别名称,命名规则使用 X.500 标准,因此在因特网中应

是唯一的。

主体公钥信息：主体的公钥,同时包括指定该密钥所属公钥密码系统的算法标识符及所有相关的密钥参数。

颁发者唯一标识符(可选)：证书颁发者唯一标识符。

主体唯一标识符(可选)：证书拥有者唯一标识符,属于可选字段,该字段在实际中很少使用,并且不被 RFC2459 推荐使用。

扩展项(可选)：在颁布了 X.509 版本 2 后,人们认为还有一些不足之处,于是提出一些扩展项附在版本 3 证书格式的后面。这些扩展项包括密钥和策略信息、主体和颁发者属性以及证书路径限制。

颁发者的签名：用 CA 的私钥对证书的所有其他字段加密后的 Hash 值,作为颁发者的签名。

2.8.4　公钥基础设施

公钥证书、证书管理机构、证书管理系统、围绕证书服务的各种软硬件设备以及相应的法律基础共同组成公钥基础设施(Public Key Infrastructure,PKI)。PKI 技术采用证书管理公钥,通过第三方的可信任机构把用户的公钥和用户的其他标识信息(如用户名、E-mail、身份证号、护照号等)捆绑在一起,在因特网上验证用户的身份。本质上,PKI 是一种标准的公钥密码的密钥管理平台,能够为所有网络应用透明地提供加密、数字签名等服务所需要的密码和证书管理。当前,PKI 以其良好的开放性、安全性和稳定性,已成功应用到了众多领域,在信息安全领域起着越来越重要的作用。

美国是最早推动 PKI 建设的国家,早在 1996 年就成立了联邦 PKI 指导委员会。目前,美国联邦政府、州政府、大型企业都建立了 PKI,比较有代表性的主要有 VeriSign 和 Entrust。VeriSign 作为 RSA 的控股公司,借助 RSA 成熟的安全技术,提供了 PKI 产品,为用户之间的内部信息交互提供了安全保障。另外,VeriSign 也提供对外的 CA 服务,包括证书的发布和管理等功能,并且同一些大的生产商,如 Microsoft、Netscape 和 JavaSoft等,保持了伙伴关系,以在因特网上提供代码签名服务。

1998 年,中国的电信行业也建立了国内第一个行业 CA,此后,金融、工商、外贸、海关和一些省市也建立了自己的 CA。PKI 已经成为世界各国发展电子商务、电子政务、电子金融的基础设施。

1. PKI 的组成和功能

一个典型的 PKI 逻辑结构如图 2.30 所示,其中包括 PKI 策略、软硬件系统、证书机构 CA、注册机构 RA、证书发布系统和 PKI 应用。

(1) PKI 安全策略：建立和定义了一个组织在信息安全方面的指导方针,同时也定义了密码系统使用的处理方法和原则。

(2) 证书机构 CA：它是整个 PKI 体系中各方都承认的一个值得信赖的公正的第三方机构,是 PKI 的信任基础。它的核心功能是管理公钥的整个生命周期,其作用包括发放证书、规定证书的有效期和通过发布证书撤销列表,确保必要时可以废除证书。

(3) 注册机构 RA：主要完成收集用户信息和确认用户身份的功能。这里的用户,是

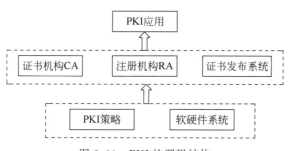

图 2.30 PKI 的逻辑结构

指将要向认证中心 CA 申请数字证书的客户,可以是个人,也可以是集团或团体、某政府机构等。RA 接受用户的注册申请,审查用户的申请资格,并决定是否同意 CA 给其签发数字证书。需要注意的是,注册机构并不实际给用户签发证书,而只是对用户进行资格审查。

(4)数字证书:在 PKI 中,最重要的信息就是数字证书,PKI 的所有活动都是围绕数字证书进行的。

(5)证书发布系统:实现证书发布、过期或撤销证书目录浏览等功能。

(6)PKI 应用:PKI 的应用范围非常广泛,并且在不断发展之中,可以说只要需要使用到公钥的地方就要使用到 PKI,例如,安全电子邮件、Web 安全、虚拟专用网等。

一个完整的 PKI 系统的主要功能包括证书颁发、证书废除、证书和 CRL 的公布等。

(1)证书颁发:证书的申请可采取在线申请和亲自到 RA 申请两种方式。在线申请就是通过浏览器或其他应用系统在线申请证书,这种方式一般用于申请普通用户证书或测试证书。离线方式一般通过人工的方式直接到证书机构的受理点去办理证书申请手续,通过审核后获取证书,这种方式一般用于比较重要的场合,如服务器证书和商家证书等。证书的颁发也可采用两种方式,一种是在线直接从 CA 下载,一种是 CA 将证书制作成介质(IC 卡等)后,由申请者带走。

(2)证书废除:在 CA 系统中,由于密钥泄露、从属变更、证书终止使用以及 CA 本身私钥泄密等原因,需要对原来签发的证书进行撤销,证书持有者可以向 CA 申请废除证书。CA 通过认证核实,将证书写入黑名单 CRL(Certificate Revocation List),即证书撤销列表。

(3)证书和 CRL 的公布。CA 通过轻量级目录访问协议(Lightweight Directory Access Protocol,LDAP)服务器维护用户证书和黑名单(CRL)。它向用户提供目录浏览服务,负责将新签发的证书或废除的证书加入到 LDAP 服务器上。这样,用户通过访问 LDAP 服务器就能够得到他人的数字证书或访问黑名单。

2. PKI 密钥管理

密钥管理是 PKI(主要指 CA)中的一个核心问题,主要包括密钥产生、密钥备份、密钥恢复和密钥更新等。

公钥密码体制具有两大用途:其一是用于数字签名,消息发送者用自己的私钥加密消息,消息接收者用发送者的公钥对消息的数字签名进行验证;其二是用于保密通信,通常情况下,通信的一方利用对方的公钥加密会话密钥,实现会话密钥的安全分发。相应地,系统中需要配置用于数字签名/验证的密钥对和用于数据加密/解密的密钥对,这里分别称为签名密钥对和加密密钥对。两种密钥对在密钥管理上有不同的要求。

1) 密钥产生

密钥对的产生是证书申请过程中重要的一步,其中产生的私钥由用户保留,公钥和其他信息则交给CA中心签名,从而产生证书。依据密钥的使用和系统的安全策略考虑,目前国内外主要有以下三种实现方法。

(1) 客户自己生成密钥对,然后将公钥以安全的方式传送给CA,该过程必须保证用户公钥的可验证性和完整性。

(2) CA替客户生成密钥对,然后将其以安全的方式传送给客户,该过程必须确保密钥对的机密性、完整性和可验证性。该方式下由于客户的私钥为CA所知,故对CA的可信性有更高的要求。

(3) 由可信的第三方,如密钥管理中心KMC,生成密钥对,再将相应的密钥传送给CA和客户。

在实际运行的PKI系统中,根据网络的拓扑结构和安全策略,可采用上述一种或几种方案的组合来实现。

对普通证书和测试证书,一般由客户自己产生密钥,这样产生的密钥强度较小,不适合应用于比较重要的安全网络交易。而对于比较重要的证书,如商家证书和服务器证书等,密钥对一般由专用应用程序或CA中心直接产生,这样产生的密钥强度大,适合于重要的应用场合。

另外,根据密钥的应用不同,也可能会有不同的产生方式,例如,签名密钥可能在客户端或RA中心产生,而加密密钥则需要在CA中心直接产生。

2) 密钥的备份和恢复

在一个PKI系统中,维护密钥对的备份至关重要,如果没有这种措施,当密钥丢失后,将意味着加密数据的完全丢失,对于一些重要数据,这将是灾难性的。所以,密钥的备份和恢复也是PKI密钥管理中的重要一环。

(1) 签名密钥对。签名密钥对由签名私钥和验证公钥组成。签名私钥具有日常生活中公章、私章的效力,为保证其唯一性,签名私钥绝对不能够作备份和存档,丢失后只需重新生成新的密钥对,原来的签名可以使用旧公钥的备份来验证。验证公钥需要存档,用于验证旧的数字签名。用作数字签名的一对密钥一般可以有较长的生命周期。

(2) 加密密钥对。加密密钥对由加密公钥和解密私钥组成。为防止密钥丢失时丢失数据,解密私钥应该进行备份,同时还可能需要进行存档,以便能在任何时候解密历史密文数据。加密公钥无须备份和存档,加密公钥丢失时,只须重新产生密钥对。加密密钥对通常用于分发会话密钥,这种密钥应该频繁更换,故加密密钥对的生命周期较短。企业级的PKI产品至少应该支持用于加密的密钥的存储、备份和恢复。

不难看出,这两对密钥的密钥管理要求存在互相冲突的地方,因此,系统必须针对不同的用途使用不同的密钥对,尽管有的公钥体制算法,如目前使用广泛的RSA,既可以用于加密又可以用于签名,但在具体使用中仍然必须为用户配置两对密钥、两张证书,其一用于数字签名,其二用于加密。

3)密钥更新

每一个由 CA 颁发的证书都有有效期,密钥对生命周期的长短由签发证书的 CA 中心来确定,各 CA 系统的证书有效期有所不同,一般大约为 2~3 年。

当用户的私钥被泄露或证的有效期快到时,用户应该更新私钥。这时用户可以废除证书,产生新的密钥对,或者申请新的证书。

3. PKI 的信任模型

最基本的 PKI 结构是单 CA 结构,只需建立一个根 CA,所有用户对此单 CA 信任。这种结构的优点是容易实现,缺点是不易扩展到支持大量或者不同群体的用户。

在现实中,对于大范围应用,一个 CA 很难得到所有用户的信任并接受它所颁发的数字证书,因此往往需要多个 CA,这些 CA 之间应该具有某种结构关系,以使不同 CA 之间的证书认证简单方便。

证书用户、证书主体、各个 CA 之间的证书认证关系称为 PKI 的信任模型。人们目前已经提出了多种信任模型。

1)严格层次结构模型

严格层次模型是一个以主从 CA 关系建立的分级 PKI 结构,像一棵倒置的树,如图 2.31 所示。在这个结构中,根 CA 把自己的权力授予多个子 CA,这些子 CA 再将它们的权力授予它们的子 CA,这个过程持续至某个 CA 实际颁发了证书。

该模型的所有实体(包括子 CA 和终端用户)都信任根 CA,因此都必须拥有根 CA 的公钥,这个层次结构按照如下规则建立。

(1)根 CA 认证(为其创建和签署证书)直接在它下面的 CA。

(2)这些 CA 中的每一个都认证零个或者多个直接在它下面的 CA。

(3)倒数第二层的 CA 认证终端实体。

任何两个用户之间进行通信,为验证对方的公钥证书,都必须通过根 CA 才能实现。例如,一个持有一份可信的根 CA 公钥的终端实体 A 可以通过如下方法检验另一个终端实体 B 的证书。

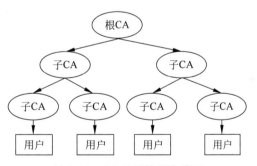

图 2.31　CA 的严格层次模型

假设 B 的证书由子 CA3 签发(公钥为 k_3),子 CA3 的证书由子 CA2(公钥为 k_2)签发,子 CA2 的证书由子 CA1(公钥为 k_1)签发,子 CA1 的证书由根 CA(公钥为 k)签发。拥有 k 的终端实体 A 可以利用 k 来验证 CA1 的公钥为 k_1,然后利用 k_1 来验证 CA2 的公钥为 k_2,再利用 k_2 来验证 CA3 的公钥为 k_3,最终利用 k_3 来验证 B 的证书。

建立一个管理全世界所有用户的全球性 PKI 是不现实的。比较可行的办法是各个国家建立自己的 PKI,一个国家之内再建立不同行业或者不同地区的 PKI。但是为了实现跨地区、跨行业甚至跨国际的电子安全业务,这些不同的 PKI 之间互联互通和互相信任是不可避免的。

2）CA 分布式信任结构

分布式信任结构把信任分散到两个或更多个 CA 上。采用严格层次结构的 PKI 系统往往在一个企业或者部门实施,为了将这些 PKI 系统互连起来,可以采用下列两种方式建立。

（1）中心辐射配置：在这种配置中,有一个中心地位的 CA,每个根 CA 都和这个中心 CA 进行交叉认证。

（2）网状配置：所有根 CA 之间进行交叉认证。

在分布式信任结构的中心辐射配置中,中心 CA 并不能被看作根 CA,如图 2.32 所示。在这个结构中,可能有多个根 CA,每个实体都信任自己的根 CA,他们只拥有自己根 CA 的公钥。

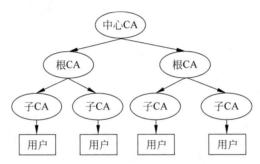

图 2.32　CA 分布式信任结构的中心辐射配置

一个终端实体 A 可以如下检验另一个终端实体 B 的证书。如果他们拥有同一个根 CA 的公钥,认证过程和前面的严格层次结构一样。否则,A 可以利用自己的根 CA 的公钥来验证中心 CA 的公钥,然后利用中心 CA 的公钥来验证 B 的根 CA 的公钥,再利用 B 的根 CA 的公钥向下验证,直至验证终端实体 B 的证书。

3）Web 模型

Web 模型建构在浏览器的基础上,如 Internet Explorer 或者 Firefox。浏览器厂商在浏览器中内置了多个根 CA,浏览器的用户最初信任这些 CA 并把它们作为根 CA。这些根 CA 是通过物理嵌入软件来发布的,这样就将 CA 的名字和它的公钥安全绑定。

图 2.33 是预安装在 IE 浏览器中各 CA 的公钥证书,可以通过 IE 浏览器中的"工具"→"Internet 选项"→"内容"→"证书"查看。选中某一个证书,单击"高级"选项,可以看到该证书的各项属性。

4）以用户为中心的信任模型

在以用户为中心的认证模型中,每个用户都直接决定信赖或拒绝哪个证书。最初可信的密钥集可能只有朋友、家人和同事等。这种模型用户可自己决定是否信赖某个证书,安全性和可控性很强。但是由于普通用户很少有了解 PKI 机制的,所以这种模型的适用范围狭窄。这种模型在金融、政府环境都是不适宜的,因为在这些群体中,往往需要以组织的方式控制一些公钥,而不希望完全由用户自己控制。以用户为中心的信任模型最典型的就是著名的安全软件 PGP。

图 2.33　安装在 IE 浏览器中的 CA 公钥证书

5）交叉认证模型

交叉认证模型是一种把各个 CA 连接在一起的机制,可以是单向的,如在 CA 的严格层次结构中,上层 CA 对下层的认证;也可以是双向的,如在分布式信任结构的中心辐射配置中,根 CA 与中心 CA 的相互认证。

在两个 CA 之间的交叉认证是指,一个 CA 承认另一个 CA 在一个名字空间中被授权颁发的证书,如图 2.34 所示。

例如,假设实体 A 已经被 CA1 认证并且拥有 CA1 的公钥 k_1,而实体 B 已被 CA2 认证并且拥有 CA2 的公钥 k_2。在交叉认证前,A 只能验证 CA1 颁发的证书,而不能验证 CA2 颁发的证书,而 B 则只能验证 CA2 颁发的证书,而不能验证 CA1 颁发的证书。在 CA1 和 CA2 互相交叉认证后,A

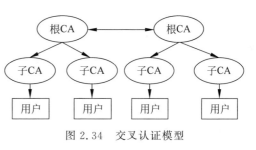

图 2.34　交叉认证模型

就能验证 CA2 的公钥,从而验证 CA2 颁发的证书,B 也能验证 CA1 的公钥从而验证 CA1 颁发的证书。

4. PKI 应用

PKI 技术的广泛应用能满足人们对网络交易安全保障的需求。当然作为一种基础设施,PKI 的应用范围非常广泛,并且在不断发展之中,下面给出几个应用实例。

1）虚拟专用网络

VPN 是一种架构在公用通信基础设施上的专用数据通信网络,利用网络层安全协议(尤其是 IPSec)和建立在 PKI 上的加密和签名技术来获得机密性保护。基于 PKI 技术的 IPSec 协议现在已经成为架构 VPN 的基础,它可以为路由器之间、防火墙之间或者路由器和防火墙之间提供经过加密和认证的通信。虽然它的实现会复杂一些,但其安全性比其他协议都完善得多。

2）安全电子邮件

随着因特网的持续增长,电子邮件的方便快捷已使其成为重要的沟通和交流工具,但目前的电子邮件系统存在较大的安全隐患,主要包括:消息和附件可以在不为通信双方所知的情况下被读取、篡改或截掉,发信人的身份无法确认。电子邮件的安全需求也是机密性、完整性、认证和不可否认性,而这些都可以利用 PKI 技术来获得。

目前已经被广泛应用的安全电子邮件协议是 S/MIME,这是一个允许发送加密和有签名邮件的协议,该协议的实现需要依赖于 PKI 技术。

3）Web 安全

为了透明地解决 Web 的安全问题,在两个实体进行通信之前,先要建立 SSL 连接,以此实现对应用层透明的安全通信。利用 PKI 技术,SSL 协议允许在浏览器和服务器之间进行加密通信。此外,服务器端和浏览器端通信时双方可以通过数字证书确认对方的身份。结合 SSL 协议和数字证书,PKI 技术可以保证 Web 交易多方面的安全需求,使 Web 上的交易和面对面的交易一样安全。

从目前的发展来说,PKI 的范围非常广,而不仅局限于通常认为的 CA 机构,它还包括完整的安全策略和安全应用。因此,PKI 的开发也从传统的身份认证到各种与应用相关的应用场合,如企业安全电子商务和政府的安全电子政务等。

另外,PKI 的开发也从大型的认证机构到与企业或政府应用相关的中小型 PKI 系统发展,既保持了兼容性,又和特定的应用相关。

习　　题

一、填空题

1. 现代密码理论的理论基础是香农于 1949 年发表的著名论文_____,对称密码体制和非对称密码体制的代表算法分别是_____和_____。

2. 单密钥系统的加密密钥和解密密钥_____或_____。

3. 公钥密码体制的编码系统是基于数学中的_____函数。使用公开密钥对消息进行变换可以实现_____,使用私有密钥对消息进行变换可以实现_____。

4. 香农提出设计密码系统的两个原则是_____和_____。

5. 消息认证是实现_____的主要手段。

6. 根据明文处理方式和密钥使用方式的不同,可以将密码体制分成分组密码和_____。

7. Kerckhoffs 准则指出数据的安全应该基于_____的保密。

8. 破译密码的方法有两类:_____和_____。

9. 一个密码仅当它能经受得住_____攻击才是可取的。

10. _____和_____是密码体制常用的基本技术。

11. _____是现实世界笔迹签名的模拟,是一种包括防止源点或终点否认的认证技术。

12. MAC 函数类似于加密，它与加密的区别在于_____。

二、选择题

1. 数据加密标准 DES 采用的密码类型是(　　)。
  A. 序列密码   B. 分组密码
  C. 散列码   D. 随机码

2. 数字签名技术不能解决的安全问题是(　　)。
  A. 第三方冒充   B. 接收方篡改
  C. 信息窃取   D. 接收方伪造

3. 关于 CA 和数字证书的关系，以下说法不正确的是(　　)。
  A. 数字证书是保证双方之间的通信安全的电子信任关系，它由 CA 签发
  B. 数字证书一般依靠 CA 中心的对称密钥机制来签名
  C. 在电子交易中，数字证书可以用于表明参与方的身份
  D. 数字证书能以一种不能被假冒的方式证明证书持有人身份

4. 若 A 给 B 发送一封邮件，并想让 B 能验证邮件是由 A 发出的，则 A 应该选用(　　)对邮件加密。
  A. A 的公钥   B. A 的私钥
  C. B 的公钥   D. B 的私钥

5. 在 RSA 密码体制中，如果 $p=3$,$q=7$,取 $e=5$,根据这些已知条件，可得秘密密钥为(　　)。
  A. {5,12}   B. {5,21}
  C. {17,21}   D. 以上都不是

6. PKI 的主要组成不包括(　　)。
  A. CA   B. IPSec
  C. RA   D. CR

7. 数字签名要预先使用单向 Hash 函数进行处理的原因是(　　)。
  A. 多一道加密工序使密文更难破译
  B. 提高密文的计算速度
  C. 缩小签名密文的长度，加快数字签名和验证签名的运算速度
  D. 保证密文能正确还原成明文

8. 对散列函数最好的攻击方式是(　　)。
  A. 穷举攻击   B. 中间人攻击
  C. 字典攻击   D. 生日攻击

9. DES 加密算法采用(　　)位有效密钥。
  A. 64   B. 128
  C. 56   D. 168

10. 非对称密码算法具有很多优点，其中不包括(　　)。
  A. 可提供数字签名、零知识证明等额外服务
  B. 加密/解密速度快，不需要占用较多资源

    C. 通信双方事先不需要通过保密信道交换密钥

    D. 密钥持有量大大减少

11. (   )信息不包含在 X.509 规定的数字证书中。

    A. 证书有效期   B. 证书持有者的公钥

    C. 证书颁发机构的签名   D. 证书颁发机构的私钥

三、简答题

1. 什么是密码学？什么是密码编码学和密码分析学？

2. 现代密码系统的 5 个组成部分是什么？

3. 密码分析主要有哪些形式？各有何特点？

4. 对称密码体制和非对称密码体制各有何优缺点？

5. 假设 Alice 想发送消息 M 给 Bob。出于机密性以及确保完整性和不可否认性的考虑，Alice 可以在发送前对消息进行签名和加密，其操作顺序对安全性有无影响？

6. 简述用 RSA 算法实现机密性、完整性和抗否认性的原理。

7. 已知有明文"public key encryption"，先将明文以两个字母为组分成 10 块，如果利用英文字母表的顺序，即 $a=00,b=01,\cdots$，将明文数据化。现在令 $p=53,q=58$，请计算出 RSA 的加密明文。

8. 在使用 RSA 公钥中如果截取了发送给其他用户的密文 $C=10$，若此用户的公钥为 $e=5,n=35$，请问明文的内容是什么？

9. 什么是散列函数？散列函数有哪些应用？

10. 消息认证的方法有哪些？

11. 什么是数字签名？常用的算法有哪些？

12. 请谈谈你对密码体制无条件安全和计算上安全的理解。

13. 知识扩展：访问网站 http://www.tripwire.com，了解完整性校验工具 Tripwire 的更多信息。

14. 知识扩展：访问中国电子签名网站 http://www.eschina.info，了解电子签名的研究动态和最新应用。

15. 知识扩展：访问国家密码管理局(国家商用密码管理办公室)网站 http://www.oscca.gov.cn，了解我国商用密码管理规定、商用密码产品等信息。

第 3 章

身 份 认 证

身份认证是信息系统的第一道安全防线,其目的是确保用户的合法性,阻止非法用户访问系统。身份认证对确保信息系统和数据的安全是极其重要的,可以通过验证用户知道什么、用户拥有什么、用户的生物特征等方法来进行用户的身份认证。

3.1 节给出了身份认证的定义和主要的认证方式;3.2 节介绍了常用的口令认证机制并分析了该机制存在的安全隐患和相应的增强机制;3.3 节介绍了一次性口令认证的原理和实现机制;3.4 节介绍了智能卡认证方式,详细介绍了 USB Key 认证原理;3.5 节简要介绍了基于生物特征的认证方式;3.6 节介绍了三种身份认证协议;3.7 节简要介绍了零知识证明。

3.1　概　　述

视频讲解

身份认证是验证主体的真实身份与其所声称的身份是否相符的过程,它是信息系统的第一道安全防线,如果身份认证系统被攻破,那么信息系统所有其他安全措施将形同虚设,因此,身份认证是信息系统其他安全机制的基础。

身份认证包括标识与鉴别两个过程。标识(Identification)是系统为区分用户身份而建立的用户标识符,一般是在用户注册到系统时建立,用户标识符必须是唯一的且不能伪造。将用户标识符与用户物理身份联系的过程称为鉴别(Authentication),鉴别要求用户出示能够证明其身份的特殊信息,并且这个信息是秘密的或独一无二的,任何其他用户都不能拥有它。

【例 3-1】　用户 Alice 在某信息系统中的标识符为 abtoklas,跟用户标识符相关的认证信息是用户口令,该口令存储在信息系统中,只有 Alice 和系统知道,如果没有人能获取或猜测 Alice 的口令,那么标识符和密码的组合可以认证用户的身份。

常见的身份认证方式有以下几种。

(1) 利用用户所知道的东西,如口令、PIN(Personal Identification Number)码或者对预先设置问题的答案。

(2) 利用用户所拥有的东西,如电子钥匙卡、磁卡、智能卡等物理识别设备。

(3) 利用用户所具有的生理特征,也称为静态生物特征,如指纹、声音、视网膜、DNA 等。

(4) 利用用户的行为特征,也称为动态生物特征,如通过语音模式、笔迹特征、打字节奏等进行的识别。

这几类身份认证方式各有利弊。第一类方法最简单,系统开销小,但是最不安全;第二类安全性比第一类高,但是认证系统相对复杂;第三、四类的安全性最高,但是涉及更复杂的算法和实现技术,且成本高。前两类身份认证技术起步较早,目前相对成熟,应用也比较广泛,第三、四类技术由于在安全性上的优势正在迅速发展中。

尽管上述每种方法都可以给用户提供一定的安全认证服务,但每种方法都存在一些问题,如口令可能被猜到,智能卡可能会丢失,采用生物特征进行认证存在误报、漏报等问题。在现实中,可以通过多个因素共同鉴别用户身份的真伪,例如,在银行 ATM 机上取款需要插入银行卡,同时需要输入银行卡密码,这就采用了双因素认证,鉴别的因子越多,鉴别真伪的可靠性就越大。当然,在设计鉴别机制时需要考虑认证的方便性和性能等综合因素。

下面逐一讨论以上三种形式的身份认证技术。

3.2　基于口令的认证

3.2.1　口令认证过程

口令是通信双方预先约定的秘密数据,基于口令的认证方式是最常用的一种身份认证技术,这种认证方法简单易行,不需要投入太多就可以实现,广泛应用于操作系统、网络、数据库和应用程序中。

在网络环境下的口令认证中,用户事先在服务器上进行注册,建立自己的用户账号,包括用户标识符和口令,这些信息存储在服务器口令表中,只有用户自己和服务器知道,通常情况下,只要用户保持口令的保密性,非授权用户就无法使用该用户的账户。图 3.1描述了口令认证的过程,用户在登录界面输入用户标识符和口令,服务器在接收到客户端认证请求后,跟数据库口令表中存储的信息进行比对,如果找到匹配项则认证通过,否则返回认证失败信息。

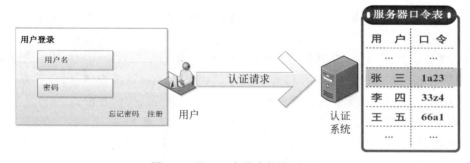

图 3.1　基于口令的身份认证过程

如图 3.1 所示身份认证方式的优点是简单易用,在安全性要求不高的情况下易于实现,但是该机制存在严重的安全问题。

1. 口令质量不高

通常用户为了记忆、使用方便,会采用与自己周围事物相关的单词或数字作为口令,这些类型的口令容易破解,常被称为弱口令,常见的弱口令类型有以下几种。

(1)用户名或用户名的变形。

(2)电话号码、执照号码等。

(3)一些常见的单词。

(4)生日。

(5)长度小于 5 的口令。

(6)空口令或默认口令。

(7)上述词后加上数字。

针对弱口令的攻击主要有字典攻击和穷举攻击(暴力破解)。

1)字典攻击

由于大部分人选用的密码都是与自己周围事物有关的单词或数字,攻击者利用各种手段收集用户可能使用的口令构成口令字典,借助于口令破解工具逐一尝试字典中的口令,实现口令的破解。

【例 3-2】　口令字典是一个字符串表,表中的每一项都是可能被选用的口令,图 3.2就是典型的口令字典。

2)穷举攻击(暴力破解)

如果把字符串的全集作为字典进行攻击称为穷举攻击,通俗地说,就是尝试所有可能的口令,直到破解成功,这是一种最原始、最粗犷的方式,也称为暴力破解。当用户的密码比较短时,就很容易被穷举。

图 3.2　口令字典

【例 3-3】　在 Windows(Windows NT 和 Windows 2000/XP)平 台 上,口 令 文 件 是% systemroot% \ system32 \ config 中 一 个 名 为 "SAM"的文件;在 UNIX/Linux 平 台 上,口令文件是/etc/passwd 或者/etc/shadow。一旦攻击者获得了以上信息,就会尝试各种口令攻击工具来进行破解。常用的两个口令破解工具如 John the Ripper 和 Lophtcrack,分别用于破解 UNIX/Linux 系统和 Windows NT/2000/XP 下的口令文件,这两个口令破解工具的原理就是字典攻击和穷举攻击。

2. 口令明文存储

认证服务器端如果采用明文方式存储口令,一旦攻击者成功访问数据库,则可以得到所有用户的用户名、口令信息。

【例 3-4】　2011 年 12 月 21 日,中国最大的软件开发者技术社区 CSDN 后台数据库被盗,由于明文存储,642 万多个用户的账号、口令等信息被泄露。

3. 口令嗅探和重放攻击

一些信息系统对传输的口令没有进行加密处理,攻击者通过网络嗅探可以轻易得到口令的明文。即使口令经过加密也难以抵抗重放攻击,因为攻击者可以将截获的加密信息直接发送给认证服务器,这些加密信息是合法有效的,服务器同样也能认证通过。

4. 攻击者运用社会工程学、键盘记录器等获取口令

此处不展开详细介绍。

3.2.2 口令认证安全增强机制

为此,需要采取措施对口令认证机制进行安全增强。

1. 提高口令质量

口令认证的安全性很大程度上取决于口令质量,涉及以下几点。

(1)增加口令的复杂度和长度。

增加口令复杂度需要增大口令的字符空间,口令的字符空间不要仅限于常见的 26 个小写字母、0～9 这 10 个数字,要扩大到所有可被系统接收的字符,如 26 个大写字母,特殊字符@、♯、％、＊ 等,选用的口令最好是字母、数字、特殊字符的组合。表 3.1 给出了可通过键盘输入的字符分类。同时还需注意口令的长度,选择长口令可以增加破解的时间,假定口令长度为 4,口令字符空间为 95,则组成的所有可能口令数目为 95^4,对于一台处理性能为每秒 100 万条指令的高性能计算机来说,采用穷举攻击破译口令大约需要 2min,而当口令长度增长到 6,采用同样的计算机,破译时间增长到 8 天,由此可见,口令破解的难度随口令长度呈指数级增长。满足复杂度和长度要求的口令为强口令,为了增强口令认证的安全性,需要采用不容易被破解的强口令。

表 3.1 可通过键盘输入的字符分类

分 类	个 数	解 释
小写字母	26	abcdefghijklmnopqrstuvwxyz
大写字母	26	ABCDEFGHIJKLMNOPQRSTUVWXYZ
数字	10	0123456789
其他	33	！@♯＄％^&＊()－＝_＋[]{}\\|；'：",.<>/?`~
总计	95	

(2)在用户使用口令登录时,还可以采取更加严格的控制措施。

① 限制登录时间。例如,用户只能在某段时间内才能登录到系统中。

② 限制登录次数。例如,如果有人连续多次登录失败,则认证系统拒绝再次认证请求,这样可以防止字典攻击和暴力破解。

③ 尽量减少会话透露的信息。例如,登录失败时不提示是用户名错还是口令错,使外漏的信息最少。

2. 口令加密存储

采用明文方式存储口令有很大风险,任何人只要得到存储口令的数据库,就可以得到全体合法用户的口令。

目前常用的方法是服务器口令文件中存储用户名(标识符)和口令的散列值,认证过程如图 3.3 所示,Alice 是示证者,Bob 是验证者,Alice 向 Bob 发送身份标识符 Alice 和口令 Pass,Bob 接收到口令后,计算 Hash(Pass),并与口令文件中相应的散列值进行比对,匹配则允许登录,否则拒绝登录。

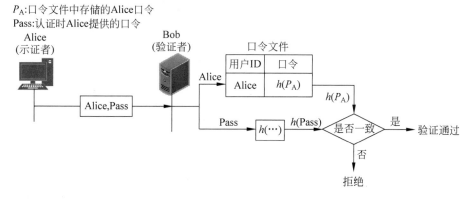

图 3.3　口令直接散列的认证过程

由于在口令文件中存储的是口令的散列值,通过散列值想要计算出原始口令在计算上是不可能的,这就相对增加了安全性。但是如果攻击者获取了口令文件,也可以采用字典攻击方法,用跟目标系统相同的散列函数计算出各口令的散列值,与窃取的口令散列值进行比对,实施口令的破解。为了防范这种攻击,在实际使用的系统中,在计算口令散列时会使用"盐值"来增加口令加密的复杂性。例如,在 UNIX 类操作系统中,"盐值"是一个随机数,口令和"盐值"作为散列函数的输入,生成一个定长的散列码,存储在口令文件中,用户身份认证过程如图 3.4 所示。当 Alice 试图登录 UNIX 时,Alice 向 UNIX 发送身份标识符 Alice 和口令 Pass,操作系统用标识符 Alice 检索口令文件,获得对应的"盐值"和口令的密文,"盐值"和用户提供的口令 Pass 被作为输入数据进行加密,如果加密结果跟口令文件中存储的加密口令相匹配,那么用户身份认证通过,否则拒绝登录。

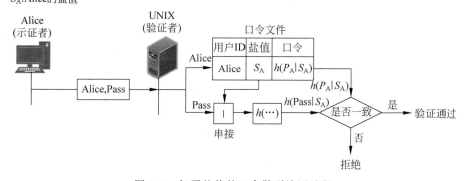

图 3.4　加了盐值的口令散列认证过程

使用"盐值"具有如下好处。

(1) 可以防止相同口令在口令文件中可见。即使两个不同的用户选择了相同的口令,这些口令也会被分配不同的"盐值",因此,这两个用户加密后的口令是不相同的。

(2) 显著增加了离线口令字典攻击的难度。对于一个 b 位长度的"盐值",可能产生的口令数量将会增长 2^b 倍,这将大大增加通过字典攻击猜测口令的难度。

(3) 使得攻击者几乎不可能发现一个用户是否在两个或更多的系统中使用了相同的口令。

3. 口令加密传输

在通信链路上,如果口令以明文传输,黑客可以采用网络监听工具对通信内容进行网络嗅探,盗取传输的用户名和口令信息,为了应对这种网络嗅探行为,可以对传输的口令信息进行加密,例如,利用散列函数对传输的口令进行加密处理。

但是即使对传输的口令进行加密,攻击者仍可以冒充用户身份,利用截获的密文信息,攻击者可以构造新的登录请求并将其提交到同一服务器,服务器不能区分这个登录请求是来自合法用户还是来自攻击者,这种攻击称为重放攻击。传统的口令认证之所以无法抵御重放攻击,主要原因是通常使用的计算机口令是静态的,也就是说,在一定时间内是不变的,而且可重复使用,这就给攻击者可乘之机,利用截获的信息可以重复登录,冒充用户身份执行非法操作。为了解决这个问题,需要采用一次性口令技术(又称为动态口令),同一口令不能重复认证,即使攻击者截获了传输的认证数据包,采用重放攻击再次向服务器发送,由于数据包中的口令已经被使用过,无法验证通过,采用动态口令可以有效抵抗重放攻击。

视频讲解

3.3　一次性口令的认证

20 世纪 80 年代初,针对静态口令认证的缺陷,美国科学家 Leslie Lamport 首次提出了利用散列函数产生一次性口令(One Time Password,OPT)的思想,即在用户的每次登录过程中,加入不确定因素以生成动态变化的示证信息,从而提高登录过程的安全性。由贝尔通信研究中心于 1991 年开发的 S/KEY 是一次性口令的首次实现。

目前,一次性口令技术已经得到了广泛应用,比较简易的实现有短信密码、验证码、口令卡等。在短信密码中,身份认证系统以短信形式发送随机的 6/8 位密码到客户的手机上,客户在登录或交易认证时输入此动态密码,从而确保系统身份认证的安全。验证码通常称为全自动区分计算机和人类的图灵测试(Completely Automated Public Turing Test to Tell Computer and Humans Apart,CAPTCHA),是一种主要区分用户是计算机和人的自动程序。这类验证码的随机性不仅可以防止口令猜测攻击,还可以有效防止攻击者对某一个特定注册用户用特定程序进行不断的登录尝试,例如刷票、恶意注册、论坛灌水等。

【例 3-5】 使用口令卡实现一次性口令认证。

如图 3.5 所示是应用于网上银行的口令卡,卡的一面以矩阵的形式印有若干字符串,初始时有覆膜。不同的账号对应的口令卡不同,用户在网上银行进行对外转账或缴费等支付交易时,网上银行系统随机给出一组口令卡坐标,客户根据坐标从卡片中找到对应的口令组合并输入到网上银行系统中,网上银行系统据此来对用户进行身份鉴别。

基于口令卡的鉴别过程如下。

(1) 认证端系统的数据库中存放用户的账号和对应的口令卡内容。

（2）用户向认证端发送认证请求，该请求中包含用户标识符信息。

（3）认证端检查用户标识符是否有效，如果无效，则向用户返回错误信息，结束鉴别过程；如果有效，则进入下一步。

（4）认证端生成两个随机坐标（也称挑战），并通过网络传输给用户端。

（5）用户根据坐标利用口令卡查出对应的 6 位口令，并将查找的结果发送给认证端。

（6）认证端利用相同的口令卡验证用户发送过来的口令，如果一致则鉴别通过，否则返回鉴别失败信息。

	B	C	G	J	K	P	S	U	V	X
1	883	814	885	521	362	234	816	646	742	028
2	306	521	259	029	856	138	342	657	568	738
3	291	051	611	850	797	555	772	692	447	536
4	208	813	949	309	894	785	560	289	547	437
5	041	343	244	798	499	388	964	880	823	521
6	318	119	661	878	503	517	955	281	616	567
7	160	493	930	965	638	056	609	356	611	920
8	592	133	694	827	745	196	434	339	940	130

图 3.5　口令卡

采用口令卡的认证方式，用户每次输入不同的动态口令，防止了重放攻击。用户只要保管好手中的口令卡，就能较好地确保资金交易的安全，但是口令卡所提供的一次性口令是有限的，一旦口令卡中的口令使用完后，需要重新换卡。该方法对用户端要求比较低，不要求用户端进行数据加密，攻击者经过网络嗅探，可重构口令卡坐标数据，这种认证方式安全系数较低，因此，一般口令卡对网上交易有金额限制，如果要进行大额交易，建议使用安全性更强的 U 盾之类的口令令牌。

上述一次性口令产生机制比较简单，动态口令数目有限，并且传输过程中没有进行加密处理，更为安全的一次性口令是以密码学为基础产生的。根据动态因素的不同，主要分为两种实现技术：同步认证技术和异步认证技术。其中，同步认证技术又分为基于时间同步的认证技术和基于事件同步的认证技术；异步认证技术即为挑战/应答认证技术。

1. 基于时间同步的认证技术

在一次性口令生成机制中，时间同步方案原理较为简单，该方案产生一次性口令的动态因素是登录时间，为了使服务端能产生跟用户相同的口令以验证用户的身份，该方案要求用户和认证服务器的时钟必须严格一致，用户持有称为动态口令牌的专用硬件，令牌内置电源、同步时钟、密钥和机密算法，如图 3.6 所示。时间令牌根据同步时钟和密钥每隔一个时间单位（如 1min）产生一个动态口令，将用户登录时输入动态令牌显示的当前口令发送给认证服务器，认证服务器根据当前时间和密钥副本采用相同的算法计算出口令，最后将认证服务器计算出的口令和用户发送的口令相比较，得出授权用户的结论。

除了采用动态令牌硬件产生一次性口令之外，随着手机的普及，出现了手机令牌方式，手机令牌是一种手机客户端软件，基于时间同步方式，每隔 30s

图 3.6　动态口令牌

产生一个随机6位动态密码,口令生成过程不产生通信及费用,具有使用简单、安全性高、低成本、无须携带额外设备等优势。

时间同步机制具有操作简单、携带方便等优点,使用该方案的难点在于需要解决好网络延迟等不确定因素带来的干扰,使口令在生命周期内顺利到达认证系统。

2. 挑战/应答方式

应用最广泛的一次性口令实现方式是挑战/应答(Chanllenge/Response)方式,该方式的基本原理为每次认证时,服务器随机产生一个挑战发送给客户端,客户端基于挑战给出应答,服务器通过验证应答的有效性来判断客户端身份的合法性。最为经典的挑战/应答方案是S/Key协议,S/Key口令认证方案分为两个过程:注册过程和认证过程。注册过程只执行一次,而认证过程则在用户每次登录时都要执行。

1) S/Key注册过程

步骤1:新用户选择将在服务器上注册的用户名ID、口令PW,并提交给服务器,服务器为该ID选择随机种子Seed和最大迭代数n,并将Seed和n发送给用户。

步骤2:用户收到Seed和n后,对$P_0 = \text{Seed} \| \text{PW}$进行$n$次Hash运算$H^n(P_0)$,并将计算结果通过安全的信道发送给认证服务器。

步骤3:认证服务器收到$H^n(P_0)$后,将$H^n(P_0)$、最大迭代次数n与对应的用户ID保存在认证数据库。

在完成注册工作后,用户只需记住其登录ID和口令PW即可。

2) S/Key认证过程

S/Key认证过程如图3.7所示。

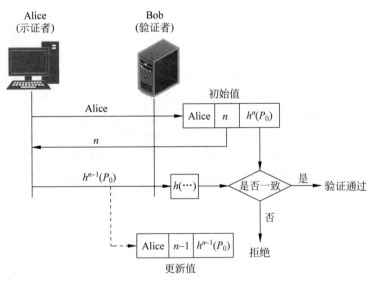

图3.7 S/Key认证过程

当用户第1次登录时,在认证服务器上当前保存的认证数据有用户ID、$H^n(P_0)$和迭代次数n,第1次登录认证过程如下。

步骤1：用户发送登录请求，并将ID发送给服务器，服务器从数据库中取出迭代次数 n 传送给用户。

步骤2：用户收到 n 后，计算 $H^{n-1}(P_0)$，并将结果发送给认证服务器。

步骤3：认证服务器收到认证数据后，计算 $H(H^{n-1}(P_0))$，并与数据库中保存的 $H^n(P_0)$ 相比较。若两者相同，则认证通过，用户成功登录，服务器将收到的 $H^{n-1}(P_0)$ 替换数据库中的 $H^n(P_0)$，迭代数修改为 $n-1$，以便下一次认证时使用；否则，认证失败，服务器拒绝用户的登录请求。

S/Key口令序列认证方案在认证过程中用户传送的口令每次都不同，所以该方案能满足最初的抵御重放的目标。但是S/Key口令认证方案存在"小数攻击""协议破坏攻击""内部人员攻击"等形式的网络攻击。

小数攻击是当用户向服务器请求认证时，黑客截取服务器传来的种子和迭代值，修改迭代值为较小值，并假冒服务器，将得到的种子和较小的迭代值发送给用户。用户利用种子和迭代值计算一次性口令，黑客在此截取用户传来的一次性口令，并利用已知的单向散列函数依次计算较大迭代值的一次性口令，就可以获得该用户后继的一系列口令，进而在一段时间内冒充合法用户而不被察觉。此外，S/Key口令序列认证方案在执行性能方面还存在运算量大、需要多次散列计算、当迭代次数较小时需要重新进行初始化等不足。

当前挑战应答机制的实现主要是基于对称密码或非对称密码实现，例如，采用对称密码实现挑战应答一次性口令机制的基本工作过程如图3.8所示。

（1）认证请求。用户端首先向认证端发出认证请求。

（2）挑战（或质询）。认证端产生一个随机数 X（称为挑战）发送给客户端。同时，认证端根据用户ID取出对应的密钥 K，在认证端用加密引擎对发送给客户机的随机数进行运算，得到运算结果Es。

图3.8 挑战/应答的基本工作过程

（3）应答。客户端程序利用用户和认证端共享的密钥 K 对发送过来的随机数进行加密得到运算结果Ev，并将此结果作为认证数据发送给认证端。

（4）鉴别结果。认证端比较Ev、Es是否相同，如果相同则该用户为合法用户。

3.4 基于智能卡的认证方式

利用用户所拥有的东西进行身份认证相对复杂，成本高，但这种方法的安全性也比较高，它需要借助于一些物理介质，如磁卡、智能卡等。

磁卡是曾经得到广泛应用的一种用以证实个人身份的手段，由于磁卡仅有数据存储能力，而无数据处理能力，没有对其记录的数据进行保护的机制，因此伪造和复制磁卡比较容易。随着微处理器的发展，出现了智能卡。

智能卡又称为CPU卡，是一种嵌有单片机芯片的IC卡。在外形上，它将一个集成电路芯片镶嵌于塑料基片中,封装成卡的形式,与覆盖磁条的磁卡相似。智能卡上的单片机芯片包含 CPU、EPROM、RAM、ROM 和芯片操作系统(Chip Operating System,COS),不仅具有读写和存储数据的功能,而且能对数据进行处理,因此,智能卡被称为最小的个人计算机。目前,智能卡在许多应用领域取代了磁卡。

单用智能卡作为用户的身份凭证仍有不足之处,如果智能卡丢失,那么捡到卡的人就可以假冒真正的用户。因此需要额外的且在智能卡上不具有的信息进行辅助认证,这种信息通常采用个人识别号(Personal Identification Number,PIN)。在验证过程中,验证者不但要验证持卡人的卡是真实的卡,同时还要通过 PIN 码来验证持卡人的确是他本人。采用这种双因素认证机制进一步提升了身份认证的可靠性。

智能卡体积小,方便携带,可以在任何地点进行电子交易,智能卡的读卡器也越来越普遍,有 USB 型的,也有 PC 型的,在 Windows 终端上也可以设置智能卡插槽。

目前,在网上银行中采用的高级别安全工具 USBKey 是当前比较流行的智能卡身份认证方式。USBKey 结合了现代密码学技术、智能卡技术和 USB 技术,是新一代身份认证产品,具有以下特点。

(1)双因素认证。每一个 USBKey 都具有硬件 PIN 码保护,用户只有同时取得 USBKey 和用户 PIN 码,才能登录系统。

(2)带有安全存储空间。USBKey 具有 8~128KB 的安全数据存储空间,可以存储数字证书、用户密钥等秘密数据,对该空间的读写操作必须通过程序实现,用户无法直接读取,且用户私钥是无法导出的,杜绝了复制用户数字证书或身份信息的可能性。

(3)硬件实现加密算法。USBKey 内置 CPU 或者智能卡芯片,可以实现 PKI 体系中使用的数据签名、加解密等各种算法,加解密运算在 USBKey 内进行,保证了用户密钥不会出现在计算机内存中,从而杜绝了用户密钥被黑客截取的可能性。

USBKey 身份认证系统有以下两种模式。

(1)基于挑战-应答的双因素认证方式。

先由客户端向服务器发出一个验证请求,服务器接收到此请求后生成一个随机数(挑战)并通过网络传输给客户端,客户端将收到的随机数通过 USB 接口提供给智能卡的计算单元,由计算单元使用该随机数与存储在安全存储空间中的密钥进行运算得到一个结果(应答)作为认证证据传给服务器。与此同时,服务器也使用该随机数与存储在服务器数据库中的该客户密钥进行相同运算,如果服务器的运算结果与客户端回传的响应结果相同,则认为客户端是一个合法用户。这种模式的挑战/应答认证方式只能对客户端的身份进行认证,无法实现对服务端的身份认证。

(2)基于数字证书的认证方式。

随着 PKI 技术的成熟,许多应用开始使用数字证书进行身份认证与数字加密。数字证书是由权威公正的第三方机构即 CA 中心签发的,以数字证书为核心的加密技术,可以对网络上传输的信息进行加密和解密、数字签名,确保网上传递信息的机密性、完整性,以及交易实体身份的真实性,签名信息的不可否认性,从而保障了网络应用的安全性。USBKey 作为数字证书的存储介质,可以保证数据证书不被复制,并可以实现所有数字证书的功能。

　　USBKey 中预置了加密算法、摘要算法、密钥生成算法等,可利用密钥生成算法首先为用户生成一对公/私钥,私钥保存在 USBKey 中,公钥可以导出向 CA 申请生成数字证书,数字证书也保存在 USBKey 中,在进行客户端身份认证时,客户端向服务器发送数字证书,服务端利用 CA 的公钥验证数字证书的真实性,完成对客户端身份的认证。客户端可也要求服务端发送数字证书以验证服务端的真实身份。

　　【例 3-6】　U 盾,即中国工商银行 2003 年推出的客户证书 USBKey,是中国工商银行为客户提供的网上银行业务的高级别安全工具。该产品采用的信息安全技术,核心硬件模块由 CPU 及加密逻辑、RAM、ROM、EEPROM 和 I/O 五部分组成,是一个具有安全体系的小型计算机。除了硬件,安全实现完全取决于技术含量极高的智能卡芯片操作系统(COS),该操作系统就像 DOS、Windows 等操作系统一样,管理着与信息安全密切相关的各种数据、密钥和文件,并控制各种安全服务。从技术角度看,U 盾是用于网上银行电子签名和数字认证的工具,基于 PKI 技术,采用 1024 位非对称密钥算法对网上数据进行加密、解密和数字签名,确保网上交易的保密性、真实性、完整性和不可否认性。USBKey 具有硬件真随机数发生器,密钥完全在硬件内生成,并存储在硬件中,能够保证密钥不出硬件,硬件提供的加解密算法完全在加密硬件内运行。

　　网上银行用户发起业务指令(例如支付 5000 元)时,被要求插入 USBKey,同时输入与之相对应的 PIN 码进行身份验证,验证成功后,客户端计算机将敏感的网上银行业务指令传输到 USBKey 中,USBKey 中的芯片操作系统先将指令进行 Hash 运算以形成数字摘要,同时用 USBKey 中的私钥对数字摘要加密以产生数字签名。另外,客户端随机产生 DES 密钥,用 DES 密钥对刚才生成的数字签名、网上银行业务指令原文进行加密,同时用服务端的公钥对 DES 密钥加密,将这两部分加密信息通过 USB 接口提交到客户端系统,进而提交给网上银行服务器系统。网上银行服务器收到客户端信息后,使用自己对应的私钥解密得到 DES 密钥,然后用 DES 密钥解密得到数字签名及指令,之后客户端公钥验证数字签名,可有效防止指令中途被篡改,并且能够保证用户身份不可抵赖性。客户端 USBKey 工作流程如图 3.9 所示。

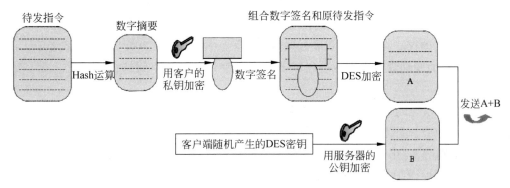

图 3.9　USBKey 工作流程

　　从技术上来讲,USBKey 算得上是目前最为安全的网上银行认证工具。当前几乎所有的网上银行都有采取这种基于硬件的数字证书身份认证的方法来保护用户网上银行交易安全。不过由于内置了芯片,USBKey 的制作成本也相对较高,一个功能完备的 USBKey 的市场价格大约是 50~60 元。

利用 USBKey 方式进行身份认证尽管看起来很完美,但实际上还存在一些安全问题。USBKey 认证系统主要存在以下两个安全漏洞:一是黑客完全有能力截获从计算机上输入的静态 PIN 码,用户没有及时取走 USBKey 的时候,黑客便可利用 PIN 码来取得虚假认证,进行转账操作;二是在用户发出交易指令后,通过 USB 接口传送到 USBKey 之前存在一段安全真空期,传输过程中的信息没有受到任何保护,黑客此时可悄无声息地篡改用户指令,而 USBKey 还会坚定地保护篡改后的指令。交易完成后,用户才会发现刚才转账的过程出现了差错,这时损失已经不可挽回。

3.5 基于生物特征的认证方式

传统的用户身份认证机制有许多缺点,目前,虽然从最早的"用户名+口令"方式过渡到了在网银中广泛使用的 USBKey 方式,但它仍然有许多缺点,首先需要随时携带智能卡,其次它也容易丢失或失窃,补办手续烦琐,并且仍然需要用户出具能够证明身份的其他文件,使用很不方便。直到生物识别技术得到成功应用,身份认证机制才真正回归到了对人类最原始的特性上。基于生物特征的认证技术具有传统的身份认证手段无法比拟的优点。采用生物鉴别技术,可不必再记忆和设置密码,使用更加方便。生物特征鉴别技术已经成为一种公认的、最安全的和最有效的身份认证技术,将成为 IT 产业最为重要的技术革命。

基于生物特征的身份认证方式是利用人体固有的生理特征或行为特征来进行身份识别或验证。生理特征与生俱来,多为先天性的,如指纹、眼睛虹膜、声音、人脸等,行为特征则是习惯使然,多为后天性的,如笔迹、步态等。这些生物特征具有唯一性、稳定性和难以复制性,采用生物认证技术具有很好的安全性、可靠性和有效性,与传统的身份确认手段相比,具有无法比拟的优点。近几年来,全球的生物识别技术已从研究阶段转向应用阶段,对该技术的研究和应用如火如荼,前景十分广阔。

生物识别的核心在于如何获取这些生物特征,并将之转换为数字信息,存储于计算机中,利用可靠的匹配算法来完成验证和识别个人身份。基于生物特征的认证机制一般过程如下。

(1) 认证系统先对用户的生物特征进行多次采样,然后对这些采样进行特征提取,并将平均值存放在认证系统的用户数据库中。

(2) 鉴别时,对用户的生物特征进行采样,并对这些采样进行特征提取。通过数据的保密性和完整性保护措施将提取的特征发送到认证系统,并在认证系统上解密用户的特征。

(3) 比较步骤(1)和步骤(2)的特征,如果特征匹配达到近似要求,认证系统向用户返回鉴别成功的信息,否则返回鉴别失败的信息。

与传统身份鉴别相比,生物识别技术具有以下特点。

（1）随身性：生物特征是人体固有的特征，与人体是唯一绑定的，具有随身性。

（2）安全性：人体特征本身就是个人身份的最好证明，满足更高的安全需求。

（3）唯一性：每个人拥有的生物特征各不相同。

（4）稳定性：生物特征如指纹、虹膜等，不会随时间等变化。

（5）广泛性：每个人都具有这种特征。

（6）方便性：生物识别技术不需要记忆密码与携带使用特殊工具，不会遗失。

（7）可采集性：选择的生物特征易于测量。

基于生物特征的认证系统安全性高，但成本也高。另外，技术上的发展也证明，这些生物特征在安全上并不是无懈可击的。例如，有研究者在 2002 年发现可以用凝胶铸成的指纹模子来瞒骗指纹识别器。同时生物认证系统并不具有普适性，例如，人的视网膜图案是独一无二的，用视网膜做认证的确十分可靠，但是由于需要使用聚光灯来获取独特的眼球后面的血管图，并不是每个登录系统的人都愿意用一个仪器来扫描自己的眼睛，因为人的肉眼暴露在这种视网膜扫描装置下会觉得很不舒服，所以这样的系统只在一些高安全环境中实施。

3.6　身份认证协议

在网络中，通常是服务器要验证用户的身份，称为单向认证，但是为了防止网络钓鱼等假冒服务器的现象发生，客户端有时也需要验证服务器的身份，这就需要进行双向认证，下面依次介绍采用挑战/应答方式的认证过程。

3.6.1　单向认证

单向认证是通信的一方认证另一方的身份，例如，服务器在向用户提供服务之前，先要认证用户是否是这项服务的合法用户，但是不需要向用户证明自己的身份，单向认证可采取普通的口令认证，也可用对称密码或非对称密码体制实现。

1. 采用对称密码体制实现单向认证

假设 Bob 要验证 Alice 的身份，Alice 首先向 Bob 提出认证请求，Bob 产生一个随机数 R_B 发送给 Alice，Alice 用双方共享的密码 K_{A-B} 加密该随机数后发送给 Bob，Bob 如果能用相同的密码解密得到 R_B，则 Alice 的身份得到 Bob 的验证，因为密码 K_{A-B} 是 Alice 和 Bob 共享的秘密，其他任何人没有该密钥就无法构造出 R_B 的密文，如图 3.10 所示。

采用对称密码体制进行双单向身份认证的方式有很多，上例只是其中的一种。

2. 采用非对称密码体制实现单向认证

这里 Bob 要验证 Alice 的身份，Alice 首先向 Bob 提出认证请求，Bob 产生一个随机数 R_B 并用 Alice 的公钥加密后发送给 Bob，Alice 用私钥解密得到随机数后发送给 Bob，Bob 验证发送过来的随机数，则 Alice 的身份得到 Bob 的验证，如图 3.11 所示。

采用非对称密码体制进行双单向身份认证的方式有很多，上例只是其中的一种。

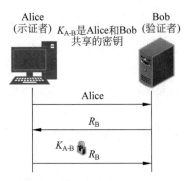
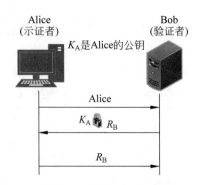

图 3.10　采用对称密码体制实现单向认证　　　图 3.11　采用非对称密码体制实现单向认证

3.6.2　双向认证

双向认证需要通信双方互相认证对方的身份,同样可以采用普通的口令认证方式,这里主要讨论采用对称密码体制和非对称密码体制实现双向身份认证。

1. 用对称密码体制实现双向认证

Alice 首先向 Bob 提出认证请求,Bob 产生一个随机数 R_B 发送给 Alice,Alice 为了同时验证 Bob 的身份,也产生一个随机数 R_A,串接在 R_B 后并用双方共享的密钥 K_{A-B} 加密,密文发送给 Bob,Bob 由于拥有密钥 K_{A-B},可以解密,如能分解出 R_B,则验证通过 Alice 的身份,同时为了验证自己的身份(也即拥有密钥 K_{A-B}),他将 R_A、R_B 调换顺序串接后用共享密钥加密后发送给 Alice,Alice 解密后如能分离出 R_A,则验证通过 Bob 的身份,如图 3.12 所示。

采用对称密码体制进行双向身份认证的方式有很多,上例只是其中的一种。

2. 用非对称密码体制实现双向认证

Alice 首先产生一个随机数 R_A,用 Bob 的公钥加密后发送给 Bob,Bob 接收到后用自己的私钥解密得到 R_A,产生一个随机数 R_B 串接在 R_A 后用 Alice 的公钥加密后发送给 Alice,Alice 用自己的私钥解密,如果能分离出 R_A 则验证通过 Bob 的身份,同时为了验证自己的身份将解密分离出的 R_B 发送给 Bob,Bob 接收到之后可以验证 Alice 的身份,如图 3.13 所示。

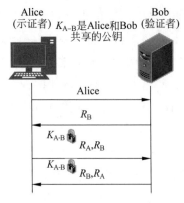
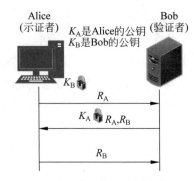

图 3.12　采用对称密码体制实现双向认证　　　图 3.13　采用非对称密码体制实现双向认证

采用公钥密码体制进行双向身份认证的方式有很多,上例只是其中的一种。

3.6.3 可信的第三方认证

可信的第三方认证也是一种通信双方相互认证的方式,但是认证过程必须借助于一个双方都能信任的第三方,一般而言可以是政府机构或其他可信赖的机构。当两端欲进行通信时,彼此必须先通过信任的第三方认证,然后才能互相交换密钥,而后进行通信。借助于信任第三方的认证协议相当多,各有各的特色与优缺点,其中一个最著名的例子就是由美国麻省理工学院提出的 Kerberos 协议。

Kerberos 是在 20 世纪 80 年代中期作为美国麻省理工学院"雅典娜计划"(Project Athena)的一部分开发的,其前三个版本仅用于内部使用,第四个版本得到了广泛应用,第五版于 1989 年设计,目前已经作为 Kerberos 的标准协议。Microsoft 的 Windows 2000 之后的操作系统、Red Hat Linux 等都支持 Kerberos 认证协议,此外,该协议也应用于电子商务、无线局域网等领域。下面来看一下 Kerberos 协议的演进过程。

最简单的第三方认证方案如图 3.14 所示。在这个方案中,在客户 C 和应用服务器 V 之间增加了一个认证服务器(Authentication Server, AS),用于对用户进行统一的认证和授权。在认证前,首先要求系统中所有的安全实体包括所有的客户 C 和服务器 V 都需要在 AS 上注册,每个客户都有一个口令 P_c,每个服务器与认证服务器共享一个密钥 E_{kv}。整个协议过程分为 3 个步骤。

(1) C→AS:$ID_c \parallel P_c \parallel ID_v$

(2) AS→C:Ticket

$$Ticket = E_{kv}(ID_c \parallel AD_c \parallel ID_v)$$

(3) C→V:$ID_c \parallel Ticket$

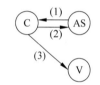

图 3.14 一种简单的第三方认证方案

首先看协议的第一步交换过程,客户向认证服务器发送认证请求,包括客户标识 ID_c、口令 P_c 及想要访问的服务器标识 ID_v,符号 $\parallel$ 表示级联。认证服务器验证用户的口令、检查该用户是否有权访问服务器 ID_v,如果认证通过,则发送给客户一张票据,票据内容包括客户标识 ID_c、客户的网络地址 AD_c 以及要访问的服务器标识 ID_v,客户向服务器出示这张票据,服务器要验证这张票据是否是 AS 签发的,为了防止票据的伪造,该票据必须用 AS 与服务器共享密钥 E_{kv} 加密。通过这张票据,AS 要向 V 说明 AS 已经认证过 C 的身份,并且 C 确实具有访问 V 的权限。

这种认证方案存在以下安全隐患。

(1) 口令是明文传递的,容易被窃听。

(2) 客户访问不同服务器需要多次身份认证。

(3) 认证服务器 AS 同时要进行认证和授权服务。

(4) 票据 Ticket 不能抵御重放攻击。

在刚才的认证方案中认证服务器 AS 兼任认证和授权两项功能,可以在认证系统中增加一个票据许可服务器(Ticket-Granting Server, TGS),这样,AS 服务器专门进行身份认证,票据许可服务器专门进行服务授权,认证服务器并不直接向客户发放访问应用服务器的票据,而是由 TGS 进行发放。因此在认证系统中存在两种票据:"服务许可票据"和"票据许可票据"。下面看一下改进方案,如图 3.15 所示,整个协议过程分为五步。

(1) $C \rightarrow AS$: $ID_c \parallel ID_{tgs}$

(2) $AS \rightarrow C$: $E_{kc}[Ticket_{tgs}]$

$Ticket_{tgs} = E_{ktgs}[ID_c \parallel AD_c \parallel ID_{tgs} \parallel TS_1 \parallel Lifetime1]$

(3) $C \rightarrow TGS$: $ID_c \parallel ID_v \parallel Ticket_{tgs}$

(4) $TGS \rightarrow C$: $Ticket_v$

$Ticket_v = E_{kv}[ID_c \parallel AD_c \parallel ID_v \parallel TS_2 \parallel Lifetime2]$

(5) $C \rightarrow V$: $ID_c \parallel Ticket_v$

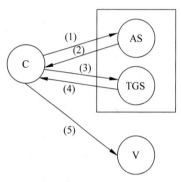

图 3.15　一种改进的第三方认证方案

客户 C 首先向 AS 申请一个票据许可票据(用来证明用户身份的票据),请求报文中包含用户标识 ID_c 及 TGS 的标识 ID_{tgs}。AS 向客户 C 发回一个使用密钥 K_c 加密后的票据,其中的密钥 K_c 是根据用户口令计算出来的,由于只有合法用户才拥有正确的口令,所以只有合法用户才能恢复出票据,这种方法既可认证用户身份又可避免用户口令在网络中明文传输带来的危险。这张票据是交给 TGS 以确认用户的身份已经被 AS 认证过,所以票据许可票据需要用 AS 和 TGS 预先共享的密钥 E_{ktgs} 进行加密。票据许可票据是可重用的,这样用户访问不同的服务器不需要多次输入口令,在票据许可票据中包含客户标识 ID_c、客户网络地址 AD_c、TGS 的标识 ID_{tgs}、时间戳 TS1 和使用时限 Lifetime1。

接下来,客户 C 向 TGS 发送票据许可票据、客户标识 ID_c 以及要访问的服务器标示 ID_v,TGS 在验证票据后查看该用户是否有权访问服务器,如果有访问权限则发送一张服务许可票据,服务许可票据最终是要由服务器验证的,因而该票据用 TGS 和服务器 V 预先共享的密钥 E_{kv} 进行加密,并且该票据在一段时间内可以重用,因而票据包含时间戳和使用时限,说明票据的有效性。

最后,客户 C 向服务器发送服务许可票据,服务器验证票据后即可向客户 C 提供服务。

上述认证方案存在以下安全隐患。

(1) 票据有使用时限,但客户端和服务器系统缺乏时钟同步。

(2) 没有为 C 和 TGS、C 和 V 之间的会话提供会话密钥。

(3) 服务器可能是假冒的。

(4) 票据许可票据和服务许可票据仍可能被重放。

Kerberos 版本 4 较好地解决了上述问题,得到了广泛应用,下面重点介绍该版本的协议过程,如图 3.16

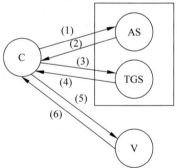

图 3.16　Kerberos v4 认证方案

所示。Kerberos 协议建立在对称密码体制基础之上,在协议开始之前,AS 和 TGS 之间、TGS 和 V 之间必须首先完成信任关系的建立,在对称密码体制下,这种信任关系是通过 AS 和 TGS 之间、TGS 和 V 之间共享密钥建立的,这些密钥采用人工或其他安全方式分发。整个协议过程分为三个阶段:身份认证、获得服务授权、获取服务。

(1) $C \to AS : ID_c \parallel ID_{tgs} \parallel TS1$

(2) $AS \to C : E_{kc}[K_{c,tgs} \parallel ID_{tgs} \parallel TS_2 \parallel LT_2 \parallel Ticket_{tgs}]$

$Ticket_{tgs} = E_{ktgs}[K_{c,tgs} \parallel ID_c \parallel AD_c \parallel ID_{tgs} \parallel TS_2 \parallel LT_2]$

(3) $C \to TGS : ID_v \parallel Ticket_{tgs} \parallel AU_c$

$AU_c = E_{kc,tgs}[ID_c \parallel AD_c \parallel TS_3]$

$Ticket_{tgs} = E_{ktgs}[K_{c,tgs} \parallel ID_c \parallel AD_c \parallel ID_{tgs} \parallel TS_2 \parallel LT_2]$

(4) $TGS \to C : E_{kc,tgs}[K_{c,v} \parallel ID_v \parallel TS_4 \parallel Ticket_v]$

$Ticket_v = E_{kv}[K_{c,v} \parallel ID_c \parallel AD_c \parallel ID_v \parallel TS_4 \parallel LT_4]$

(5) $C \to V : Ticket_v \parallel AU_c$

$AU_c = E_{kc,v}[ID_c \parallel AD_c \parallel TS_5]$

(6) $V \to C : E_{kc,v}[TS_5 + 1]$

第一个阶段为身份认证,包括步骤(1)和(2),在客户和认证服务器之间运行。客户 C 首先向 AS 申请一张票据许可票据(用来证明用户身份的票据),请求报文中包含用户标识 ID_c、TGS 标识 ID_{tgs},以及时间戳 TS_1,ID_{tgs} 说明申请的票据是用来跟某个 TGS 沟通的,TS_1 是用来进行时钟同步的。AS 向客户 C 发回的信息使用密钥 K_c 加密,其中的密钥 K_c 是根据用户口令计算出来的,确保只有合法用户才能解密,加密的消息包括 C 和 TGS 通信的会话密钥 $K_{c,tgs}$、时间戳和有效期、票据许可票据,通过这种方式可以安全地把 C 和 TGS 通信的会话密钥分发给 C,票据许可票据需要用 TGS 和 AS 共享密钥加密,以使得 TGS 可以验证该票据是 AS 颁发的,同时在票据许可票据中还包含 C 和 TGS 通信的会话密钥 $K_{c,tgs}$,由于票据最终会发送给 TGS,因而采用这种方式可以安全地把会话密钥分发给 TGS。

第二个阶段为获得服务授权,包括步骤(3)和(4),在客户和 TGS 之间运行。客户 C 向 TGS 发送票据许可票据、要访问的服务器标识 ID_v、认证符 AU_c,其中,AU_c 是用会话密钥加密用户 ID、网络地址 AD 以及时间戳形成的用户认证符,通过这种方式可以防范票据许可票据被重放,因为即使攻击者获取了票据许可票据,由于没有会话密钥,因而无法基于新的时间戳加密生成正确的认证符 AU_c。

TGS 在解密票据后可以获取会话密钥 $K_{c,tgs}$,利用会话密钥解密 AU_c 的内容,从而对用户的身份进行验证,验证通过后查看用户是否有权限访问服务器 ID_v,如果有访问权限则生成一张服务许可票据,同时生成一个客户 C 与服务器 V 的会话密钥 $K_{c,v}$,利用 C 和 TGS 的会话密钥 $K_{c,tgs}$ 加密后发送给 C,将客户 C 和服务器 V 之间的会话密钥安全分发给客户 C。服务许可票据最终是发送给服务器进行验证的,因而用 TGS 和服务器之间预先共享的密钥 E_{kv} 进行加密,这样服务器可以验证票据是否是 TGS 颁发的,同时在票据中还包客户 C 和服务器 V 的会话密钥 $K_{c,v}$,将会话密钥安全分发给客户 C。

第三个阶段为获取服务,包括步骤(5)和(6),在客户和应用服务器之间运行。客户 C

将 TGS 发送过来的消息解密后得到和服务器 V 的会话密钥 $K_{c,v}$ 和服务许可票据,客户 C 向服务器发送服务许可票据和认证符 AU_c,AU_c 的目的是防重放攻击。

最后服务器在接收到客户 C 发送的服务许可票据和认证符后进行验证,验证通过后对时间戳进行简单变换后加密发送给客户 C,用以验证服务器的身份,防止服务器伪造。

Kerberos v4 版本实现了用户仅需一次登录就可凭票据访问各类服务,具有单点登录的效果,不仅实现了服务器对客户端的认证,也实现了客户端对服务器的认证。但是也存在以下问题:一是加密系统依赖性问题,仅能使用 DES 加密算法;二是票据有效期问题,最长有效期为 21h,这对某些应用是不够的;三是使用时间戳应对重放攻击,这要求全网时钟同步,比较难以实现;四是整个协议加密次数比较多,会影响整个协议的效率;五是用户口令如果设置简单,容易遭受穷举攻击。基于这些局限性,Kerberos v5 在第 4 版协议模型的基础上进行了改进,提供了比第 4 版更完善的认证机制。

3.7　零知识证明

通常的身份认证都要求传输口令或身份信息,如果不透露这些信息,身份也能得到证明就好了,这就需要零知识证明技术。

这里假设 P 为示证者,V 为验证者,P 试图向 V 证明自己知道某消息,一种方法是 P 说出这一消息使 V 相信,这样 V 也知道了这一消息,这是基于知识的证明;另一种方法是使用某种有效的数学方法,使得 V 相信他掌握这一信息,却不泄露任何有用的信息,这种方法称为零知识证明。

解释零知识证明概念最经典的例子是 1990 年 Louis C. Guillou 和 Jean-Jacques Quisquater 提出的"洞穴问题",如图 3.17 所示。洞穴里面有一个秘密咒语,只有知道咒语的那些人才能打开 C 和 D 之间的密门。C 与 D 之间的竖线为一扇门,P 知道打开这扇门的咒语,现在 P 要向 V 证明他知道这个咒语,按照传统的做法是 P 把这个咒语告诉 V,然后 V 用这个咒语去打开那扇门,如果能打开说明这个咒语是正确的,那么就可以验证 P 的身份。这样做虽然成功地证明了 P 的身份,但是也泄露了这个咒语,那么 V 可以冒充 P 或者 V 可以把这个咒语透露给第三者,从而使得这个系统存在安全隐患。

以下是用零知识证明理论来证明 P 的身份。

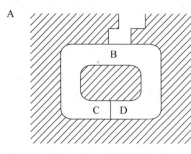

图 3.17　洞穴问题

(1) V 站在 A 点,让 P 进入洞内,这样保证 V 不知道 P 是从哪边进入洞内的。(从左边进入到达 C 点,从右边进入则到达 D 点)。

(2) 当 P 到达 C 点或 D 点以后,V 走到 B 点。

(3) V 向 P 喊叫,要他从左通道或右通道出来。

(4) P 按照 V 的要求从 V 指定的方向出来,如果有必要他就用咒语打开密门。

(5) P 和 V 重复步骤(1)～(4)n 次。

若 P 不知咒语,只有 1/2 的机会猜中 V 的要求,

协议执行 n 次,则只有 2^{-n} 的机会完全猜中,若 $n=16$,则若每次均通过 V 的检验,则 V 受骗的机会仅为 1/65 636。如果 n 足够大,几乎就可以证明 P 是知道这个咒语的并且 V 并没于得到任何关于这个咒语的信息。

最早出现的零知识身份证明协议是 Feige-Fiat-Shamir 协议(FFS 协议),在 Feige-Fiat-Shamir 协议中,可信赖第三方选定 $m=p×q$,其中,p,q 为两个大素数,m 为 512 b 或者为 1024b。通信双方共享 m,再由可信赖第三方实施公钥私钥的分配,他产生 k 个随机数 $v_1,v_2,\cdots,v_k$(要求 $v_i^{-1} \bmod m$ 存在,$i=1,2,\cdots,k$),且使 v_i 为模 m 的平方剩余,即 $x^2=v_i(\bmod m)$,v_i 为公钥,计算 $s_i=\sqrt{v_i^{-1}} \bmod m$,$s_i$ 作为示证方的私钥。(这里 P 作为示证方,V 作为验证方。)

身份验证协议如下。

(1) 用户 P 取随机数 $r(r<m)$,计算 $x=(r^2)\bmod m$,将 x 发送给 V。

(2) V 发送挑战信息串 $b_1,b_2,\cdots,b_k(b_i$ 为 0 或者 1)给 P。

(3) P 接受挑战,算出 $y=r×\prod_{i=1}^{k} vi^{bi} \bmod m$ 作为应答发送给 V。

(4) V 验证 P 的身份,验证 $x=y^2\prod_{i=1}^{k} vi^{bi} \bmod m$,如果相等则受骗概率为 2^{-k}。如果不相等,这个验证过程则终止。

P 和 V 可以重复执行此协议,每次以不同的 r 和 b 串,执行完一次验证过程后 P 能欺骗 V 的概率为 2^{-k}。

Feige-Fiat-Shamir 协议需要经过多次交互才能保证身份认证的安全性,不仅费时而且浪费系统资源,随后又提出了其他的基于零知识证明的身份认证协议,这里不再详细讨论,零知识证明的出现给身份认证带来了一个新方向。

习 题

一、填空题

1. 身份认证包括_____、_____两个过程。

2. _____是最常见的身份认证方式。

3. 针对弱口令的攻击主要有_____和_____。

4. _____用来抵御重放攻击。

5. 网上银行中采用的身份认证方式有:_____和_____。

6. 不泄露秘密信息进行身份认证的技术称为_____。

7. 身份认证的方式包括利用用户所知道的信息、_____、_____、_____。

8. UNIX 系统在生成口令散列时,需要加入_____。

9. Kerberos 认证中将完成身份认证功能的可信第三方服务器称为_____,将完成服务授权功能的可信第三方服务器称为_____。

10. Kerberos 认证中有两种票据:_____、_____。

二、选择题

1. Windows 系统能设置为在几次无效登录后锁定账号,这可以防止(　　　)。

    A. 木马   B. 暴力攻击

    C. IP 欺骗   D. 缓存溢出攻击

2. 在以下认证方式中,最常用的认证方式是(　　　)。

    A. 基于账户名/口令认证   B. 基于摘要算法认证

    C. 基于 PKI 认证   D. 基于数据库认证

3. 以下哪项不属于防止口令猜测的措施?(　　　)

    A. 严格限定从一个给定的终端进行非法认证的次数

    B. 确保口令不在终端上再现

    C. 防止用户使用太短的口令

    D. 使用机器产生的口令

4. Kerberos 认证用到以下哪种加密体制?(　　　)

    A. 公钥密码体制   B. 对称密码体制

    C. 散列算法   D. 异或运算

5. Kerberos 认证中,认证码的作用是(　　　)。

    A. 票据防重放   B. 防止拒绝服务攻击

    C. 对票据颁发者身份认证   D. 对票据使用者身份认证

6. 有关 Kerberos 认证协议的说法,不正确的是(　　　)。

    A. 不支持双向身份认证

    B. 签发的票据都有一个有效期

    C. 与授权机制相结合

    D. 支持分布式网络环境下的认证机制

7. 关于 S/KEY 认证的说法不正确的是(　　　)。

    A. 使用了对称密码算法对口令进行加密

    B. 用户登录一定次数后必须重新初始化口令序列

    C. 易遭受小数攻击

    D. 一次性口令认证是一种单向认证

8. 在 Kerberos 认证中,由(　　　)完成用户身份认证。

    A. 应用服务器   B. 认证服务器 AS

    C. 票据许可服务器 TGS   D. 授权服务器

9. 时间戳可以应对哪种攻击?(　　　)

    A. 假冒   B. 拒绝服务攻击

    C. 篡改   D. 重放

10. 以下口令设置中符合强口令规则的是(　　　)。

    A. ABCABCBC   B. A,123!b

    C. 1qaz2wsx   D. 1234321

四、简答题

1. 什么是字典攻击和重放攻击？什么是一次性口令认证？为什么口令加密过程要加入不确定因子？

2. 单机状态下验证用户身份的三种因素是什么？

3. 一次性口令认证实现技术有哪些？

4. 简述基于 PKI 技术体系的 USBKey 认证原理。

5. 自行设计一个利用公钥密码体制实现双向认证的协议。

6. 为防范小数攻击，请阅读相关文献，说明如何改进 S/KEY 一次性口令认证协议。

7. Kerberos v4 版本中认证码的作用是什么？

8. 请阅读相关文档，说一说 Kerberos v5 具有哪些新的安全特性。

第4章

访 问 控 制

视频讲解

　　访问控制是信息安全保障机制的重要内容,它是实现数据保密性和完整性机制的主要手段之一。访问控制是在身份认证的基础上,根据身份对提出的资源访问请求加以控制,其目的是保证网络资源受控、合法地使用,用户只能根据自己的权限大小来访问系统资源,不能越权访问,同时,访问控制也是记账、审计的前提。广义地讲,所有的计算机安全都与访问控制有关。

　　4.1节介绍了访问控制的概念和组成要素;4.2节具体介绍3种访问控制机制,即自主访问控制、强制访问控制和基于角色的访问控制,详细介绍了自主访问控制的3种实现方式以及强制访问控制的安全模型。

4.1　访问控制概述

4.1.1　访问控制机制与系统安全模型

　　James P. Anderson在1972年提出的引用监控器(The Reference Monitor)的概念是安全模型的最初雏形,如图4.1所示。

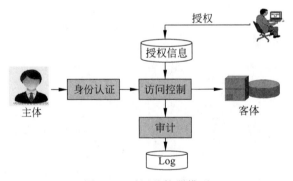

图 4.1　引用监控器模型

　　从图4.1中可以看出,实现计算机系统安全的基本措施(安全机制)包括身份认证(识别和验证)、访问控制和审计。身份认证是验证用户的身份与其所声称的身份是否一致的过程。访问控制是在主体身份得到认证后,根据授权数据库中预先定义的安全策略对主体行为进行限制的机制和手段。审计用于记录用户在系统中的操作行为,作为一种安全机制,它在主体访问客体的整个过程中都发挥作用,为安全分析提供了有力的证据支持。

4.1.2　访问控制的基本概念

访问控制技术起源于 20 世纪 70 年代,当时是为了满足管理大型主机系统上共享数据授权访问的需要。随着计算机和网络技术的发展,访问控制技术在信息系统的各个领域得到了越来越广泛的应用,先后出现了多种重要的访问控制技术,如自主访问控制、强制访问控制、基于角色的访问控制等。

访问控制常常以身份认证作为前提,在此基础上实施各种访问控制策略来控制和规范合法用户在系统中的行为,身份认证解决的是"你是谁,你是否真的是你所声称的身份",目的是阻止非法用户进入系统;而访问控制技术解决的是"你能做什么,你有什么样的权限",目的是限制合法用户的操作权限。

访问控制包括两个重要的过程,其一是系统通过授权设定合法用户对资源的访问权限规则集;其二是根据预先设定的规则对用户访问某项资源(目标)的行为进行控制,只有规则允许时才能访问,违反预定安全规则的访问行为将被拒绝。资源可以是信息资源、处理资源、通信资源或者物理资源,访问方式可以是获取信息、修改信息或者完成某种功能,一般情况下可以理解为读、写或者执行。

访问控制是针对越权使用资源的防御措施,通过限制对关键资源的访问,防止非法用户的侵入或因为合法用户的不慎操作而造成的破坏,从而保证网络资源受控、合法地使用,访问控制中涉及的主要概念如下。

1．主体

主体是指访问操作的主动发起者,它造成了信息的流动和系统状态的改变,主体可以是用户或其他任何代理用户行为的实体,如进程、作业等。

2．客体

客体是被访问的对象,客体在信息流动中的地位是被动的,是处于主体作用之下。凡是可以被操作的对象都可以认为是客体,客体通常包括文件、目录、消息、程序、库表等,还可以是处理器、通信信道、时钟、网络节点等。

3．访问

访问是使信息在主体和客体之间流动的一种交互方式。访问包括读、写、执行、删除、创建、搜索等。

读:用户可以查看客体(如文件、文件中的记录等)的数据内容。读权限包括复制和打印的能力。

写:用户可以添加、修改或删除客体(如文件、记录、程序)中的数据。

执行:用户可以执行指定的程序。

删除:用户可以删除某个客体,如文件或记录。

创建:用户可以创建新的文件、记录或字段等。

搜索:用户可以列出目录中的文件或搜索目录。

4．访问控制策略

访问控制策略是主体对客体的访问规则集,体现了一种授权行为,访问控制策略的制定需要考虑以下原则。

1) 最小特权原则

最小特权原则是指按照主体所需权利的最小化原则分配给主体权利。最小特权原则的优点是最大限度地限制主体行为,可以避免来自突发事件、错误和未授权主体的危险。

2) 最小泄露原则

最小泄露原则是指主体在执行任务时,按照主体所需知道的信息最小化的原则分配给主体权利。

3) 多级安全策略

主体和客体间的数据流向和权限控制按照安全级别的绝密、秘密、机密、限制和无级别这五个级别来划分,采用多级安全策略可以避免敏感信息的扩散,主要应用于强制访问控制中。

访问控制在信息系统中的应用非常广泛,例如,对用户的网络接入过程进行控制、操作系统中控制用户对文件系统和底层设备的访问。另外,当需要提供更细粒度的数据访问控制时,可以在应用程序中实现基于数据记录或更小的数据单元访问控制。例如,大多数数据库管理系统(如 Oracle)都提供独立于操作系统的访问控制机制,Oracle 使用其内部用户数据库,且数据库中的每个表都有自己的访问控制策略来支配对其记录的访问。

4.2　访问控制策略

1985 年,美国军方提出了可信计算机系统评估准则 TCSEC,其中描述了两种著名的访问控制策略:自主访问控制和强制访问控制。基于角色的访问控制(RBAC)由 Ferraiolo 和 Kuhn 在 1992 年提出,考虑到网络安全和传输流,又提出了基于对象和基于任务的访问控制。

各种访问控制策略之间并不相互排斥,现存计算机系统中通常都是多种访问控制策略并存,系统管理员能够对安全策略进行配置使其达到安全政策的要求。

4.2.1　自主访问控制

自主访问控制(Discretionary Access Control,DAC)是指资源的所有者(往往是创建者),对于其拥有的资源,可以自主地将访问权限分发给其他主体,即确定这些主体对于资源有怎样的访问权限,是最常用的访问控制机制。在这种访问控制机制下,客体的拥有者可以按照自己的意愿精确指定系统中其他用户对其客体的访问权,从这种意义上来说,是"自主的"。Linux、UNIX、Windows NT/Server 版本的操作系统、SQL Server、Oracle 等数据库管理系统都提供了自主访问控制的功能。自主访问控制通常有三种实现机制,即访问控制矩阵(Access Control Matrix)、访问控制列表(Access Control Lists,ACL)和访问控制能力表(Access Control Capabilities List,ACCL)。

1. 访问控制矩阵

访问控制矩阵是最初实现访问控制机制的概念模型,它利用二维矩阵规定了任意主体和任意客体间的访问权限。矩阵中的行代表主体的访问权限属性,矩阵中的列代表客体的访问权限属性,矩阵中的每一格表示所在行的主体对所在列的客体的访问授权。如

表 4.1 所示,其中 Own 表示所在行主体是所在列客体的属主,可以自主授予或回收其他用户对其拥有客体的访问权限,即拥有对客体管理的权限;R 表示读操作;W 表示写操作。

表 4.1　访问控制矩阵示例

	File1	File2	File3	File4
张三	Own,R,W		Own,R,W	
李四	R	Own,R,W	W	R
王五	R,W	R		Own,R,W

访问控制矩阵清晰地描述了任意主体对任意客体的访问权限,但是,在较大的系统中,访问控制矩阵将变得非常巨大,而且矩阵中的许多任务格可能为空,也即是稀疏矩阵,会造成很大的存储空间浪费,因此在实际应用中,访问控制很少利用矩阵方式实现,目前大部分系统实现的自主访问控制是用基于访问控制矩阵的行或列来表达访问控制信息。

2. 访问控制列表

访问控制列表是从客体角度建立的访问权限表。每个客体都有一个访问控制列表,用来说明有权访问该客体的所有主体及访问权限,如图 4.2 所示。利用访问控制列表,能够很容易地判断出对于特定客体的授权访问。访问控制列表可以包含一个默认的项,使得没有显式列出具有特殊权限的用户拥有一组默认的权限。

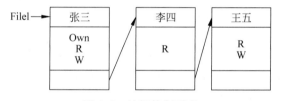

图 4.2　访问控制列表

由于访问控制列表简单、实用,虽然在查询特定主体能够访问的客体时,需要遍历查询所有客体的访问控制列表,它仍然是一种成熟且有效的访问控制实现方法,许多通用的操作系统使用访问控制列表来提供访问控制服务。

【例 4-1】 Linux 中实现了访问控制列表的简略方式,将系统中所有用户划分为三类:属主用户、同组用户、其他用户。系统按这三类用户进行授权,权限主要包括 r:读,w:写,x:执行,这样可以使得访问控制列表只需要 9 位就可描述。例如,某个文件的访问控制列表为 rwxr-x---,从左往右每 3 位为一组,第一组"rwx"表示文件的属主拥有可读、可写、可执行权限,第二组"r-x"表示文件属主的同组用户拥有读和执行权限,第三组"---"表示其他用户对该文件没有访问权限。

3. 访问控制能力表

访问控制能力表是从主体角度建立的访问权限表,每个主体都附加一个该主体能够访问的客体明细表,如图 4.3 所示。能力是为主体提供的、对客体具有特定访问权限的不可伪造的标识,它决定主体是否可以访问客体以及以什么方式(如读、写、修改或运行)访问客体。主体可以将能力转移给为自己工作的进程,在进程运行期间,还可以动态地添加或修改能力。能力的转移不受任何策略的限制,所以对于一个特定的客体,不能确定所有有权访问它的主体,利用访问能力表实现自主访问控制的系统并不多。

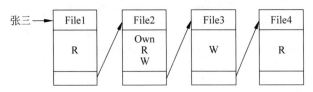

图 4.3 访问控制能力表

自主访问控制的最大特点是自主,即资源的拥有者对其资源的访问策略具有决策权,因此是一种限制比较弱的访问控制策略,这种方式给用户带来灵活性的同时,也带来了安全隐患。这种机制允许用户自主地将自己客体的访问操作权转授给别的客体,权力多次转授后,一旦转授给不可信主体,那么客体的信息就会泄露。DAC 的另一个缺点是无法抵御特洛伊木马的攻击,木马窃取敏感文件的方法有两种,一是通过修改敏感文件的访问权限来获取敏感信息,在 DAC 机制下,某一合法用户可以任意运行一段程序修改自己文件的访问权限,系统无法区分这是合法用户的修改还是木马程序的非法修改;二是躲在用户程序中的木马利用合法用户身份读敏感文件的机会,把所访问文件的内容复制到入侵者的临时目录下,而 DAC 无法阻止,因而无法抵挡特洛伊木马的攻击。

【例 4-2】 假设用户 SOS 将其重要信息存放在文件 important. doc 中,并且将文件权限设置成只有自己可以读写。SPY 是一个恶意攻击者,试图读取 important. doc 文件内容,他首先准备好一个文件 pocket. doc,并将其权限设置成为 SOS:w,SPY:rw,同时设计一个有用的程序 use_it_please,该程序除了有用部分,还包含一个木马。当诱使 SOS 下载并运行该程序时,木马会将 important. doc 中的信息写入 pocket. doc 文件,这样 SPY 就窃取了 important. doc 的内容。

对安全性要求更高的系统,仅采用 DAC 是不够的,需要采用更安全的访问控制技术——强制访问控制。

4.2.2 强制访问控制

1. 强制访问控制的概念

强制访问控制(Mandatory Access Control,MAC)是比 DAC 更为严格的访问控制策略,最早出现在 20 世纪 70 年代,是美国政府和军方源于对信息保密性的要求以及防止特洛伊木马攻击而研发的。

与 DAC 相比,强制访问控制不再让众多的普通用户完全管理授权,而是将授权归于系统管理,并确保授权状态的变化始终处于系统的控制下。在强制访问控制中,每个主体(进程)和客体(文件、消息对列、共享存储区等)都被赋予一定的安全属性,并且安全属性只能由管理部门(如安全管理员)或操作系统按照严格的规则进行设置,当一个进程访问一个客体(如文件)时,强制访问控制机制通过比较进程的安全属性和文件的安全属性来决定访问是否允许,如果系统判定拥有某一安全属性的主体不能访问某个客体,那么即使是客体的拥有者都不能使该主体有权访问客体。MAC 主要用于保护敏感数据(例如,政府、军队敏感文件等)。

在系统中实现 MAC 时,需要根据总体安全策略和需求为系统中每个主体和客体分配一个适当的安全级别,且安全级别是不能轻易改变的,它由管理部门(如安全管理员)或由操作系统自动按照严格的规则设置。在 MAC 下,即使是客体的拥有者,也没有对自己客体的控制权,并且系统安全管理员修改、授予、撤销主体对客体的访问权的管理工作,也要受到严格的审核与监控。

2. 强制访问控制模型

1) BLP 模型

1973 年,David Bell 和 Len Lapadula 提出了第一个也是最著名的安全策略模型——Bell-LaPadula 安全模型,简称 BLP 模型。BLP 模型是遵守军事安全策略的多级安全模型,主要用于解决面向机密性的访问控制问题,已实际应用于许多安全操作系统的开发中。

在 BLP 模型中主客体的安全属性由以下两部分构成。

(1) 保密级别(又称为敏感级别或级别):例如,公开、秘密、机密、绝密等。

(2) 一个或多个范畴:该安全级涉及的领域,例如,陆军、海军、空军等。

因此一个安全属性包括一个保密级别、一个范畴集,而范畴集包含任意多个范畴,安全属性通常写作保密级后随一个范畴集的形式,例如:{机密;空军}。

在安全属性中,保密级别是线性排列的,例如:公开<秘密<机密<绝密。范畴则是相互独立和无序的,两个范畴集之间的关系是包含、被包含或无关。

BLP 模型有以下两个基本规则。

规则 1(简单安全性):一个主体对客体进行读操作的必要条件是主体的安全级支配客体的安全级,即主体的保密级别不小于客体的保密级别,主体的范畴集包含客体的全部范畴,即主体只能向下读。

规则 2(∗-特性):一个主体对客体进行写访问的必要条件是客体的安全级支配主体的安全级,即客体的保密级别不小于主体的保密级别,客体的范畴集包含主体的全部范畴,即主体只能向上写。

BLP 模型的强制访问控制可以概括为不允许"上读,下写",这种规则是由信息的保密性的安全要求决定的。保密性要求只有高保密级的主体能够读低保密级客体的内容,否则会造成高保密级的客体的信息泄密;反过来,高保密级的主体对低保密级的客体进行写操作也会造成信息泄密,如图 4.4 所示。

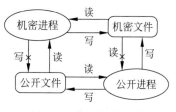

图 4.4　多级安全规则

【例 4-3】　客体 LOGISTIC 文件的敏感标签为 SECRET[VENUS ALPHA],主体 Jane 的敏感标签为 SECRET[ALPHA],虽然主体的敏感等级满足上述读写规则,但是由于主体 Jane 的类集合当中没有 VENUS,所以不能读此文件,而写则允许,因为客体 LOGISTIC 的敏感等级不低于主体 Jane 的敏感等级,写了以后不会降低敏感等级。

运用 BLP 模型的 ∗-特性可有效防范特洛伊木马。前面介绍过木马窃取敏感文件的方法有两种,一是通过修改敏感文件的访问权限来获取敏感信息,在 DAC 机制下,某一合法用户可以任意运行一段程序修改自己文件的访问权限,系统无法区分这是合法用户的修改还是木马程序的非法修改,但在 MAC 下,杜绝了用户修改客体安全属性的可能,因此木马利用这种方法窃取敏感信息是不可能的;二是特洛伊木马伪装成正常的程序,例如一个小游戏、一个小工具,诱使用户下载运行,而实际当运行带有木马的程序时,木马会利用合法用户的身份读敏感信息,把所访问的文件复制到入侵者的临时目录下,这在 DAC 机制下是完全可以做到的。然而在 * -特性下,能阻止正在机密安全级上运行的木马,把机密信息写到一个低安全级别的文件中,因为机密级进程写的每条消息的安全级至少是机密级的。

基于 BLP 模型的 MAC 阻止了信息由高级别的主/客体流向低级别的主/客体,保证了信息的机密性,适用于保密性要求比较高的军事、政府部门和金融等领域,但该模型不能保证信息的完整性。而在商业领域,以加强数据完整性为目的的强制访问控制模型也有广泛的应用。

2) Biba 模型

Biba 模型是 BLP 模型的变体,由 Biba 等人于 1977 年提出,它的主要目的是保护数据的完整性。

在 Biba 模型中,每个主体和客体都被分配一个完整性属性,类似于 BLP 模型,该完整性属性是由一个完整性级别和一个范畴集构成。Biba 模型规定,信息只能从高完整性等级向低完整性等级流动,就是要防止低完整性的信息"污染"高完整性的信息。

Biba 模型并未约定具体采用的策略,而是将策略分为非自主策略和自主策略两类,在每类下给出了一些具体的策略以适应不同的需求,下面简单介绍非自主策略。

非自主策略是指主体是否具有对客体的访问权限取决于主体和客体的完整性级别,具体规则如下。

主体对客体进行读访问的必要条件是客体的完整级不低于主体的完整级,即主体只能向上读。

主体对客体进行写操作的必要条件是主体的安全级不低于客体的安全级,即主体只能向下写。

3) Dion 模型

Dion 于 1981 年提出了同时面向机密性和完整性的 Dion 模型,该模型结合 BLP 模型中保护数据机密性的策略和 Biba 模型中保护数据完整性的策略,模型中的每一个客体和主体被赋予一个安全级别和完整性级别,安全级别定义同 BLP 模型,完整性级别定义如 Biba 模型,因此可以有效地保护数据的机密性和完整性。

强制访问控制是比自主访问控制功能更强的访问控制机制,但是这种机制也给合法用户带来许多不便。例如,在用户共享数据方面不灵活且受到限制。因此,当敏感数据需在多种环境下受到保护时,就需要使用 MAC,如需对用户提供灵活的保护且更多地考虑共享信息时,则使用 DAC。

在高安全级(TCSEC 标准的 B 级)以上的计算机系统中常常将自主访问控制和强制访问控制结合在一起使用。自主访问控制作为基础的、常用的控制手段;强制访问控制作为增强的、更加严格的控制手段。某些客体可以通过自主访问控制保护,重要客体必须通过强制访问控制保护。对于通用型操作系统,从用户友好性出发,一般还是以 DAC 机制为主,适当增加 MAC 控制,目前流行的操作系统(如 Windows、UNIX、Linux)、数据库管理系统(SQL Server、Oracle)均属于这种情况。

4.2.3 基于角色的访问控制

1. 概述

MAC 和 DAC 属于传统的访问控制模型,通常为每个用户赋予对客体的访问权限规则集,如果系统中用户数量众多,且系统安全需求处于不断变化中,就需要进行大量烦琐的授权操作,系统管理员的工作将变得非常繁重,更主要的是容易发生错误,造成安全漏洞。

在现实的工作中,绝大多数情况并不是针对每个人设定其工作职责,而是根据这个人在工作单位中所承担的角色设定其工作职责的。例如,医院包括医生、护士、药剂师等角色,而银行则包括出纳员、会计、行长等角色。用户的职责完全由其承担的角色来决定,当其承担的角色发生改变,其职责也会随之改变。信息系统是现实世界的反映,因而在信息系统中一个用户所能访问资源的情况应该随着用户在系统中角色的改变而改变。

基于角色的访问控制(Role-Based Access Control,RBAC)是 20 世纪 90 年代 NIST(National Institute of Standards And Technology)提出的访问控制策略,这种技术能够减少授权管理的复杂性,降低管理开销,而且还能为管理员提供一个比较好的实现复杂安全政策的环境。目前这一访问控制模型已被广为接受。

RBAC 中的基本元素包括用户、角色和权限,RBAC 的核心思想是将访问权限分配给一定的角色,用户通过饰演不同的角色获得角色所拥有的权限。角色(Role)是一个或一群用户在组织内可执行的操作的集合。用户通过角色与相应的访问权限相联系,用户权限是其所拥有角色权限的并集,脱离了角色用户将不存在任何访问权限。角色相当于工作部门中的岗位、职位或分工。一个角色可以有多个权限(对多个资源的访问权);一个角色可以对应多个用户(相当于一个岗位可以有多个职员)。

【例 4-4】 在学院教务系统中,假设用户有学生 $Stud_1$,$Stud_2$,$Stud_3$,$\cdots$,$Stud_i$,有教师 Tch_1,Tch_2,Tch_3,$\cdots$,Tch_i,有教务管理人员 Mng_1,Mng_2,Mng_3,$\cdots$,Mng_i,用户数量众多,为方便用户授权时,可以定义如下角色:Student、Teacher、Manager,并为角色赋权:Teacher ={查询成绩、上传所教课程的成绩},Student ={查询成绩、反映意见},Manager ={查询、修改成绩、打印成绩清单},为用户分配相应的角色,一旦某个用户成为某角色的成员,则此用户可以完成所具有的职能。

角色由系统管理员定义,角色成员的增减也只能由系统管理员来执行,即只有系统管理员有权定义和分配角色。

2. RBAC 模型

由于 RBAC 采用的很多方法在概念上接近于人们社会生活的管理方式,所以相关的研究和应用发展得很快。从 1996 年发展至今,专家们已经提出了一系列 RBAC 模型,这里主要探讨美国 George Mason 大学提出的 RBAC96 模型,该模型为开发实际的应用系统提供了一个总方针，并为 RBAC 用户提供了评判系统的标准，具体包括 RBAC0、RBAC1、RBAC2、RBAC3 四个模型，其中：

RBAC0——基本模型，规定了任何 RBAC 系统所必需的最小需求。

RBAC1——在 RBAC0 的基础上增加了角色等级（Role Hierarchies）的概念。

RBAC2——在 RBAC0 的基础上增加了限制（Constraints）的概念。

RBAC3——包含 RBAC1 和 RBAC2，依传递性也间接包含 RBAC0。

美国国家标准和技术研究所（NIST）已经基于 RBAC96 制定了 RBAC 标准，它将 RBAC 主要分为核心 RBAC、有角色继承的 RBAC 和有约束的 RBAC 三类。

1) 核心 RBAC 模型

核心 RBAC 模型包括六个基本集合：用户集 USERS、对象集 OBJECTS、操作集 OPERATORS、权限集 PERMISSIONS、角色集 ROLES 和会话集 SESSIONS，如图 4.5 所示。USERS 中的用户可以执行操作，是主体；OBJECTS 中的对象是系统中被动的实体，主要包括被保护的信息资源；对象上的操作构成了权限，因此 PERMISSIONS 中每个元素涉及来自 OBJECTS 和 OPERATIONS 的两个元素，ROLES 是 RBAC 的中心，通过它将用户与特权联系起来，SESSIONS 包括系统登录或通信进程和系统之间的会话。下面具体给出将上述集合关联在一起的操作，通过这些操作，用户被赋予了相应的权限或获得了相应的状态。

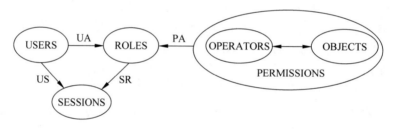

图 4.5　核心 RBAC 中集合及其关系

(1) 用户分配（User Assignment，UA）。

UA⊆USERS×ROLES 中的元素确定了用户和角色之间多对多的关系，记录了系统为用户分配的角色。若对用户 u 分配角色 r，则 UA=UA∪(u,r)。

(2) 特权分配（Permission Assignment，PA）。

PA⊆PERMISSION×ROLES 中的元素确定了权限和角色之间多对多的关系，记录了系统为角色分配的权限。若把权限 p 分配给角色 r，则 PA=PA∪(p,r)。

(3) 用户会话。

US⊆USERS×SESSIONS 中的元素确定了用户和会话之间的对应关系，由于一个用户可能同时进行多个登录或建立多个通信连接，这个关系是一对多的。

(4) 激活/去活角色。

若某个用户属于某个角色，与之对应的会话可以激活该角色，SR⊆SESSIONS×ROLES 中的元素确定了会话与角色之间的对应关系，此时该用户拥有与该角色对应的权限。用户会话也可以通过去活操作终止一个处于激活状态的角色。

总之,在 RBAC 中,系统将权限分配给角色,用户需要通过获得角色来得到权限。

2) 有角色继承的 RBAC 模型

有角色继承的 RBAC 模型是建立在以上核心 RBAC 基础上的,它包含核心 RBAC 的全部组件,但增加了角色继承(Role Hierarchies,RH)操作,如图 4.6 所示。如果一个角色 r1 继承另一个角色 r2,那么 r1 也有 r2 的所有权限,并且有角色 r1 的用户也有角色 r2。

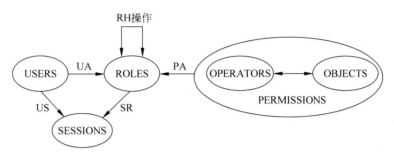

图 4.6 有角色继承的 RBAC 中集合及其关系

RBAC 标准包括两种方式的继承:一种是受限继承,一个角色只能继承某一个角色,不支持继承多个角色;另一种是多重继承,一个角色可以继承多个角色,也可以被多个角色继承。这样,角色的权限集不仅包括系统管理员授予该角色的权限,还有其通过角色继承获得的权限,而对应一个角色的用户集不仅包括系统管理员分配的用户,还包括所有直接或间接继承该角色的其他角色分配的用户。

3) 有约束的 RBAC 模型

有约束的 RBAC 模型通过提供职责分离机制进一步扩展了以上有角色继承的 RBAC 模型,如图 4.7 所示。职责分离是有约束的 RBAC 模型引入的一种权限控制方法,其目的是防止用户超越其正常的职责范围。例如,在银行业务中,授权付款与实施付款应该是分开的职能操作,否则可能发生欺骗行为,职责分离主要包括静态职责分离和动态职责分离。

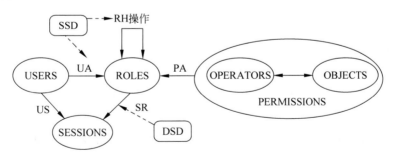

图 4.7 有约束的 RBAC 中集合及其关系

(1) 静态职责分离。静态职责分离(Statistic Separation of Duty,SSD)对用户分配和角色继承引入了约束。如果两个角色之间存在 SSD 约束,那么当一个用户分配了其中一个角色后,将不能再获得另一个角色,即存在排他性。由于一个角色被继承将使它拥有继承它的其他角色的全部用户,如果在 SSD 之间的角色存在继承关系,将会违反前述的排他性原则,因此,不能在已经有 SSD 约束关系的两个角色之间定义继承关系。

(2) 动态职责分离。动态职责分离(Dynamic Separation of Duty,DSD)引入的权限约束作用于用户会话激活角色的阶段,如果两个角色之间存在 DSD 约束关系,系统可以将这两个角色都分配给一个用户,但是,该用户不能在一个会话中同时激活它们。

3. RBAC 的特点和应用优势

RBAC 具有以下几大特点。

(1) 便于授权管理。RBAC 将权限与角色关联起来,用户的授权是通过赋予相应的角色来完成的。当用户的职责变化时只需要改变角色即可改变其权限;当组织的功能变化或演进时,则只需删除角色的旧功能,增加新功能,或定义新角色,而不必更新每一个用户的权限设置。这极大地简化了授权管理,降低了授权管理的复杂度。

(2) 便于实施职责分离。通过定义角色约束,可以防止用户超越其正常的职责范围,有效地实现职责分离。

(3) 便于实施最小权限原则。最小特权是指用户所拥有的权力不能超过他执行工作所需的权限。实现最小特权原则,需要分清用户的工作职责,确定完成该工作的最小权限集,然后把用户限制在这个权限集范围之内。一定的角色就确定了其工作职责,而角色所能完成的操作蕴涵了其完成工作所需的最小权限。用户要访问信息首先必须具有相应的角色,用户无法绕过角色直接访问信息。

正是由于 RBAC 具有灵活性、方便性和安全性的特点,目前在大型数据库管理系统的权限管理中得到了广泛应用。但是,在大型分布式网络环境下,通常无法确知网络实体的身份真实性和授权信息,而 RBAC 无法实现对未知用户的访问控制和委托授权机制,从而限制了 RBAC 在网络环境中的应用。

虽然 RBAC 已在某些系统中得到了应用,但 RBAC 仍处于发展阶段,RBAC 的应用仍是一个相当复杂的问题。

习　　题

一、填空题

1. 访问控制的三要素包括_____、_____和 _____。

2. 文件的拥有者可以决定其他用户对于相应的文件有怎样的访问权限,这种访问控制是_____。

3. 信息系统实现访问控制有多种方式,其中以用户为中心建立起的描述访问权限的表格,这种方式指的是_____。

4. Bell-LaPadula 模型的出发点是维护系统的 _____,而 Biba 模型与 Bell-LaPadula 模型完全对立,它修正了 Bell-LaPadula 模型所忽略的信息的_____问题。

5. 访问控制中,访问的发起者称为_____,接受访问的被动实体称为_____。

6. 引用监控器模型中涉及的基本安全机制有_____、_____和 _____。

7. 自主访问控制的实现方式有_____、_____和_____。

8. 强制访问控制模型主要有_____和_____。

9. 基于角色的访问控制中的基本元素包括_____、_____和_____。

10. _____访问控制可以有效防范特洛伊木马攻击。

二、选择题

1. 下列对访问控制影响不大的是（　　）。

　　A. 主体身份　　　　　　　　　　B. 客体身份

　　C. 访问类型　　　　　　　　　　D. 主体与客体的类型

2. 访问控制是指确定（　　）以及实施访问权限的过程。

　　A. 用户权限　　　　　　　　　　B. 可给予哪些主体访问权利

　　C. 可被用户访问的资源　　　　　D. 系统是否遭受入侵

3. 文件的拥有者可以决定其他用户对于相应的文件有怎样的访问权限，这种访问控制是（　　）。

　　A. 自主访问控制　　　　　　　　B. 强制访问控制

　　C. 主体访问控制　　　　　　　　D. 基于角色的访问控制策略

4. 信息系统实现访问控制有多种方式，其中以用户为中心建立起的描述访问权限的表格，这种方式指的是（　　）。

　　A. 访问控制矩阵　　　　　　　　B. 访问控制表

　　C. 访问控制能力表　　　　　　　D. 授权关系表

5. 在 RBAC 模型中，用户和角色之间的关系是（　　）。

　　A. 一对多　　　　　　　　　　　B. 一对一

　　C. 多对一　　　　　　　　　　　D. 多对多

6. 以下（　　）访问控制方法适用于用户数量大、用户权限变动频繁的应用场合。

　　A. 基于角色的访问控制　　　　　B. 自主访问控制

　　C. 基于规则的访问控制　　　　　D. 强制访问控制

7. 在 RBAC 模型中，动态职责分离是在（　　）上施加的约束。

　　A. 为用户指定角色阶段（UA）　　B. 为用户指定会话阶段（US）

　　C. 为角色执行权限阶段（PA）　　D. 为会话激活角色阶段（SR）

8. 在强制访问控制模型中，（　　）用于确保信息的机密性。

　　A. BLP 模型　　　　　　　　　　B. Biba 模型

　　C. 中国墙　　　　　　　　　　　D. 以上都不对

三、简答题

1. 什么是自主访问控制？自主访问控制的方法有哪些？自主访问控制有哪些类型？

2. 什么是强制访问控制？如何利用强制访问控制抵御特洛伊木马的攻击？

3. 什么是基于角色的访问控制技术？它与传统的访问控制技术有何不同？

4. 简述访问控制的基本概念。

5. 有哪几种访问控制策略?

6. 访问控制策略制定可以遵循哪些原则?

7. 自主访问控制和强制访问控制可以在一个系统中共存吗?

8. 跟传统的访问控制相比,基于角色的访问控制有哪些优点?

9. 有约束的 RBAC 模型中,动态职责分离和静态职责分离哪种约束能力更强?

第 5 章

信息系统的物理安全和可靠性

计算机硬件及其运行环境是计算机信息系统运行的基础,它们的安全直接影响着整个信息系统的安全。由于自然灾害、设备自身的缺陷、设备的自然损坏和受到环境干扰等自然因素,以及人为的窃取和破坏等原因,计算机设备和其中信息的安全面临很大的问题。本章主要讨论从物理层面增强信息系统安全的方法。

5.1 节给出了物理安全的定义,指出了狭义和广义物理安全包含范畴的不同,明确本章讲述的物理安全包括环境安全、设备安全、媒体(介质)安全、系统安全;5.2 节~5.4 节分别介绍了环境安全、设备安全和媒体(介质)安全;5.5 节介绍了系统安全,可靠性是评价系统安全的重要指标,指出提高系统可靠性一般采取避错、容错和容灾备份技术;5.6 节介绍了隔离网络安全防护技术;5.7 节、5.8 节分别介绍了容错和灾难恢复技术。

5.1 物理安全概述

视频讲解

根据国家标准 GB/T 21052—2007《信息安全技术 信息系统物理安全技术要求》,物理安全是指为了保证信息系统安全可靠运行,确保信息系统在对信息进行采集、处理、传输、存储过程中,不致受到人为或自然因素的危害,而使信息丢失、泄露或破坏,对计算机设备、设施(包括机房建筑、供电、空调等)、环境人员、系统等采取适当的安全措施。

物理安全是计算机网络信息系统运行的基础,直接影响着计算机信息系统的安全。以下是计算机系统物理安全遭到破坏的一个典型的例子。

2006 年 12 月 26 日晚 8 时 26 分至 40 分,我国台湾屏东外海发生地震。大陆出口光缆、中美海缆、亚太 1 号等至少 6 条海底通信光缆发生中断,造成我国大陆至台湾地区、美国、欧洲的通信线路大量中断,互联网大面积瘫痪,除我国外,日本、韩国、新加坡网民均受到影响。

传统意义的物理安全包括设备安全、环境安全以及介质安全,涉及的安全技术解决了由于设备/设施/介质的硬件条件所引发的信息系统物理安全威胁问题,从系统的角度看,这一层面的物理安全是狭义的物理安全,是物理安全的最基本内容。广义的物理安全还应包括由软件、硬件、操作人员组成的整体信息系统的物理安全,即包括系统物理安全。

本章讨论的物理安全包括环境安全、设备安全、介质安全、系统安全四方面。

1. 环境安全

环境安全是指为保证信息系统安全可靠运行所提供的安全运行环境,使信息系统得到物理上的严密保护,从而降低或避免各种安全风险。技术要素包括机房场地选择、机房屏蔽、防火、防水、防雷、防鼠、防盗防毁、供配电系统、空调系统、综合布线、区域防护等方面。

2. 设备安全

设备安全是指为保证信息系统的安全可靠运行,降低或阻止人为或自然因素对硬件设备安全可靠运行带来的安全风险,对硬件设备及部件所采取的适当安全措施,其技术要素包括设备的防盗、防电磁泄露、电源保护以及设备振动、碰撞、冲击适应性等方面。

3. 介质安全

介质安全是指存储信息的介质的安全,能够安全保管、防盗、防损坏和防霉。

4. 系统安全

系统安全是指为保证信息系统的安全可靠运行,降低或阻止人为或自然因素从物理层面对信息系统保密性、完整性、可用性带来的安全威胁,从系统的角度采取的适当安全措施,如通过边界保护、配置管理、设备管理等措施保护信息系统的保密性;通过容错、故障恢复、系统灾难备份等措施确保信息系统可用性;通过设备访问控制、边界保护、设备及网络资源管理等措施确保信息系统的完整性。

5.2　环　境　安　全

5.2.1　环境安全面临的威胁

计算机的运行环境对计算机的影响非常大,影响计算机运行的环境因素主要有温度、湿度、灰尘、腐蚀、电磁干扰等,这些因素从不同侧面影响计算机的可靠工作。

1. 温度

无论是台式计算机还是笔记本,计算机元器件如 CPU、主板、显卡、声卡、网卡都是封闭在机箱内的,计算机在工作的时候,机箱内部温度很高,所以计算机都配备有风扇和散热设备,但是如果计算机持续工作或外部环境过高,计算机元器件的温度会过高,即使有散热设备也无法保证计算机处于正常工作的温度范围。计算机正常工作的温度范围是 0～45℃。当环境温度超过 60℃时,计算机系统就不能正常工作,温度每升高 10℃,电子元器件的可靠性就会降低 25%。元器件可靠性降低会直接影响计算机的正确运算,从而影响计算结果的正确性。

另外,温度对磁介质的磁导率影响很大,磁盘表面的磁介质具有热胀冷缩的特性,如果温度过高或过低,磁盘表面会发生变形,从而造成数据的读写错误;温度过高还会使插头、插座、计算机主板、各种信号线腐蚀速度加快,容易造成接触不良;温度过高也对显示器造成不良的影响,会使显示器各线圈骨架尺寸发生变化,使图像质量下降。

总之,环境温度过高或过低都容易引起硬件损坏,计算机工作的环境温度一般应控制在 20℃左右。

2. 湿度

如果环境相对湿度低于 40%,环境比较干燥;如果高于 60%,则比较潮湿。湿度过高或过低对计算机的可靠运行都有影响。

湿度过大会使元器件的表面附着一层很薄的水膜,造成元器件各引脚之间的漏电。当水膜中含有杂质时,它们会附着在元器件引脚、导线、接头表面,造成这些表面发霉和触点腐蚀。磁性介质是多孔材料,在相对湿度高的情况下,它就会吸收空气中的水分变潮,使其磁导率发生明显变化,造成磁介质上的信息读写错误。

湿度过低则意味着环境比较干燥,过于干燥就很容易产生静电。在环境非常干燥的情况下去触摸元器件,会造成元器件的损害。除此之外,过于干燥的空气还可能会造成磁介质上的信息被破坏、纸张变脆、印制电路板变形等危害。

计算机正常的工作湿度应该控制在 40%~60%。

3. 灰尘

空气中的灰尘对计算机中的精密机械装置,如磁盘、光盘驱动器影响很大。磁盘机、光盘机的读头与盘片之间的距离很小,不到 $1\mu m$,在高速旋转过程中,各种灰尘包括纤维性灰尘会附着在盘片表面,当读头靠近盘片表面读信号的时候,就可能擦伤盘片表面或者磨损读头,造成数据读写错误或数据丢失。灰尘中还可能有导电性和腐蚀性尘埃,附着在元器件与电子线路的表面,在湿度很大的情况下,会造成短路或腐蚀裸露的金属表面。因此需要对进入机房的空气进行过滤,并采取严格的机房卫生制度,降低机房灰尘的含量。

4. 电气和电磁干扰

电气和电磁干扰是指电网电压和计算机内外的电磁场引起的干扰。常见的电气干扰是指电压瞬间较大幅度的变化、突发的尖脉冲或电压不足甚至掉电。例如,机房内使用较大功率的吸尘器、电钻,机房外使用电锯、电焊机等大用电量设备,这些情况都容易在附近的计算机电源中产生电气噪声信号干扰。这些干扰一般容易破坏信息的完整性,有时还会损坏计算机设备。

对计算机正常运行影响较大的电磁干扰是静电干扰和周边环境的强电磁干扰。计算机中的芯片大部分是 MOS 器件,静电电压过高会破坏这些 MOS 器件,据统计,50%以上的计算机设备的损害直接或间接与静电有关。防静电的主要方法有:机房应该按防静电要求装修(如使用防静电地板),整个机房应该有一个独立且良好的接地系统,机房中各种电器和用电设备都接在统一的地线上。周边环境的强电磁干扰主要是指无线电发射装置、微波线路、高压线路、电气化铁路、大型电机、高频设备等产生的强电磁干扰。这些强电磁干扰轻则会使计算机工作不稳定,重则会对计算机造成损坏。

5. 停电

电子设备是计算机信息系统的物理载体,停电会使得电子设备停止工作,从而破坏信息系统的可用性,因此供电事故已经成为当前信息系统安全的一大威胁。

例如 2015 年,雷击造成比利时电网停电,谷歌设在当地的数据中心也暂时断电,尽管大部分服务器都利用备用电池和冗余电量维系短期用电,但还是造成了几十 GB 的数据丢失。还有黑客攻击电力基础设施的事件,例如,在 2015 年年底和 2016 年年初,乌克兰境内的多处变电站遭受黑客恶意软件攻击,直接导致乌克兰国内大范围停电,约 140 万家庭无电可用。

5.2.2 环境安全防护

为规范电子信息系统机房设计,确保电子信息系统设备安全、稳定、可靠地运行,GB 50174—2008《电子信息系统机房设计规范》(以下简称《规范》)对机房分级与性能要求、机房位置与设备布置、环境要求、建筑与结构、空气调节、电气、电磁屏蔽、机房布线、机房监控与安全防范、给水排水、消防等方面提出了具体要求。

1. 机房安全等级

计算机系统中的各种数据依据其重要性和保密性,可以划分为不同等级,需要提供不同级别的保护。对于高等级数据采取低水平的保护会造成不应有的损失,对不重要的信息提供多余的保护,又会造成不应有的浪费。因此,应对计算机机房规定不同的安全等级。《规范》将电子信息系统机房划分为 A、B、C 三级,设计时应根据机房的使用性质、管理要求及其在经济和社会中的重要性确定所属级别。

符合下列情况之一的电子信息系统机房应为 A 级。

(1) 电子信息系统运行中断将造成重大的经济损失。

(2) 电子信息系统运行中断将造成公共场所秩序严重混乱。

例如,国家气象台、国家级信息中心、重要的军事指挥部门、大中城市的机场、广播电台、电视台等的电子信息系统机房和重要的控制室应为 A 级。

符合下列情况之一的电子信息系统机房应为 B 级。

(1) 电子信息系统运行中断将造成较大的经济损失。

(2) 电子信息系统运行中断将造成公共场所秩序混乱。

例如,科研院所、高等院校、三级医院、大中城市的气象台、省部级以上政府办公楼、大型工矿企业等的电子信息系统机房和重要的控制室应为 B 级。

不属于 A 级或 B 级的电子信息系统机房为 C 级。

A 级电子信息系统机房内的场地设施应按容错系统配置,在电子信息系统运行期间,场地设施不应因操作失误、设备故障、外电源中断、维护和检修而导致电子信息系统运行中断。容错系统是具有两套或两套以上相同配置的系统,在同一时刻,至少有两套系统在工作。按容错系统配置的场地设备,至少能经受住一次严重的突发设备故障或人为操作失误事件而不影响系统的运行。

B 级电子信息系统机房内的场地设施应按冗余要求配置,在系统运行期间,场地设施在冗余能力范围内,不应因设备故障而导致电子信息系统运行中断。冗余系统是重复配置系统的一些部件或全部部件,当系统发生故障时,冗余配置的部件介入并承担故障部件的工作,由此减少系统的故障时间。

C 级电子信息系统机房内的场地设施应按基本需求配置,在场地设施正常运行情况下,应保证电子信息系统运行不中断。

2. 机房位置及设备布置要求

1) 机房位置选择

电子信息系统机房位置选择应符合下列要求。

(1) 电力供给应稳定可靠,交通、通信应便捷,自然环境应清洁。

(2) 应远离产生粉尘、油烟、有害气体以及生产或储存具有腐蚀性、易燃、易爆物品的场所。

（3）远离水灾、火灾隐患区域。

（4）远离强振源和强噪声源。

（5）避开强电磁场干扰。

对于多层或高层建筑物内的电子信息系统机房，在确定主机房的位置时，应对设备运输、管线敷设、雷电感应和结构荷载等问题进行综合考虑和经济比较；采用机房专用空调的主机房，应具备安装室外机的建筑条件。

2）机房组成

电子信息系统机房的组成应根据系统运行特点及设备具体要求确定，一般宜由主机房、辅助区、支持区和行政管理区等功能区组成。

主机房的使用面积应根据电子信息设备的数量、外形尺寸和布置方式确定，并预留今后业务发展需要的使用面积。辅助区的面积宜为主机房面积的 0.2～1 倍。用户工作室可按每人 3.5～4m² 计算。硬件及软件人员办公室等有人长期工作的房间，可按每人 5～7m² 计算。

3）设备布置

电子信息系统机房的设备布置应满足机房管理、人员操作和安全、设备和物料运输、设备散热、安装和维护的要求。

产生尘埃及废物的设备应远离对尘埃敏感的设备，并宜布置在有隔断的单独区域内。

当机柜或机架上的设备为前进风/后出风方式冷却时，机柜和机架的布置宜采用面对面和背对背的方式。

主机房内和设备间的距离应符合下列规定。

（1）用于搬运设备的通道净宽不应小于 1.5m。

（2）面对面布置的机柜或机架正面之间的距离不应小于 1.2m。

（3）背对背布置的机柜或机架背面之间的距离不应小于 1m。

（4）当需要在机柜侧面维修测试时，机柜与机柜、机柜与墙之间的距离不应小于 1.2m。

（5）成行排列的机柜，其长度超过 6m 时，两端应设有出口通道；当两个出口通道之间的距离超过 15m 时，在两个出口通道之间还应增加出口通道；出口通道的宽度不应小于 1m，局部可为 0.8m。

3．机房的环境条件

1）温度、湿度及空气含尘浓度

主机房和辅助区内的温度、相对湿度应满足电子信息设备的使用要求；无特殊要求时，应根据电子信息系统机房的等级，按照如表 5.1 所示要求执行。

表 5.1　机房温度、相对湿度要求

项　　目	技 术 要 求			备注
	A 级	B 级	C 级	
主机房温度（开机时）	23℃±1℃		18～28℃	不得结露
主机房相对湿度（开机时）	40%～55%		35%～75%	
主机房温度（停机时）	5～35℃			

续表

项　　目	技术要求			备注
	A 级	B 级	C 级	
主机房相对湿度(停机时)	40%～70%		20%～80%	不得 结露
主机房和辅助区温度变化率(开、停机时)	<5℃/h		<10℃/h	
辅助区温度、相对湿度(开机时)	18～28℃、35%～75%			
辅助区温度、相对湿度温度(停机时)	5～35℃、20%～80%			
不间断电源系统电池室温度	15～25℃			

A 级和 B 级主机房的含尘浓度,在静态条件下测试,每升空气中大于或等于 0.5μm 的尘粒数应少于 18 000 粒。

对于重要的系统机房,应安装吹尘、吸尘设备,排除进入人员所带的灰尘。空调系统进风口应安装空气滤清器,并应定期清洁和更换过滤材料,以防灰尘进入,同时进风压力要大,房间要密封,使室内空气压力高于室外,防止室外灰尘进入室内。

2)噪声、电磁干扰、振动及静电

有人值守的主机房和辅助区,在电子信息设备停机时,在主操作员位置测量的噪声值应小于 65dB(A)。

主机房内无线电干扰场强,在频率为 0.15～1000MHz 时,主机房和辅助区内的无线电干扰场强不应大于 126dB。

主机房和辅助区内磁场干扰环境场强不应大于 800A/m。

在电子信息设备停机条件下,主机房地板表面垂直及水平向的振动加速度值,不应大于 500mm/s^2。

主机房和辅助区的绝缘体的静电电位不应大于 1kV。

机房场地环境要求更详细的内容,可以参阅 GB 50174—2008《电子信息系统机房设计规范》。

5.3　设 备 安 全

视频讲解

5.3.1　设备安全面临的威胁

1. 计算机硬件容易被盗

纵观 PC 的发展历史,微型化、移动化是其发展趋势。人们最早使用的是 CRT 显示器和较大的机箱,设备非常笨重,目前 CRT 显示器已经被液晶显示器取代;便携式计算机、以 iPad 为代表的智能移动终端的出现给人们的工作和娱乐带来了方便。PC 朝着体积越来越小,越来越便携的方向发展,给人们带来便利的同时也带来了容易被盗窃的风险。目前,PC 的机箱一般都设计成便于用户打开的,有的甚至连螺钉旋具也不需要,而便携式计算机、智能移动终端整个机器都能够很容易被搬走,其中数据的安全就更谈不上了。

2. 电磁泄露

电磁泄露是指电子设备的杂散(寄生)电磁能量通过导线或空间向外扩散,使用专门的接收设备将这些电磁辐射接收下来,经过处理,就可以恢复还原出原信息,如图 5.1 所示。任何处于工作状态的电磁信息设备如主机、磁盘、显示器、打印机等工作时都会产生不同程度的电磁泄露,尤其是显示器,由于显示的信息是给人阅读的,不加任何保密措施,因此其产生的辐射是最容易造成泄密的。随着信息技术设备处理速度的不断提高,电磁发射的强度也不断增强,对信息设备安全的威胁也就越大。

图 5.1 电磁泄露的还原效果

计算机及其外部设备的信息可以通过两种方式泄露出去。一种是以电磁波的形式辐射出去,称为辐射泄露。经实际仪器测试,在距离计算机几百米以外的距离可以根据接收到的电磁波复现显示器上显示的信息,计算机屏幕上的信息在其所有者毫不知晓的情况下泄露出去。1985 年,在法国召开的"计算机与通信"国际会议上,荷兰的一位工程师 Winvan Eck 公开了他窃取微机信息的技术。他用价值仅几百美元的器件对普通电视机进行改造,然后装在汽车里,从楼下的街道接收到了放置在 8 层楼上的计算机电磁泄露的信息,并显示出计算机屏幕上显示的图像。另一种是通过各种线路和金属管传导出去的,称为传导泄露。例如,计算机的电源线、机房内的电话线、上(下)水管道和暖气管道、地线等都可能作为传导介质。这些金属导体有时也起着天线作用,将传导的信号辐射出去。在这些泄露源中,最大量和最基本的辐射源是载流导线。美国曾于 20 世纪 70 年代在苏联领海纵深内部的鄂霍次克海 120m 深的海底军事通信电缆上安装了 6m 长的窃听设备,记录了所有经过电缆的通信信号,由于没有采取任何加密措施,大量的军事情报便轻而易举地落在了美国人的手里。

理论分析和实际测量表明,影响计算机电磁辐射强度的因素如下。

(1)功率和频率。设备的功率越大,则辐射强度越大。信号频率越高,则辐射强度越大。

(2)距离因素。在其他条件相同的情况下,离辐射源越近,则辐射强度就越大;离辐射源越远,则辐射强度越小。也就是说,辐射强度与距离成反比。

(3)屏蔽状况。辐射源是否屏蔽,屏蔽情况的好坏,对辐射强度的影响都很大。

3. 电气与电磁干扰

电气干扰是指电网电压引起的干扰，常见的电气干扰是指电压瞬间较大幅度的变化、突发的尖脉冲或电压不足甚至掉电。例如，机房内使用较大功率的吸尘器、电钻，机房外使用电锯、电焊机等大用电量设备，这些情况都容易在附近的计算机电源中产生电气噪声信号干扰。这些干扰一般容易破坏信息的完整性，有时还会损坏计算机设备。防止电气干扰的办法是采用稳压电源或不间断电源，为了防止突发的电源尖脉冲，对电源还要增加滤波和隔离措施。

电磁干扰是指经辐射或传导的电磁能量对设备或信号传输造成的不良影响。过去人们往往认为计算机是具有逻辑特征的数字系统，受电磁干扰的影响不大，但随着微电子技术的发展，计算机已朝高速度、高灵敏度、高集成度的方向发展，使得系统的抗电磁干扰度降低。比较常见的一种现象就是，站在电视机前或计算机前使用手机时，计算机中会出现波形，这就是电磁干扰。

一方面，计算机本身会产生电磁干扰。计算机中的元器件长期使用后其性能会衰减，它们的性能参数往往会偏离理论值，加之工作环境温度不稳定，引起电子线路、设备或系统内部元器件参数改变，从而使元器件存在不同程度的噪声干扰；每个元器件和每根导线上均流过一定大小的电流，因此其周围都会形成一定大小的磁场。当计算机电路中的元器件或线路布局不合理，电路间耦合不良时，就会在导线间产生分布电容或电感，寄生耦合便通过它们耦合进计算机，使信号畸变出错；如果信号线阻抗与负载阻抗不完全匹配，脉冲信号就会在传输线中产生反射现象，使信号波形产生瞬时冲击，造成电路逻辑故障。计算机插件印制板金属化孔通导不良，印制线粗细不均匀，都会产生信号反射干扰；计算机中的高频电路不仅会产生时序信号，还会产生辐射干扰。计算机内部产生的电磁干扰不但会造成计算机本身的工作异常，而且还可能造成计算机数据信息的失密和失窃。

另一方面，计算机外部的设备也会产生电磁干扰。计算机工作在一段很宽的工作频率范围内，它基本上与工业、科技、医学高频设备、广播、电视、通信、雷达等射频设备的工作频段相同，致使计算机工作在一个相当复杂的电磁环境中，容易受这些设备干扰。如果计算机房内使用较大功率的吸尘器、电钻，机房外使用电锯、电焊机等大用电量设备，这些设备的使用会对计算机信号造成干扰，甚至会造成传输信息的丢失，计算机设备的破坏。来自大自然的雷电、大气放电、地球热辐射的干扰会产生随机电流，轻则增加电噪声干扰，使计算机信息出错，重则使计算机元器件击穿，使计算机设备损坏；静电危害是计算机、半导体器件的"大敌"，是造成微机半导体损坏的基本原因。有研究指出，当穿塑料鞋走动，穿尼龙或丝绸工作服在工作台前长期工作时都可能产生很高的静电电压，不仅会使磁记录破坏，还会使计算机设备外壳产生静电感应。

因此，外部电磁环境的干扰和系统内部的互相干扰，严重威胁着计算机系统工作的稳定性和可靠性。

5.3.2 设备安全防护

设备安全防护包括设备的防盗、防止电磁泄露、抗电磁干扰、电源保护等。

1．设备防盗

设备防盗就是利用一定的防盗手段保护计算机信息系统的设备和部件，以提高计算机信息系统设备和部件的安全性。早期的防盗主要采取增加质量或胶黏的方法，使设备长久固定或黏接在一个固定点。虽然增加了安全性，但对于移动和调整位置十分不便。之后，又出现了将设备和固定盘用锁连接，打开锁才能搬运设备的方法。常见的锁有机箱锁扣、Kensington 锁孔、机箱电磁锁等。

机箱锁扣实现方式非常简单。在机箱上固定一个带孔的金属片，然后在机箱侧板上打一个孔，当侧板安装在机箱上时，金属片刚好穿过锁孔，此时用户在锁孔上加装一把锁就实现了防护功能。这种锁实现起来比较简单，造价低，但防护强度有限，安全系数低。

Kensington 锁孔是由美国的 Kensington 公司发明，因此而得名。Kensington 锁孔需要配合 Kensington 线缆锁来实现防护功能。使用时将钢缆的一头固定在桌子或其他固定装置上，另一头将锁头固定在机箱上的 Kensington 锁孔内，就实现了防护功能。其特点是固定方式灵活，对于一些开在机箱侧板上的 Kensington 锁孔，不仅可以锁定机箱侧板，而且钢缆还能防止机箱被人挪动或搬走。

机箱电磁锁主要应用于高端商用 PC 产品上，实现方式是将电磁锁安装在机箱内，嵌入在 BIOS 中的子系统通过密码实现电磁锁的开关管理。这种防护方式更加安全和美观，也是一种人性化的安全防护方式，如图 5.2 所示。

图 5.2　机箱电磁锁

另外还有一种使用光纤电缆保护设备的方法，这种方法是将光纤电缆连接到每台重要的设备上，光束沿光纤传输，如果通道受阻，则报警。这种保护装置比较简单，一套装置可以保护机房内所有的重要设备，并且设备还可以随意移动、搬运。

一种更方便的方法是使用智能网络传感设备。将传感设备安放在机箱边缘，当机箱盖被打开时，传感开关自动复位，此时传感开关通过控制芯片和相关程序，将此次开箱事件自动记录到 BIOS 中或通过网络及时传给网络设备管理中心，实现集中管理。智能网络传感设备是一种创新的防护方式，但对电源和网络的依赖性大。如果在关掉电源和切断网络的情况下打开机箱，则传感器是无法捕获到的。

另外，安装视频监视系统也是必不可少的，视频监视系统是一种更为可靠的防护设备，能对系统运行的外围环境、操作环境实施监控。对重要的机房，还应采取特别的防盗措施，如值班守卫，出入口安装金属防护装置保护安全门、窗户。

2．防电磁泄露

计算机是一种非常复杂的机电一体化设备，工作在高速脉冲状态的计算机就像是一台很好的小型无线电发射机和接收机,不但产生电磁辐射泄露保密信息,而且还可以引入电磁干扰影响系统正常工作。尤其是在微电子技术和卫星通信技术飞速发展的今天,计算机电磁辐射泄密的危险越来越大。国际上把信息辐射泄露技术简称为 TEMPEST (Transient ElectroMagnetic Pulse Emanations Standard Technology,瞬时电磁脉冲发射标准技术),这种技术主要研究与解决计算机和外部设备工作时因电磁辐射和传导产生的信息外漏问题,具体研究内容包括:电子设备辐射的途径与方式、对电子信息设备辐射泄露如何防护、如何从辐射信息中提取有用信息、信息辐射的测试技术与测试标准。

计算机设备的防泄露措施主要有屏蔽技术、使用干扰器、滤波技术、采用低辐射设备、隔离和合理布局等。

1) 屏蔽技术

屏蔽是 TEMPEST 技术中的一项基础措施。屏蔽最典型的例子就是电梯,电梯提供了一个屏蔽的环境,屏蔽的效果是在电梯中手机接收不到信号了。根据不同的需要屏蔽方法包括整体屏蔽、设备屏蔽和元器件屏蔽。整体屏蔽的方法是采用金属网把需要保护的房间屏蔽起来,为了保证良好的屏蔽效果,金属网接地要良好,并且要经过严格的测试验收。整体屏蔽技术适用于需要处理高度保密信息的场合,如军、政首脑机关的信息中心和驻外使馆等地方,应该将信息中心的机房整个屏蔽起来。整体屏蔽的费用比较高,出于对成本的控制和保密性要求的降低,也可以将设备屏蔽,把需要屏蔽的计算机和外部设备放在体积较小的屏蔽箱内,该屏蔽箱要很好地接地,对于从屏蔽箱内引出的导线也要套上金属屏蔽网。对于电子线路中的局部元器件如 CPU、内存条等强辐射部件可采用屏蔽盒进行屏蔽。

2) 使用干扰器

干扰器是一种能辐射电磁噪声的电子仪器,它通过增加电磁噪声降低辐射泄露信息的总体信噪比,从而增大辐射信息被截获后破解还原的难度,达到"掩盖"真实信息的目的。具体的方法是将一台能产生噪声的干扰器放置在计算机设备的旁边,干扰器产生的噪声与计算机设备产生的信息辐射一起向外泄露。

干扰技术可分为白噪声干扰技术和相关干扰技术两种。白噪声干扰技术的原理是使用白噪声干扰器发出强于计算机电磁辐射信号的白噪声,起到阻碍和干扰接收的作用。这种方法有一定的作用,但由于要靠掩盖的方式进行干扰,发射的功率又必须足够强,所以会造成控件的电磁污染,而白噪声干扰也容易被接收方使用较为简单的方法进行滤除或抑制解调接收。相关干扰技术的原理是使用相关干扰器发出能自动跟踪计算机电磁辐射信号的相关干扰信号,使电磁辐射信号被扰乱,起到乱数加密的效果,使接收方即使接收到电磁辐射信号也无法调节出信号锁携带的真实信息,如图 5.3 所示。相对于白噪声干扰技术,相关干扰技术对环境的电磁污染较小,且使用简单,效果显著,比较适合于单独工作的个人计算机上。

3) 滤波技术

滤波能非常有效地减少和抑制电磁泄露,是抑制传导泄露的主要方法之一。主要方法是在信号传输线、公共接地线及电源线上加装滤波器。

图 5.3　相关干扰器

4）采用低辐射设备

低辐射设备是指在设计和生产计算机设备时,就对可能产生电磁辐射的元器件、集成电路、连接线、显示器等采取了防辐射措施,把电磁辐射抑制到最低限度。由于制造低辐射设备所使用的材料成本较高,它的造价也比较昂贵。使用低辐射计算机设备是防止计算机电磁辐射泄露的较为根本的防护措施。

5）隔离和合理布局

隔离是将信息系统中需要重点防护的设备从系统中分离出来,加以特别防护,并切断其与系统中其他设备间的电磁泄露通路。合理布局是指合理放置信息系统中的关键设备,并尽量拉大涉密设备与非安全区域的距离。让计算机房远离可能被侦测的地点,这是因为计算机辐射的距离有一定限制,超过 300m,即使攻击者接收到辐射信号也很难还原。对于一个单位而言,计算机房尽量建在单位辖区的中央地区而不是边缘地区。若一个单位辖区的半径小于 300m,距离防护的效果就有限。

对计算机与外部设备究竟要采取哪些防泄露措施,要根据计算机中的信息的重要程度而定。对于企业而言,需要考虑这些信息的经济效益,在选择保密措施时,不应该花费 100 万元去保护价值 10 万元的信息,对于军队则需要考虑这些信息的保密级别。

3. 防电磁干扰

防制计算机受到电磁干扰的主要手段有接地、屏蔽、滤波。

1）接地

良好的接地系统,一是可以消除各电路之间流经公共阻抗时所产生的公共抗阻干扰和雷击,避免计算机电路受磁场和电位差的影响,二是可保证设备及人身安全。理想的接地面为零电位,各接地点之间无电位差。在接地设计时,应注意交流地、直流地、防雷地和安全地的接地线要分开,不要互连,复杂电路要采用多点接地和公共地等。

2）屏蔽

电磁屏蔽是对两个空间区域之间进行金属的隔离,以控制电场、磁场和电磁波由一个区域到另一个区域的感应和辐射。具体地讲,就是用屏蔽体将元部件、电路、电缆或整个系统的干扰源包围起来,防止干扰电磁场向外扩散;用屏蔽体将接收电路、设备或系统包围起来,防止它们受到外界电磁场的影响。在计算机工程中,凡是受到电磁场干扰的地方都可以用屏蔽的方法来削弱干扰,以确保计算机正常运行。

屏蔽材料通常采用高导电性的材料,如铜板、铜箔、铝板、铝箔、钢板或金属镀层、导电涂层。由于电磁干扰无孔不入,因此屏蔽体上应尽量少留开口,还可以根据需要采取不同的金属材料组成的多层屏蔽体。

3)滤波

滤波是抑制和防止干扰的一项重要措施。在一定的频带内,滤波器衰减很小,电能很容易通过,而在此频带外衰减则很大,能有效抑制传输。应在计算机的线路板上采取适当的滤波措施,防止外部的电磁干扰,同时又能使脉冲信号的高频成分大大减少,从而使线路板的辐射得到改善。

视频讲解

5.4 媒体(介质)安全

5.4.1 媒体安全面临的威胁

常见的信息存储媒体有磁盘、光盘、U盘、移动硬盘、打印纸等,这些媒体上存储了大量有用信息甚至机密信息,是各类黑客或攻击者进行盗窃、破坏和篡改的目标。光盘、U盘、移动硬盘、打印纸等体积小、易携带,成为最容易造成信息泄露的设备,下面首先讨论硬盘面临的安全威胁。

硬盘面临的安全威胁如下。

(1)目前PC的硬盘是很容易安装和拆卸的,导致硬盘容易被盗。

(2)硬盘上的文件几乎没有任何保密措施,如果硬盘被盗了,那么硬盘上的文件、信息、办公秘密、商业机密也就暴露无遗。目前比较常用的办公软件 Word 可以通过设置保护密码和限制访问进行文件保护,但为了办公方便,使用得极少,而且在强大的破译软件面前,这种密码保护根本不堪一击。

(3)文件删除操作留下的隐患。文件的删除操作是人们经常执行的操作,系统在执行删除操作时,数据是否在磁盘上不存在了呢?实际上,文件删除操作仅在文件目录中做了一个标记,并没有删除文件本身数据存储区,数据仍然残留在磁盘上,直到新的数据覆盖,如图5.4所示。这段时间内信息泄露的可能性比较大。

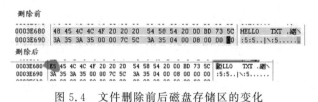

图5.4 文件删除前后磁盘存储区的变化

(4)硬盘本身的脆弱性。磁盘本身很容易被划坏或被各种硬物碰伤或受潮霉变,硬盘上的数据也随之而变得无法读取。

媒体面临的安全威胁还来自管理方面的缺陷,在媒体的使用和管理上存在如下4方面的缺陷。

(1)缺乏对媒体的管理和维护能力,一旦存储有重要、敏感信息的媒体发生故障,只能销毁或冒着泄密的重大危险到固定维修点甚至国外去维修。

（2）对存储有敏感信息的媒体没有专门的存放场所，而是和一般办公文件一起存放，造成一旦办公场所发生火灾等突发危险时，媒体随之而遭殃。

（3）缺乏对媒体的分类和拷贝限制。没有根据媒体的重要程度进行分类存放，且对媒体中信息的拷贝流程没有严加管理，信息拷贝几乎人手一份，所以媒体中的信息也毫无秘密可言。

（4）缺乏媒体的管理办法。没有形成对媒体分类存放和拷贝管理方法，以及相应的复制登记制度、媒体处理和销毁制度。

5.4.2　媒体安全防护

媒体的安全防护应从加强磁盘安全保密控制和加强媒体安全管理两方面入手。

1. 加强磁盘安全保密控制

可以通过磁盘加密技术和磁盘信息清除技术加强对磁盘及其存储信息的安全保护。

磁盘加密技术是指使用加密工具对存储在磁盘上的信息进行加密，即使存储信息被第三方窃取或复制，也很难读懂，从而保证信息不被泄露。具体的磁盘信息加密技术还可细分为文件加密、目录加密、数据库加密和整盘数据加密。具体应用可视磁盘信息的保密强度要求而定。

磁盘清除技术可以分为直流消磁法和交流消磁法两种。直流消磁法是使用直流磁头将磁盘上原先记录信息的剩余磁通全部以一种形式的恒定值来代替。通常，完全格式化方式格式化磁盘就是这种方法。交流消磁法是使用交流磁头将磁盘上原先所记录信息的剩余磁通变得极小，这种方法的消磁效果比直流消磁法的效果要好，消磁后磁盘上的残留信息强度可比消磁前下降 90dB。

2. 加强媒体安全管理

（1）设置管理人员对媒体进行专门管理。一方面所有对存储媒体的访问应当由管理员统一进行管理，另一方面管理员要负责所有媒体的接收和发出，并做好相应的核准和记录工作。

（2）做好媒体的归档工作。任何媒体都要有完整的归档记录，归档文件要清楚、齐全，一旦投入使用，任何人未经批准不得增、删、改。

（3）加强敏感媒体的管理。所有媒体应采用物理方法标识出密级；造册登记，编制目录，集中管理；复制、传递、使用、发放都要有审批签字手续，归还时要严格复核手续等；凡属规定密级的各种记录媒体，禁止使用中途转借给他人；保密的存储介质或文件在不使用时应存放在安全的地点并锁在安全器内；销毁必须登记，并由承办人填写销毁记录。

（4）当存储媒体不使用时，在转交给他人使用之前，不能只做简单的删除操作，而必须把存储在上面的保密数据彻底格式化。

（5）如果要对关键敏感性的媒体进行销毁，可以采取物理粉碎、强磁场消磁和高温焚烧等方法进行销毁，同时也要注意销毁的登记。

5.5　系统安全和可靠性技术

1. 系统安全和可靠性的定义

系统安全是指为保证信息系统安全可靠运行而采取的安全措施,可用性和可靠性是衡量系统安全的主要指标。

可用性是指系统在规定条件下,完成规定功能的能力。系统可用性用可用度来衡量。系统在 t 时刻处于正确状态的概率称为可用度,用 $A(t)$ 来表示。

$$A(t)=平均无故障时间/(平均无故障时间+平均修复时间)$$

平均无故障时间(Mean Time Between Failures,MTBF)是指两次故障之间能正常工作的平均时间。故障是指由于部件的物理失效、环境应力的作用、操作错误或不正确的设计,引起系统的硬件或软件的错误状态。故障既可能是元器件故障、软件故障,也可能是人为攻击造成的系统故障。

平均修复时间(Mean Time Repair a Failure,MTRF)是指从故障发生到系统恢复所需要的平均时间。

可用性还表现在以下3方面。

1)可靠性

如果系统从来没有故障,那么可用性就是100%,但这基本上是不可能的,所以引进一个辅助参数——可靠性,即在一定的条件下,在指定的时期内系统无故障地执行指定任务的可能性。系统可靠性采用可靠度来衡量。可靠度是指在 t_0 时刻系统正常运行的条件下,在给定的时间间隔内,系统仍然能执行其功能的概率。

2)可维修性

可维修性是指系统发生故障时容易进行修复以及平时易于维护的程度。可维修性可表现为平均修复时间,在指定时间内恢复服务的可能性。

3)维修保障

维修保障即系统发生故障时,后勤支援的能力。

因计算机系统硬、软件故障降低信息系统的可靠性,提高信息系统可靠性一般采取避错和容错技术,为抵御灾难造成的信息系统不可用,可采用容灾备份技术实现对灾难的容忍。

2. 提高信息系统可靠性的措施

提高信息系统的可靠性一般采取避错、容错和容灾备份技术。

1)避错

避错即通过提高信息系统软硬件的质量以抵御故障的发生,要求组成系统的各个部件、器件、软件具有高可靠性,不允许出错或出错率极低。通过精选元器件、严格的工艺、精心的设计来提高可靠性。在现有条件下,避错设计是提高系统可靠性的有效办法。受人们认知的局限性和技术水平的限制,避错不能完全消除错误的发生。

2)容错

一个系统无论采用多少避错方法,对于可靠性的提高都是有限的,因为不可能保证永远不出错。因此,还要发挥容错技术,使得在故障发生时,系统仍能继续运行,提供服务与资源。容错设计是在承认故障的情况下进行的,是指在计算机内部出现故障的情况下,计算机仍能正确地运行程序并给出正确结果的设计。

3) 容灾备份

容灾备份是信息系统安全的基础设施,对重要信息系统建立容灾备份系统,可以防范和抵御灾难发生给信息系统造成的毁灭性打击。

5.6　隔离网络安全防护

5.6.1　隔离网络定义

隔离网络一般是指不连接互联网的计算机和网络设备组成的封闭的、独立的安全网络。政府机构、金融机构、军事机构和能源、交通、电力等基础行业都会构建隔离网络以保护重要数字资产。针对这类隔离网络,传统的黑客渗透攻击手段都会失效。但隔离网络并不代表着绝对安全,它只能隔离计算机数字资产的网络访问,无法阻断利用物理介质传输数据,如 U 盘、光盘等数据存储介质,键盘、鼠标等硬件设备。非安全的硬件设备和数据存储介质进入隔离网络,极有可能成为黑客渗透入侵隔离网络的桥梁。

维基解密于 2017 年 6 月 22 日解密了美国中央情报局(CIA)穹顶 7(Vault7)网络武器库中的第十二批档案,分别是"野蛮袋鼠"(Brutal Kangaroo)和"激情猿猴"(Emotional Simian)项目。被披露的档案中详细描述了美国情报机构如何远程隐蔽地入侵封闭的计算机网络或独立的安全隔离网络。

5.6.2　隔离网络典型攻击手段和案例

1. "震网三代"病毒攻击原理和流程

2010 年 6 月,"震网"病毒首次被发现,它被称为有史以来最复杂的网络武器,使用了 4 个 Windows 0day 漏洞用于攻击伊朗的封闭网络中的核设施工控设备,称为"震网一代"。时隔两年,2012 年 5 月,"火焰"病毒利用了"震网一代"相同的 Windows 漏洞作为网络武器攻击了多个国家,在一代的基础上新增了更多的高级威胁攻击技术和 0day 漏洞,定义它为"震网二代"。维基解密公开的 CIA 穹顶 7 网络武器库资料表明,其攻击封闭网络的方式和前两代"震网"病毒的攻击方式相似,并使用了新的未知攻击技术,一般定义它为"震网三代",其主要针对微软 Windows 操作系统进行攻击,通过 USB 存储介质对安全隔离网络进行渗透攻击和窃取数据,其对安全隔离网络的攻击原理和流程如图 5.5 所示。

(1) 配置。在攻击者计算机(图 5.5 中的基础端)上进行恶意代码开发和攻击软件生成。

(2) 传输。将生成的攻击软件通过网络传输或存储介质拷贝等方式传输到可能发起攻击的连接互联网的计算机(图 5.5 中主要计算机),在计算机中植入恶意程序。

(3) 感染。凡是接入被感染计算机(图 5.5 中主要计算机)的 USB 存储设备(如 U 盘或移动硬盘),都会被植入恶意程序,整个 USB 存储设备将会变成一个数据中转站,成为新的感染源。

（4）执行。如果这个被感染的 USB 存储设备插入到隔离网络的计算机（图 5.5 中的目标机）中，恶意程序就会在隔离网络计算机后台偷偷运行，等待窃取各类信息。

（5）部署。隔离网络中被感染计算机中运行的恶意程序还会通过修改注册表，修改系统核心文件，实现隐藏自身、开机自动运行等功能。

（6）收集。恶意程序在后台运行，按照需要收集各类 Word、PPT、Excel、PDF 等文件数据，被复制到被感染移动存储介质的隐藏目录中。

（7）卸载。用户隔离网络计算机（图 5.5 中目标机）中卸载移动存储介质。

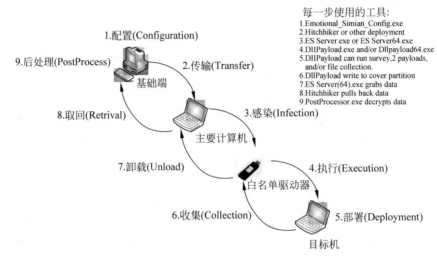

每一步使用的工具:
1.Emotional_Simian_Config.exe
2.Hitchhiker or other deployment
3.ES Server.exe or ES Server64.exe
4.DllPayload.exe and/or Dllpayload64.exe
5.DllPayload can run survey,2 payloads, and/or file collection.
6.DllPayload write to cover partition
7.ES Server(64).exe grabs data
8.Hitchhiker pulls back data
9.PostProcessor.exe decrypts data

图 5.5　文件删除前后磁盘存储区的变化

（8）取回。当保存有窃取信息的移动存储介质插回连接互联网的被攻击计算机（图 5.5 中主要计算机），被攻击计算机中后台运行的恶意程序就会读取移动存储介质中存放的被窃取数据，并秘密发送给攻击者计算机（图 5.5 中基础端）。

（9）后处理。攻击者计算机收到被窃取的信息后按需进行处理。

更可怕的是，多台封闭网络中被感染的计算机彼此间会形成一个隐蔽的网络，用于数据交换和任务协作，并在封闭网络中持续潜伏攻击。

2. "冲击钻"攻击原理和流程

维基解密的创始人阿桑奇于 2017 年 3 月 9 日左右发布一段 2min 的视频专门解释了一个入侵安全隔离网的网络武器"冲击钻"（Hammer Drill），并在同年 3 月 19 日在维基解密网站公布了该项目详细开发文档。

"冲击钻"是通过劫持 Windows 系统上的光盘刻录软件，感染光盘这类数据传输介质的方式，以达到入侵隔离网络的目的。在该项目的开发文档中详细介绍了感染光盘的步骤，下面进行简要分析。

（1）冲击钻会启动一个线程通过 Windows 操作系统的 WMI 接口来监控系统进程。

（2）如果在进程列表中发现 NERO EXPRESS. EXE 和 NERO STARTSMART. EXE 等光盘刻录软件进程名，就会往进程中注入一个恶意的 DLL 文件，并劫持进程的读文件操作。

（3）如果发现光盘刻录软件读入了 PE 可执行文件，就篡改文件，注入 shellcode 恶意代码。

最终，光盘刻录软件读取编辑的 PE 可执行文件都会被感染，这个光盘将成为一个恶意感染源，如果光盘被接入隔离网络使用，计算机操作人员不慎运行或安装了其中的软件，黑客也就成功渗透了隔离网络。由于资料只披露了 HammerDrill 2.0 的开发笔记，没有利用高级的安全漏洞技术，但在技术上推测实际上可以作为"震网三代"的一个辅助攻击组件，配合震网三代感染光盘等软数据存储介质。

3. "BadUSB"攻击流程和原理

在维基解密披露的 CIA 知识库文档中还介绍了"BadUSB"技术，实际上这是近年计算机安全领域最热门的攻击技术之一，黑客已经广泛利用了该技术，其攻击原理和流程如图 5.6 所示。"BadUSB"主要是利用恶意的 HID（Human Interface Device，即计算机直接与人交互的设备，例如键盘、鼠标等）设备和无线网卡设备进行攻击，而与正常的普通的 HID 不同，这类设备被黑客定制小型化，外形和一个 U 盘没有任何差别。

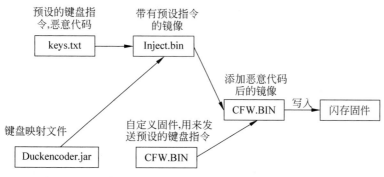

图 5.6　BadUSB 攻击原理和流程图

类似的 HID 设备一旦插入计算机就会被模拟成键盘自动输入恶意代码运行，而 NSA（美国国家安全局）的另外一个强大的无线间谍工具水蝮蛇一号（COTTONMOUTH-I），也是看起来像一个普通 U 盘，但实际上是一个恶意的小型计算机，在被披露的文档中介绍了它可以创建一个无线桥接网络接入到目标网络中，然后通过这个无线网络控制目标计算机。

5.6.3　隔离网络安全防护技术

封闭的隔离网络并不意味着绝对安全。隔离网络除了要修复系统和软件的安全漏洞，还要加强管理严格控制数据的进出，包括外部数据存储介质和硬件设备的接入。

（1）物理隔离计算机、电视机、打印机、扫描仪等设备，一定要把出厂携带的无线网卡和蓝牙等设备进行拆除或禁用，防止出现利用无线网络的注入攻击或信息泄露。

（2）对隔离网络使用的信息设备的供应链进行严格管理，防止供应商通过供应链对设备芯片和物理配件进行更替。

（3）对隔离网络信息处理设备使用进行严格控制，禁止隔离网络设备有意或无意连接国际互联网。

（4）对隔离网络移动存储介质和光盘等使用进行严格管理,禁止个人移动存储设备和光盘插入隔离网络计算机中使用。

5.7 容 错 技 术

容错是一种可靠性保障技术,利用冗余的资源使计算机具有容忍故障的能力,即在发生故障的情况下,计算机仍有能力完成指定的任务或继续向外提供正确的服务。

人们对容错技术的研究开始得很早,1952年,冯·诺依曼就在美国加利福尼亚理工学院做过5个关于容错理论研究的报告,他的精辟论述成为以后容错研究的基础。容错技术最早在硬件上研究和实现,在1950—1970年得到了重大的发展,并成为一种成熟的技术应用于实际系统中,如双CPU、双电源。到20世纪60年代末,出现了以自检、自修计算机STAR为代表的容错计算机。20世纪70年代容错技术的应用和研究范围迅速扩大至交通管制、工厂自动化、电话开关等领域,并且出现了用软件实现容错的SIFT计算机。20世纪80年代,容错技术的研究随着计算机的普及深入到各个行业,许多公司生产的容错计算机如Stratus容错计算机系列,IBM System 88等已商品化并推入市场。

容错技术主要是通过冗余设计来实现。冗余就是超过系统实现正常功能的额外资源。它以增加资源的办法来换取可靠性。根据增加资源的不同,容错技术可以分为硬件容错、软件容错、信息容错和时间容错。

1. 硬件容错

硬件容错用以避免由于硬件造成的系统失效,通过硬件的物理备份来获得容错能力,如冗余处理器、冗余内存、冗余电源等。广泛应用的硬件冗余之一是硬件堆积冗余,在物理级通过原件的重复获得。硬件容错还可以通过待命储备冗余实现,系统中设置$m+1$个模块,只有一个处于工作状态,其余m块都处于待命接替状态,一旦工作模块出了故障,立刻切换到一个待命储备模块,当换上的储备模块发生故障,又切换到另一储备模块,直至资源枯竭。目前,硬件容错广泛应用于信息关键系统中,例如,民航飞机中总有几套计算机系统同时运行,磁盘冗余阵列是硬件容错的典型。

2. 软件容错

软件容错用以避免由于软件引起的系统失效。软件容错的基本思想是用多个不同的软件执行同一功能,利用软件设计差异来实现容错。通过提供足够的冗余信息与算法程序,使系统在实际运行中能够及时发现程序错误,采取补救措施,保证整个计算的正确运行。执行同一任务采用的不同软件程序组成一个有机整体,完成错误检测、程序系统重组及系统恢复等多项功能,达到利用设计差异实现容错的目的。

3. 数据容错

数据容错是指增加额外的数据位以检测或纠正数据在运算、存储及传输中的错误。编码技术是一种数据容错技术,它通过在数据中附加冗余的信息以达到故障检测和故障掩蔽或容错的目的,包括检错编码与纠错编码技术。检错编码可以自动发现错误,而纠错编码具有自动发现错误和纠正错误的能力。编码技术常用在信息的存储、传输和处理中。

在计算机系统中,常用的编码技术有奇偶校验码、循环冗余校验码和扩展海明码等。

4. 时间容错

时间容错是通过消耗时间资源来实现容错,其基本思想是重复执行指令或程序来消除故障带来的影响。按照重复运算在指令级还是程序级可以分为指令复执和程序卷回。指令复执就是当机器检测到错误后,让当前指令重复执行若干次,如果错误是瞬时的,在指令复执期间,有可能不再出现,程序就可继续向前运行;如果在指令复执期间不能纠正错误,则需要通过人工干预或调用诊断程序来消除错误。程序卷回是重复执行一小段程序,常用回滚技术实现。例如,将机器运行的某一时刻作为检查点,此时检查系统运行的状态是否正确,无论正确与否,都将这一状态存储起来,一旦出现运行故障,就返回到最近一次正确的检查点重新运行。

这四种容错技术中最重要也是应用最多的是硬件容错和软件容错,也是本节学习的重点。

5.7.1 硬件容错

硬件容错是通过硬件冗余实现的,硬件冗余通过在一个硬件部件中提供两个或多个物理实体实现冗余,是在给定器件可靠性的前提下提高系统组成部件可靠性的有效方法。硬件冗余有以下三种基本形式。

1. 被动冗余

在无须其他操作的情况下,通过屏蔽故障实现容错。三模冗余(Triple Modular Redundancy,TMR)是被动冗余的典型代表。TMR 首先利用三份硬件同时进行相同功能的计算,再通过投票器从三份计算结果中选择正确的计算结果。如果三份硬件中有一个发生故障,产生错误计算结果,则投票器将剩余两个硬件产生的相同计算结果作为最终计算结果。根据应用的不同,三模冗余的硬件可以是处理器、存储器、电源等。值得注意的是,由于投票器使用少数服从多数的算法,因此 TMR 仅能够屏蔽一个故障部件,为了屏蔽更多的故障部件,则需要使用 5MR、7MR 等更高模的冗余。

2. 主动冗余

在容错之前首先进行故障检测,在故障检测后再进行故障定位和故障恢复工作,从而移除系统中的故障部件。备用备件是一种主动冗余方法,在一个 n 模冗余的备用备件方法中,n 个模块中只有一个是活跃的,而其他 $n-1$ 个模块都作为备份使用。每个模块都有一个故障检测器,并将所有模块连接在一个选择器上。当活跃模块的故障检测器发现故障后,选择器将从备份模块中选择一个模块作为新的活跃模块。

3. 混合冗余

结合了被动冗余和主动冗余的方法,利用主动冗余防止大量错误的产生;利用被动容错实现故障部件的更换。例如,可以在使用 TMR 的基础上,将投票器选择的正确结果反馈给所有冗余模块,各个模块通过将自己的计算结果与反馈结果进行比较,从而判断该模块是否为故障模块,并决定是否将自己移除。

5.7.2 软件容错

随着软件功能和性能的飞速提升,软件变得越来越复杂,软件由于设计缺陷或误操作而引发系统错误的概率也不断提高。统计数据表明,当前计算机系统中60%～90%的故障是由软件故障引起的。由于软件不像硬件那样存在制造缺陷,也不会产生磨损,所以软件故障大多是由设计故障引起的。

软件容错用于提高软件系统的可靠性,通过提供足够的冗余信息和算法程序,使系统在实际运行时能够及时发现程序设计错误,采取补救措施,以提高软件可靠性。软件容错使软件在出错时仍能向外提供正常或降级服务,避免出现重大人身或财产损失。软件容错技术的方法主要有N版本程序设计和恢复块方法。

1. 恢复块方法

1975年,B. Randell提供了一种动态故障屏蔽技术——恢复块方法,如图5.7所示,这也是最早的一种软件容错技术。恢复块通常与判决器一起使用。在使用恢复块的系统

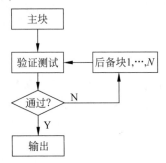

图 5.7　恢复块方法

中,系统被划分成一个个故障恢复块,整个系统由这些故障恢复块组成。每个块包含一个主块和一些用来替换的后备模块。主块在第一时间运行,其输出要通过判决器来检查可接受性。这是整个设计中的瓶颈,因为判决器不知道正确的输出是什么。判决器执行检查,检查输出是否在某个可接受的范围内,或输出有没有超出允许的最大变化率。例如,如果任务是计算一艘船的位置,如果前后几微秒之间的距离差有1000km,这样的结果显然是不正确的。

主块得到输出后,立即进行接受测试,当接受测试判断输出不可接受时,系统将回滚并恢复到主块运行之前的状态,然后调用第二个模块,运行获得结果并进行接受测试。如果调用也失败的话,则继续调用另外的替换模块,系统重复这样的操作,直到用完所有模块,或超出规定的时间限制。

使用恢复块方法会引起时间开销,当首要执行模块失败时就发生了时间开销,包括保存全局状态和启动一个或多个替换的模块。这使得恢复块系统很复杂,因为在重试下一个之前,需要系统状态具有回滚的能力。当然也可以通过其他方法完成回滚,例如,使用硬件支持该操作。

设置接受测试时,设计人员常常面临一些难题,如果允许的范围太严格,那么接受测试将产生大量的错误警报。如果设置太宽松的话,把错误的输出当作正确结果接受的可能性会大大增大。因此设置接受测试时必须从实际出发,根据需求进行相应的设置工作。

2. N版本技术(NVP)

N版本技术是一种静态的故障屏蔽技术,其设计思想是N个独立生成的功能相同的程序同时执行,使用表决器比较各个版本产生的结果,并将其中一个作为正确的结果给出。这种容错方法依赖于不同版本程序之间的独立性。该技术已经运用到很多实际系统中,例如,铁路交通控制系统、飞行控制系统。

在N版本软件系统中,有N个不同的模块同时独立地执行。每个模块以不同的方式完成相同的任务,各自向表决器提交它们的结果,由表决器确定正确的结果,并作为模块的结果返回。利用设计多样性得到的N版本软件系统能克服大多数软件中出现的设计故障。N版本软件的一个重要特性就是系统包含多个版本软件和多种类型的硬件。

目的是通过增加差异以避开共有的故障。开发 N 版本软件过程中,对于每个不同版本,尽可能以不同的方式实现。包括不同的工具(例如静态和动态的分析器,辅助调试的专家系统等工具)、不同的编程语言以及不同的环境。每个开发小组在编程期间也要尽可能地减少交流。只有满足设计的多样性,N 版本软件才能真正做到容错。

恢复块和 N 版本软件之间的不同之处并不多,但却非常突出。传统的恢复块方法中,用来替换的块逐个执行,直到判决器找到可接受的结果;N 版本软件方法通常在 N 份冗余的硬件上同时执行这些不同版本的软件。在逐个重试的过程中,尝试多个替换版本的时间开销可能很大,这种方法尤其不适用于实时系统;相反地,同时运行的 N 版本软件系统需要 N 份冗余硬件和通信网络连接它们。这两种方法的另一个重要不同在于判决器和表决器。恢复块方法需要为每个模块建立一个特定的判决器,而 N 版本软件方法中,只需要使用一个简单的表决器即可。在实际开发中,设计人员要全面衡量它们的优缺点,并结合应用的实际需求,进行折中考虑,尤其是性能和资金的开销方面,从而确定哪种方案更适合工程。

为了体现对设计的冗余,NVP 系统的 N 份程序必须采取不同的方法或由不同的人独立设计。NVP 系统的结构如图 5.8 所示。

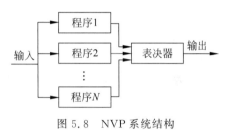

图 5.8　NVP 系统结构

5.8　信息系统灾难恢复技术

视频讲解

随着信息化的发展,越来越多关键数据和业务集中到信息系统中,社会对信息系统的依赖性越来越强,而信息系统易受到地震、火灾、人为误操作、硬件故障等诸多侵扰,一方面,数据丢失和损坏将造成难以估量的损失;另一方面,即使短时间的系统停机也将造成业务停顿和经济损失,因此灾难备份和恢复成为迫切需要解决的问题,重要信息系统必须建立容灾备份系统,以防范和抵御灾难带来的打击。美国国防部提出的信息保障模型 PDRR 中就包含恢复环节,灾难恢复是信息系统安全的重要组成部分。

5.8.1　概述

传统的数据备份技术和服务器集群技术足以避免由于各种软硬件故障、人为操作失误和病毒侵袭所造成的破坏,保障数据安全,但是当面临大范围灾害性突发事件,如地震、火灾、恐怖袭击时,上述技术就无能为力了。此时若想迅速恢复应用系统的数据,保持企业的正常运行,就必须建立异地的灾难备份系统(容灾系统)。美国 Minnesota 大学的研究表明,遭遇灾难的同时又没有灾难恢复计划的企业,超过 60% 在 2~3 年后将退出市场。在美国"9·11"事件中,很多公司多年积累的经营数据毁于一旦,公司处于崩溃的边缘,而一些建立了容灾系统的公司,如总部设在世贸中心的摩根-斯坦利公司,却在第二天就恢复了正常运转。这一事例再次唤起人们对容灾技术的重视。

业务连续性和灾难恢复起步于 20 世纪 70 年代中期的美国,历史性标志是 1979 年在美国宾夕法尼亚州的费城建立了专业商业化的容灾备份中心并对外提供服务。20 世纪

90年代后期,千年虫问题促进了业务连续性和灾难恢复管理的进一步深入和发展。2001年轰动一时的"9·11"恐怖袭击事件不仅造成了重大的人员伤亡和财产损失,一批设在世贸中心的公司因为重要数据的毁灭而再也无法正常营业。"9·11"给大家带来的深刻的启示就是容灾备份是信息系统安全的重要设施,重要信息系统必须构建容灾备份系统,以防范和抵御灾难带来的毁灭性打击。

我国业务连续性和灾难恢复工作起步于20世纪90年代末,这时一些单位在信息化建设的同时,开始关注数据安全的保护,开展了数据备份工作。随后,千年虫问题和"9·11"事件也极大触动了我国灾难恢复管理的发展和成熟。

2003年,中共中央办公厅、国务院办公厅下发了《国家信息化领导小组关于加强信息安全保障工作的意见》,在文件中要求要高度重视灾难备份工作。为贯彻落实中央指示,国务院信息化工作办公室于2004年9月下发了《关于做好重要信息系统灾难备份工作的通知》,文件强调了"统筹规划、资源共享、平战结合"的灾难恢复工作原则。为进一步推动八个重点行业(银行、证券、保险、电力、民航、铁路、海关、税务)加快实施灾难恢复工作,国务院信息化工作办公室于2005年4月下发了《重要信息系统灾难恢复指南》,文件指明了灾难恢复的流程,容灾备份中心的等级划分及灾难恢复预案的制定,使得灾难恢复建设迈上了一个新的台阶。2007年,在《重要信息系统灾难恢复指南》基础上,编制并正式发布了国家标准GB/T 20988—2007《信息安全技术 信息系统灾难恢复规范》来指导信息技术容灾备份系统的建设。

5.8.2　灾难恢复的级别和指标

1. 灾难恢复的定义

在《重要信息系统灾难恢复规划指南》中对于灾难有明确定义:灾难是由于人或自然原因造成的信息系统运行严重故障或瘫痪,使信息系统支持的业务功能停顿或服务水平不可接受、达到特定的时间的突发性事件,通常导致信息系统需要切换到备用场地运行。灾难主要包括地震、火灾、水灾、战争、恐怖袭击、设备系统故障、人为破坏等无法预料的突发事件。

灾难恢复是指利用技术、管理手段及相关资源确保关键数据、关键数据处理信息系统、关键业务在灾难发生后可以恢复和重续运营的过程。灾难恢复的最高目标是实现数据零丢失和业务连续性。

2. 容灾备份系统的种类

按照建立容灾系统目标的不同,容灾备份系统可以分为两种,即数据容灾、应用容灾。

数据容灾是最常见的容灾备份方式,是指建立一个异地的备份数据系统,该系统是对本地系统关键应用数据的实时复制,也可比本地数据略微滞后。数据容灾的主要目的是保证企业关键数据的完整性和可用性。在数据容灾这个级别,发生灾难时应用会中断,服务器必须暂停业务来进行异地恢复,这种方式的优点是成本低,构建简单。但是对需要保持7×24h连续服务的企业来说,数据级容灾方式显然是不够的。

应用级容灾是在数据容灾的基础上,同时将应用程序的处理状态进行备份,其实现方式是在异地建立一套完整的、与本地数据系统相当的备份应用系统(可以同本地应用系统互为备份,也可与本地应用系统共同工作)。当灾难发生时,异地的应用容灾中心可以接替原来的系统继续工作,保持业务的连续性。应用容灾是更高层次的容灾系统。

3. 灾难备份系统的级别

设计一个容灾备份系统需要考虑多方面的因素,包括备份/恢复的数据量大小、应用数据中心和备援数据中心之间的距离和连接方法、灾难发生时所要求的恢复速度、备援中心的管理和经营方法,以及可投入的资金多少等。根据这些因素,可将容灾备份系统划分为不同的级别,分别适用于不同的规模和应用场合。

1) 国际上的灾难恢复等级划分

灾难恢复的国际标准是 1992 年 Anaheim 提出的 SHARE 78,将灾难恢复由高到低划分为以下 7 级。

(1) 第 0 级:没有异地数据。

第 0 级没有任何异地备份或应急计划,数据仅在本地进行备份恢复,没有送往异地。事实上,这一层并不具备真正灾难恢复的能力。

(2) 第 1 级:卡车运送访问方式(Pickup Truck Access Method,PTAM)。

第 1 级要求必须设计一个灾难恢复应急方案,能够备份所需要的信息并将它保存在异地,灾难恢复时将根据需要,有选择地搭建备援的硬件平台并在其上恢复数据。PTAM 指将本地备份的数据用交通工具送到远方。这种方案相对来说成本较低,但难于管理。

PTAM 是一种广泛使用的容灾系统,备份数据被送往远离本地的异地保存,可抵御大规模的灾难事件。灾难发生后,需要按预定的数据恢复方案购置和安装备援硬件平台,恢复系统和企业数据,并重新与网络连接。这种容灾方案成本低(仅需要传输工具和存储设备的消耗),且易于配置。但当数据容量增大时,备份数据难以管理,用户难以及时知道所需的数据存储在什么地方。

当备援系统开始工作后,首先应及时恢复关键应用,非关键应用可根据需要慢慢恢复,因为 PTAM 的备份地点事先往往只有很少的硬件设备,因此将其称为冷备份站点,它的恢复时间往往较长,如一星期甚至更久。

(3) 第 2 级:PTAM+热备份中心。

第 2 级在第 1 级的基础上再加上热备份中心以进一步灾难恢复。热备份中心拥有足够的硬件和网络设备,当主数据中心破坏时可切换用于支持关键应用的备援站点。对于十分关键的应用,必须由热备份站点在异地提供支持。这样当灾难发生时才能及时恢复。在第 2 级容灾系统中,平时备份数据用 PTAM 的方法存入备份数据仓库,当灾难发生的时候,备份数据再被运送到一个热备份站点。虽然移动数据到一个热备份站点增加了成本,但却缩减了灾难恢复的时间,一般在一天左右。

(4) 第 3 级:电子链接。

第 3 级是在第 2 级的基础上用电子链路取代卡车进行备份数据传送的容灾系统,热备份站点和主数据中心在地理上必须远离,备份数据通过网络传输。由于热备份站点要持续运行,因此系统成本高于第 2 级,但进一步提高了灾难恢复的速度,典型的恢复时间在一天以内。

(5) 第 4 级：活动状态的备份中心。

第 4 级要求地理上分开的两个站点同时处于工作状态并相互管理彼此的备份数据，另一项重大的改进就是两个站点之间可以相互分担工作负载，站点一可以成为站点二的备份；反之亦然，备援行动可以在任何一个方向发生。关键的在线数据不停地在两个站点之间复制和传送着，灾难发生时，另一站点可通过网络迅速切换用于支持关键应用。但是该系统自最近一次数据复制以来的业务数据将会丢失，其他非关键应用也将需要手工恢复。第 4 级容灾系统把关键应用的灾难恢复时间降低到了小时级或分钟级。

(6) 第 5 级：两个活动的数据中心，两步提交。

第 5 级与第 4 级的结构类似，在满足第 4 级所有功能要求的基础上，进一步提供了两个站点间的数据互作镜像(数据库的一次提交过程会同时更新本地和远程数据库中的数据)。数据库的两步提交方法保证了任何一项事务在被接受以前，两个站点间的数据都必须同时被更新。在备援站点中需要配备一些专用硬件设备，以保证在两个站点之间自动分担工作负载和两步提交的正确执行，因为采用了两步提交来同步数据，在两个站点间互作镜像，所以当灾难发生时，只有传送中尚未完成提交的数据被丢失，恢复的时间被降低到了分钟级。

(7) 第 6 级：0 数据丢失。

第 6 级是灾难恢复的最高级别，可以实现零数据丢失。只要用户按下 Enter 键向系统提交了数据，那么不管发生了什么灾难性事件，系统都能保证该数据的安全。所有的数据都将在本地和远程数据库之间同步更新，当发生灾难事件时，备援站点能通过网络侦测故障并立即自动切换，负担起关键应用。第 6 级是容灾系统中最昂贵的方式，但也是速度最快的恢复方式。

第 4 级、第 5 级和第 6 级容灾系统具有类似的系统框架结构，区别在于数据备份管理软件的差异和备援站点内硬件配置的不同，进而导致了系统成本和性能的差异。第 4 级的容灾系统只需要配置远程系统备份软件即可工作；第 5 级容灾系统依赖于数据库系统的两步提交来保持数据的同步；第 6 级容灾系统则需要配置复杂的数据管理软件和专用的硬件设备，以保证灾难发生时的零数据丢失和备援站点的即时切换。

2) 我国灾难恢复等级划分

在 GB/T 20988—2007《信息安全技术 信息系统灾难恢复规范》中，根据支持灾难恢复各个等级所需要的资源，即数据备份系统、备用数据处理系统、备用网络系统、备用基础设施、技术支持能力、运行维护管理能力和灾难恢复预案这 7 个要素划分了 6 个灾难恢复等级。

第一级：基本支持。

第二级：备用场地支持。

第三级：电子传输和部分设备支持。

第四级：电子传输和完整设备支持。

第五级：实时数据传输及完整设备支持。

第六级：数据零丢失和远程集群支持。

（1）第一级：基本支持。

在第一级中，每周至少做一次完全数据备份，并且备份介质场外存放，同时还需要有符合介质存放的场地；单位要制定介质存放、验证和转储的管理制度，并按介质特征对备份数据进行定期的有效性验证；单位需要指定经过完整测试和演练的灾难恢复预案，具体技术和管理支持如表 5.2 所示。

表 5.2 灾难恢复第一级要求

要　素		要　求
A.1.1	数据备份系统	① 完全数据备份至少每周一次； ② 备份介质场外存放
A.1.2	备用数据处理系统	—
A.1.3	备用网络系统	—
A.1.4	备用基础设施	有符合介质存放条件的场地
A.1.5	技术支持	—
A.1.6	运行维护支持	① 有介质存取、验证和转储管理制度； ② 按介质特征对备份数据进行定期的有效性验证
A.1.7	灾难恢复预案	有相应的经过完整测试和演练的灾难恢复预案

（2）第二级：备用场地支持。

第二级相当于在第一级的基础上，增加了在预定时间内能调配所需使用的数据处理设备、通信线路和网络设备到场要求；并且需要有备用的场地，它能满足信息系统和关键功能恢复运行的要求；对于单位的运维能力，也增加了具有备份场地管理制度和签署符合灾难恢复时间要求的紧急供货协议，具体技术和管理支持如表 5.3 所示。

表 5.3 灾难恢复第二级要求

要　素		要　求
A.2.1	数据备份系统	① 完全数据备份至少每周一次； ② 备份介质场外存放
A.2.2	备用数据处理系统	灾难发生时能在预定时间内调配所需的数据处理设备
A.2.3	备用网络系统	灾难发生时能在预定时间内调配所需的通信线路和网络设备
A.2.4	备用基础设施	① 有符合介质存放条件的场地； ② 有满足信息系统和关键业务恢复运作要求的备用场地
A.2.5	技术支持	—
A.2.6	运行维护支持	① 有介质存取、验证和转储管理制度； ② 按介质特征对备份数据进行定期的有效性验证； ③ 具有备份场地管理制度； ④ 与相关厂商签署符合灾难恢复时间要求的紧急供货协议； ⑤ 与相关厂商签署符合灾难恢复时间要求的备用通信线路协议
A.2.7	灾难恢复预案	有相应的经过完整性测试和演练的灾难恢复预案

（3）第三级：电子传输和部分设备支持。

第三级要求配置部分数据处理设备、部分通信线路和网络设备；要求每天实现多次的数据电子传输，并在备用场地配置专职的运行管理人员；对于运行维护支持而言，要求具备备用计算机处理设备维护管理制度和电子传输备份系统运行管理制度，具体技术和管理支持如表5.4所示。

表5.4　灾难恢复第三级要求

	要素	要求
A.3.1	数据备份系统	① 完全数据备份至少每天一次； ② 备份介质场外存放； ③ 每天多次利用通信网络将关键数据定时批量传送至备用场地
A.3.2	备用数据处理系统	配置灾难恢复所需的部分数据处理设备
A.3.3	备用网络系统	配备部分通信线路和网络设备
A.3.4	备用基础设施	① 有符合介质存放条件的场地； ② 有满足信息系统和关键业务恢复运作要求的备用场地
A.3.5	技术支持	在备用场地有专职的计算机机房运行管理人员
A.3.6	运行维护支持	① 按介质特征对备份数据进行定期的有效性验证； ② 有介质存取、验证和转储管理制度； ③ 有备用计算机机房管理制度； ④ 有备用数据处理设备硬件维护管理制度； ⑤ 有电子传输数据备份系统运行管理制度
A.3.7	灾难恢复预案	有相应的经过完整性测试和演练的灾难恢复预案

（4）第四级：电子传输和完整设备支持。

第四级相对于第三级中的部分数据处理设备和网络设备而言，须配置灾难恢复所需的全部数据处理设备、通信线路和网络设备，并处于就绪状态；备用场地也提出了$7\times24h$运行的要求，同时，对技术支持人员和运维管理要求也有相应的提高，具体如表5.5所示。

表5.5　灾难恢复第四级要求

	要素	要求
A.4.1	数据备份系统	① 完全数据备份至少每天一次； ② 备份介质场外存放； ③ 每天多次利用通信网络将关键数据定时批量传送至备用场地
A.4.2	备用数据处理系统	配置灾难恢复所需的全部数据处理设备，并处于就绪状态或运行状态
A.4.3	备用网络系统	配备灾难恢复所需的通信线路和网络设备，并处于就绪状态
A.4.4	备用基础设施	① 有符合介质存放条件的备用场地； ② 有符合备用数据处理系统和备用网络设备运行要求的场地； ③ 有满足关键业务功能恢复运作要求的场地； ④ 以上场地应保持$7\times24h$运作

续表

要　素		要　求
A.4.5	技术支持	在备用场地有： ① 7×24h 专职计算机机房管理人员； ② 专职数据备份技术支持人员； ③ 专职硬件、网络技术支持人员
A.4.6	运行维护支持	① 按介质特征对备份数据进行定期的有效性验证； ② 有介质存取、验证和转储管理制度； ③ 有备用计算机机房运行管理制度； ④ 有硬件和网络运行管理制度； ⑤ 有电子传输数据备份系统运行管理制度
A.4.7	灾难恢复预案	有相应的经过完整性测试和演练的灾难恢复预案

（5）第五级：实时数据传输和完整设备支持。

第五级相对于第四级的数据电子传输而言，要求采用远程数据复制技术，利用网络将关键数据实时复制到备用场地；备用网络应具备自动或集中切换能力；备用场地有 7×24h 专职数据备份、硬件、网络技术支持人员，具备较严格的运行管理制度，具体如表 5.6 所示。

表 5.6　灾难恢复第五级要求

要　素		要　求
A.5.1	数据备份系统	① 完全数据备份至少每天一次； ② 备份介质场外存放； ③ 用远程数据复制技术，并利用通信网络将关键数据实时复制到备份场地
A.5.2	备用数据处理系统	配置灾难恢复所需的全部数据处理设备，并处于就绪状态或运行状态
A.5.3	备用网络系统	① 配备灾难恢复所需的通信线路和网络设备，并处于就绪状态； ② 具备通信网络自动或集中切换能力
A.5.4	备用基础设施	① 有符合介质存放条件的备用场地； ② 有符合备用数据处理系统和备用网络设备运行要求的场地； ③ 有满足关键业务功能恢复运作要求的场地； ④ 以上场地应保持 7×24h 运作
A.5.5	技术支持	在备用场地有： ① 7×24h 专职计算机机房管理人员； ② 专职数据备份技术支持人员； ③ 专职硬件、网络技术支持人员
A.5.6	运行维护支持	① 按介质特征对备份数据进行定期的有效性验证； ② 有介质存取、验证和转储管理制度； ③ 有备用计算机机房运行管理制度； ④ 有硬件和网络运行管理制度； ⑤ 有实时数据备份系统运行管理制度
A.5.7	灾难恢复预案	有相应的经过完整性测试和演练的灾难恢复预案

（6）第六级：数据零丢失和远程集群支持。

第六级相对于第五级的实时数据复制而言，要求实现远程数据实时备份，实现零丢失；备用数据处理系统具备与生产数据处理系统一致的处理能力并完全兼容，应用软件是集群的，可以实现无缝切换，并具备远程集群系统的实时监控和自动切换能力；对于备用网络系统的要求也加强，要求最终用户可通过网络同时接入主、备中心；备用场地还有7×24h专职操作系统、数据库和应用软件的技术支持人员，具备完善、严格的运行管理制度。具体技术和管理支持如表5.7所示。

表5.7　灾难恢复第六级要求

	要　素	要　求
A.6.1	数据备份系统	① 完全数据备份至少每天一次； ② 备份介质场外存放； ③ 远程实时备份，实现数据零丢失
A.6.2	备用数据处理系统	① 备用数据处理系统具备与生产数据处理系统一致的处理能力并完全兼容； ② 应用软件是集群的，可以实现无缝切换； ③ 具备远程集群系统的实时监控和自动切换能力
A.6.3	备用网络系统	① 配备与生产系统相同等级的通信线路和网络设备； ② 备用网络处于运行状态； ③ 最终用户可通过网络同时接入主、备中心
A.6.4	备用基础设施	① 有符合介质存放条件的备用场地； ② 有符合备用数据处理系统和备用网络设备运行要求的场地； ③ 有满足关键业务功能恢复运作要求的场地； ④ 以上场地应保持7×24h运作
A.6.5	技术支持	在备用场地有： ① 7×24h专职计算机机房管理人员； ② 7×24h专职数据备份技术支持人员； ③ 7×24h专职硬件、网络技术支持人员； ④ 7×24h专职操作系统、数据库和应用软件技术支持人员
A.6.6	运行维护支持	① 按介质特征对备份数据进行定期的有效性验证； ② 有介质存取、验证和转储管理制度； ③ 有备用计算机机房运行管理制度； ④ 有硬件和网络运行管理制度； ⑤ 有实时数据备份系统运行管理制度； ⑥ 有操作系统、数据库和应用软件运行管理制度
A.6.7	灾难恢复预案	有相应的经过完整性测试和演练的灾难恢复预案

通过分析以上灾难恢复的级别，一个完整的容灾系统应该具有以下几个组成部分。

（1）本地的高可用系统：确保本地发生局部故障或单点故障时的系统安全。

（2）数据备份系统：用于抗御用户误操作、病毒入侵、黑客攻击等的威胁。

（3）数据远程复制系统：保证本地数据中心和远程备援中心的数据一致。

（4）远程的高可用管理系统：实现远程广域范围的数据管理，它基于本地的高可用系统之上,在远程实现故障的诊断、分类并及时采取相应的故障管理措施。

4. 容灾系统的系统结构

容灾系统的系统框架如图 5.9 所示。

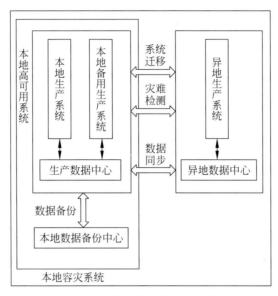

图 5.9　容灾系统的系统框架

容灾系统的主要作用是保证数据完整性和业务连续性,数据完整性是业务连续性的基础。一个完整的容灾系统,应该由本地生产系统、本地备用生产系统、生产数据中心、本地备份数据中心、异地应用系统、异地数据中心六部分组成。本地生产系统、本地备用生产系统和生产数据中心组成了高可用系统,根据需求,可以使用其中的某几部分组成不同级别的容灾系统。

使用本地高可靠系统和本地数据备份中心可建立本地容灾中心,能够容忍硬件毁坏等灾难造成的单点失效,而对于火灾、大楼倒塌等大规模灾难却无能为力。使用本地高可用系统、本地备用数据中心和异地数据中心,可以建立异地数据容灾系统。使用本地高可靠系统、本地备用数据中心、异地应用系统和异地数据中心,可以建立异地应用容灾系统。而根据异地备份中心与本地系统距离的远近,系统所能容忍的灾难也不相同,如果异地数据备份中心与本地系统在 100km 之内,可以容忍火灾、停电、建筑物倒塌等灾难;如果达到了几百千米,可以容忍地震、水灾等大规模、大范围的灾难。

本地系统与异地系统的数据同步方式也有很多种选择,例如,对于异地数据容灾系统,数据同步方式可以选择用运输工具运输到异地数据中心,也可以选择同步或者异步的方式直接由生产数据中心复制到异地数据中心;而对于异地应用容灾系统,就只能选择同步或者异步的方式直接由生产数据中心直接复制到异地数据中心。在这个容灾系统结构中,本地数据中心需要及时地将数据复制到异地数据中心,并要保证数据的完整性和可用性;而为使异地系统能够及时地发现本地系统的灾难,就需要进行灾难检测,保证异地系统能够及时发现灾难,并能及时地替换本地系统,也就是将本地系统的业务迁移到异地系统,从而保证业务的连续性。

5．灾难恢复的指标

在灾难恢复领域,除了等级划分,还提供了用于量化描述灾难恢复目标的最常用的恢复目标指标：RTO(恢复时间目标)和RPO(恢复点目标)。

恢复点目标(Recovery Point Objective,RPO)：灾难发生后,系统和数据必须恢复到的时间点要求。它代表了灾难发生时允许丢失多长时间的数据量。例如,1h的RPO指灾难发生后容灾系统能够对灾难发生1h前的所有数据进行恢复,但这1h的数据可能会丢失。

恢复时间目标(Recovery Time Objective,RTO)：灾难发生后,信息系统或业务功能从停顿到必须恢复的时间要求,它代表了系统恢复的时间。

PRO描述的是数据丢失指标,而RTO描述的是服务丢失指标,二者没有必然的关联性。实际中可根据RPO和RTO的要求规划建设容灾备份系统。

5.8.3 容灾系统关键技术

容灾系统所包含的关键技术包括数据存储技术、远程镜像技术、灾难检测、系统迁移等。

1．数据存储技术

容灾系统需要存储的数据量庞大,为了提高备份的效率,出现了很多新的备份技术,在很大程度上提高了备份速度,目前采用的备份技术主要有以下几种。

1) 直接附加存储

传统的直接附加存储(Direct Access Storage,DAS)结构中,将存储设备(如磁盘、阵列)通过SCSI接口附加在服务器上,由服务器提供存储设备的管理和对外服务。这种存储结构价格比较便宜,但是支持的存储容量有限制,每条并行的SCSI总线最多只能支持15个磁盘阵列,当业务量非常大,需要存储的数据非常多时,这种存储结构就不大适用了。并且客户每次访问存储设备中的数据时,数据需要在存储设备和服务器之间多次转发,尽管服务器并不关心数据内容,通常也不对数据本身进行处理,但数据请求和传送都需要服务器的介入,存储容量扩大后,对同一台服务器进行访问,容易形成访问瓶颈。

2) 网络附加存储

网络附加存储(Network Attached Storage,NAS)是一种以数据为中心的存储结构,存储子系统不再附属于某个服务器,而是通过专门系统的定制,将通用服务器上的无关功能去掉,只保留存储相关功能,可以看成是一台专门负责存储的"瘦"服务器,具有比DAS更高的读写性能。NAS将存储设备通过网络协议控制器直接连接在局域网上,通过NAS内部的文件管理系统对外提供服务。

将NAS设备连接到网络上非常方便。NAS设备提供RJ-45这样的网络物理接口和单独的IP地址,可以将其直接挂接在主干网的交换机或其他局域网的Hub上,通过简单的设置(如设置机器的IP地址等)就可以在网络中即插即用地使用,而且进行网络数据在线扩容时也无须停顿,从而保证数据流畅存储。与传统的服务器或DAS存储设备相比,NAS可以拥有更大的存储空间和相对低廉的价格。

由于普通的 LAN 不是针对存储应用设计的专用网络,而且目前大部分 LAN 还是使用 10Mb/s 或 100Mb/s 的传输速率连接,加上 LAN 上又有大量计算机,因此网络有限的带宽要面对大量的传输需求,NAS 存储设备所能分到的带宽必然有限。这就造成 NAS 的最大缺点,传输速率慢且不稳定,这在进行备份或者大文件存取时将花费大量的时间。

3) 存储区域网络

存储区域网络(Storage Area Network,SAN)的设计思想实际上很简单,就是建立一个单独的网络系统,采用适合数据传输和管理特点的物理、链路、网络传输等各层协议,专门用于存储的管理和数据交换。目前该网络使用 FC(Fiber Channel)协议。该网络只用于存储,不会有其他服务的数据流在上面传输,可以做到独享带宽;而且因为光纤通道本身具有的高传输速率,使得 SAN 的传输速率可以达到 200Mb/s 或者更高,同时还可以保证数据传输速率的稳定性。但也正是由于受到 SAN 使用专用网络拓扑结构和不同于一般网络传输协议的限制,SAN 的设备仅能做到与连接在 SAN 上的服务器间的直接访问,而在 LAN 上的客户端是无法直接访问 SAN 的设备的,必须通过服务器间接访问。由于 SAN 的硬件设备价格昂贵,而且,SAN 作为一种专用的存储网络,需要培训专门的人员来管理,这使得 SAN 的总体拥有成本居高不下,使得很多希望使用 SAN 的企业望而却步,转而使用性能较差的 NAS,因而 SAN 的普及和使用受到较大影响。

4) 基于 IP 的存储网络和 iSCSI

为了解决前面提到的 SAN 应用带来的问题,又出现了基于 IP 的存储网络,IP 存储网络可以说是结合了 NAS 和 SAN 两者的优点:一方面,它采用 TCP/IP 作为网络协议,使得它具有 NAS 易于访问的特点;另一方面,它又有独立专用的存储网络结构。因此,基于 IP 的存储网络可以使用目前应用广泛的以太网(Ethernet)技术和设备来构建专用的存储网络,通过使用 Ethernet 的设备,其成本与 FC SAN 相比大为降低,而且还保持有 SAN 的传输速率高且稳定的优点。以上两点可以说是基于 IP 的存储网络技术的两个最大的优势。

IP-SAN 最大的问题是它的性能能否达到 FC-SAN 的标准。Ethernet 虽然已经出现了很长时间,但由于 Ethernet 已拥有的大量用户和巨大市场,各个厂家不会放弃它,Ethernet 仍然具有很大的发展潜力。虽然 FC 协议也在持续不断地发展,但是 FC-SAN 的用户数量和市场范围都远无法和 Ethernet 相比,其发展动力也就不如 Ethernet 大。Ethernet 速度目前已经有了数量级的提高,千兆级 Ethernet 也已经投入使用,但目前主要用于服务器端或构建主干网。千兆级 Ethernet 在速度上已经可以和 FC 相比了,其传输介质可以使用光纤、无屏蔽双绞线等多种传输介质,其价格却不像 FC 那么昂贵。下一步 Ethernet 的速度会达到 10Gb/s,而 FC 的下一个目标只是制造和推广 2Gb/s 的产品。

目前基于 IP 的存储网络的核心技术是 iSCSI,这是一种开放协议,其基本架构是在 SCSI 的数据包上加上 TCP/IP,由于加入了 TCP/IP,iSCSI 协议可以使 SCSI 数据包在普通的 IP 网络上传输。iSCSI 协议与 FC 协议没有任何联系,该协议的最终目的是取代 FC 协议在 SAN 中的位置。

2. 远程镜像技术

数据备份技术通常是在本地节点进行的备份操作,备份间隔的单位通常为天或月,生成静态的文件,可以经过压缩等处理,静态保存,在灾难发生时能够从备份中将数据恢复出来。例如,保存于光盘、磁带、硬盘等数据备份介质上的数据,需要经过恢复技术配合合适的系统硬件环境才能恢复出来供业务系统使用。

而在容灾系统中的远程镜像则是将数据实时或准实时复制到异地节点,这是一个动态的过程,数据是在不断更新的,复制的数据在异地节点上保持原来的数据形态,与本地节点的数据保持基本一致性,可以不经过恢复技术就直接使用。

镜像是在两个或多个磁盘或存储系统上产生同一个数据镜像视图的一个信息存储过程,一个叫主镜像系统,另外一个叫从镜像系统。按主、从镜像存储系统所处的位置可分为本地镜像和远程镜像,远程镜像是容灾备份的核心技术。按请求镜像的主机是否需要远程镜像站点的确认信息,又可分为同步远程镜像和异步远程镜像。

同步远程镜像中每一步本地I/O事务均需等待远程复制的完成方予释放,这种方式的远端数据与本地数据完全同步,但由于数据复制过程中存在时延,本地I/O访问效率下降,所以只限于在相对较近的距离上应用(一般专线连接在60km以内,常见于同城系统),同时,这种复制技术还受到带宽因素的制约,若远程的I/O带宽较窄时,会显著拖慢主数据中心的I/O,影响系统性能。但同步镜像使远程拷贝总能与本地机要求复制的内容相匹配,当主站点出现故障时,用户和应用程序换到一个代替站点后,远程的副本可以继续执行操作。

异步远程镜像保证在更新远程存储视图前完成向本地存储系统的基本输入/输出操作,而由本地存储系统提供请求镜像服务器的操作完成确认信息,不需要等待远程存储系统提供操作完成确认信息,这使得本地系统性能受到很小的影响。但是,许多远程的从属存储子系统的写操作没有得到确认,当某种因素造成数据传输失败时,可能出现数据一致性问题。为了解决数据一致性问题,目前大多采用延迟复制的技术,它可以在确保本地数据完好无损后进行远程数据更新。

3. 快照

远程镜像技术往往同快照技术结合起来实现数据信息的远程备份,即通过镜像把数据备份在远程存储系统中,再借助快照技术把远程存储系统中的信息备份到远程的磁带库、光盘库中。快照是通过软件对要备份的磁盘子系统的数据快速扫描,在正常应用进行的同时实现对数据的一个完全的备份。它可使用户在正常应用不受影响的情况下实时提取当前在线数据,其备份窗口接近于零,可大大增加系统应用的连续性,为实现系统真正的不间断运转提供了保证。

4. 灾难检测

对于火灾、地震等大规模灾难,当然可以依靠人为确定,但是对于停电、硬件毁坏等很难觉察到的灾难就不能仅依靠人去发现。现在对灾难的发现方法一般是通过心跳技术和检查点技术,这种技术在高可靠性集群中应用很广泛。对于异地容灾,备份生产中心和主生产中心可能相隔千里,这时候因为网络延迟较大或者其他原因,可能会影响心跳检测的效果,因此如何对现有的检测技术进行改进,以适应广域网的要求,将是实现高效的远程容灾系统的基础。

心跳技术,就是每隔一段时间都要向外广播自身的状态(通常为"存活"状态),在进行心跳检测时,心跳检测的时间和时间间隔是关键问题,如果心跳检测得太频繁,将会影响系统的正常运行,占用系统资源;如果间隔时间太长,则检测就比较迟钝,影响检测的及时性。检查点技术又称为主动检测,就是每隔一段时间周期,就会对被检测对象进行一次检测,如果在给定的时间内,被检测对象没有响应,则认为检测对象失效。与心跳技术相同,检测点技术也受到检测周期的影响,如果检测周期太短,虽然能够及时发现故障,但是给系统造成很大的开销;如果检测周期太长,则无法及时发现故障。

为了能够实现异地容灾系统,就必须建立广域网上的分布式可靠性系统,这就需要有高效的故障检测系统,能够及时地发现故障,及时切换。而对于广域网来说属于异步的系统,没有同步的时钟,没有可靠的传输通道,如何在异步的分布式模型中实现可靠高效的故障检测将是建立异地容灾系统的基础。

5. 系统迁移

在发生灾难时,为了能够保证业务的连续性,必须能够实现系统透明迁移,也就是能够利用备用系统透明地代替生产系统。对于实时性要求不高的容灾系统,通过 DNS 或者 IP 地址的改变来实现系统迁移便可以了,但是对于可靠性、实时性要求较高的系统,就需要使用进程迁移算法,进程迁移算法的好坏对于系统迁移的速度有很大影响,现在该算法在分布式系统和集群中得到了广泛的运用,并发挥着重大作用,也有很多研究对该算法的性能进行了改进。

进程迁移算法在目前主要有贪婪拷贝算法、惰性拷贝算法和预拷贝算法。贪婪拷贝算法简单、易于实现,但是延时较长,并且冗余数据造成较大的网络延迟;惰性拷贝的延迟小,网络负担小,但是对原主机具有依赖性,可靠性差;预拷贝算法将信息分为两次拷贝,使得传输时间反而增长。现在的进程迁移算法都是应用于本地集群的,要想在远距离容灾系统中实现高效的进程迁移,就必须对进程迁移算法进行改进,使它能够适应广域网复杂的环境。

习　　题

一、填空题

1. 物理安全是对_____、_____、_____、系统等采取的安全措施。

2. _____简称为 TEMPEST(Transient Electro Magnetic Pulse Emanations Standard Technology)技术。

3. 提高系统可靠性的方法有_____、_____和_____。

4. 物理安全包括_____、_____、_____和_____。

5. 环境安全面临的安全威胁有_____、_____和_____等。

6. 按照建立容灾系统目标的不同,容灾备份系统可以分为两种:_____和_____。

7. 用于量化描述灾难恢复目标的最常用的恢复目标指标是_____和_____。

8. 硬件冗余的三种基本形式是_____、_____和_____。

9. 软件容错技术的方法主要有_____和_____。

二、简答题

1. 环境可能对计算机安全造成哪些威胁？如何防护？

2. 计算机哪些部件容易产生辐射？如何防护？

3. TEMPEST 技术的主要研究内容是什么？

4. 计算机设备防泄露的主要措施有哪些？它们各自的主要内容是什么？

5. 为了保证计算机安全稳定地运行,对计算机机房有哪些主要要求？机房的安全等级有哪些？根据什么因素划分？

6. 灾难恢复的指标是什么？分别代表什么含义？

7. 国际上如何划分灾难恢复的等级？

8. 按照建立容灾系统目标的不同,容灾备份系统可以分为几种？分别适用于什么场合？

第 6 章

操作系统安全

操作系统是管理计算机硬软件资源、控制程序执行、改善人机界面、提供各种服务、合理组织计算机工作流程、为用户提供良好运行环境的最基本的系统软件。操作系统在信息系统中占有特殊的重要地位,所有其他软件都是建立在操作系统基础之上。因此操作系统的安全性在计算机信息系统的整体安全性中具有至关重要的作用,为整个计算机信息系统提供底层(系统级)的安全保障。

6.1 节介绍了操作系统面临的主要安全威胁、操作系统安全的重要性;6.2 节介绍了操作系统的主要安全机制;6.3 节介绍了 Windows 操作系统的主要安全机制;6.4 节介绍了 Linux 的主要安全机制;6.5 节简要介绍了隐蔽信道相关知识。

6.1 操作系统的安全问题

6.1.1 操作系统安全的重要性

计算机信息系统由硬件和软件两部分组成,硬件主要包括处理器、寄存器、存储器及各种 I/O 设备,它们按照用户需求接受和存储信息、处理数据并输出运算结果,是软件运行的物质基础。计算机软件系统主要包括:操作系统、应用平台软件、应用业务软件。其中,操作系统是对硬件的第一层软件扩充,用于管理各类计算机资源,控制整个系统的运行,它直接和硬件打交道,并为用户提供接口。应用平台软件主要包括编译程序、数据库管理系统和其他实用程序,用于支持上层应用软件的开发和运行。应用软件层解决用户特定的或不同应用所需要的信息处理问题,如财务系统、航空订票系统等。

操作系统是软件系统的核心,是其他各种软件的基础运行平台,若没有操作系统安全机制的支持,就不可能具有真正的安全性。同时在网络环境中,网络的安全性依赖于各主机系统的安全性,而主机系统的安全性又依赖于其操作系统的安全性。因此,从计算机信息系统的组成角度分析,操作系统的安全性在计算机信息系统的整体安全性中具有至关重要的作用,操作系统为整个计算机信息系统提供底层系统级的安全保障,没有操作系统的安全性,信息系统的安全性是没有基础的。

6.1.2 操作系统面临的安全问题

操作系统是一种系统软件,不可避免存在缺陷,导致遭受各类安全威胁。美国计算机应急响应组(Computer Emergency Response Term,CERT)提供的安全报告表明,计算机信息系统的很多安全问题都是源于操作系统的安全性。威胁操作系统安全的因素很多，以破坏操作系统完整性和可用性为主要目的，主要有以下几种。

（1）网络攻击。常见的网络攻击形式有缓冲区溢出攻击、拒绝服务攻击、计算机病毒、木马等，严重威胁操作系统的安全，例如，恶意代码（如 Rootkit、逻辑炸弹等）可以直接使系统受到感染而崩溃，也可以使应用程序或数据文件受到感染，造成程序和数据文件的丢失或被破坏。

（2）隐蔽信道。隐蔽信道可定义为系统中不受安全策略控制的、违反安全策略的信息泄露路径，一般可分为存储隐蔽信道和时间隐蔽信道，它们都是通过共享资源来传递秘密信息，隐蔽信道会泄露系统信息，破坏系统的机密性。

（3）用户的误操作。例如，用户无意中删除了系统的某个文件，无意中停止了系统的正常处理任务，这样的误操作会影响系统的稳定运行，严重的会使系统崩溃。

一个有效、可靠的操作系统必须提供相应的保护措施，消除或限制网络攻击、隐信道、误操作等对系统构成的安全隐患。

6.1.3　操作系统的安全功能

操作系统安全涉及两个重要的概念：安全功能（安全机制）和安全保证。不同的操作系统所提供的安全功能可能不同，为了评估操作系统的安全性，人们制定了安全评测等级，在安全等级评测标准中，安全功能主要说明各安全等级所需实现的安全策略和安全机制的要求，而安全保证则是描述通过何种方法保证操作系统所提供的安全功能达到了确定的功能要求，安全保证可以从系统的设计和实现、自身安全、安全管理等方面进行描述，也可以借助配置管理、发行和使用、开发和指南文档、测试和脆弱性评估等方面所采取的措施来确立产品的安全确信度。

从安全功能和安全保证在安全评价准则中的组织方式来看，美国可信计算机系统评估标准（Trusted Computer System Evaluation Criteria，TCSEC）将安全功能和安全保证（有的文档称为安全保障）合在一起，共同将计算机信息系统安全保护能力从低到高，划分为 D、C、B、A 四类，美、加、英、法、德、荷等六国的七个组织联合开发的信息技术安全评估通用标准（Common Criteria of Information Technical Security Evaluation，CC）也采用安全功能和安全保证相独立的理念，即把一个计算机安全产品应该具有的安全特性与为确保这些安全特性的正确实现而采取的安全措施作为两个独立的内容进行分别对待，按照安全程度由低到高的顺序，分为 EVL1～EVL7 七个级别。

我国 GB 17859—1999 的制定主要参考了美国 TCSEC 标准，同 TCSEC 标准一样，也是将安全功能和安全保证合在一起，共同对安全产品进行评价，但在安全保证方面的要求不太明显。GB/T 18336—2001 则主要参考了国际标准 CC，将安全功能和安全保证独立开来，分别要求，因此，GB 17859 主要对安全功能进行了要求，而 GB/T 18336 则把安全保证作为独立的一部分进行要求和评测。

从安全功能角度，操作系统安全的主要目标如下。

（1）标识系统中的用户并进行身份鉴别。

（2）依据系统安全策略对用户操作进行访问控制，防止用户对计算机资源的非法存取。

（3）监督系统运行的安全。

（4）保证系统自身的安全性和完整性。

实现操作系统安全目标需要建立相应的安全机制,包括用户身份认证、访问控制、最小权限管理、可信路径、安全审计等。在后续章节中会详细介绍。

6.2　操作系统安全机制

6.2.1　身份认证和访问控制

身份认证是操作系统提供的第一道安全防线,可以防止非授权用户登录系统,在操作系统中,身份认证一般是在用户登录时发生,系统提示用户输入口令,然后判断输入的口令与系统中存储的该用户的口令是否一致,这种口令机制是简便易行的鉴别手段,但比较脆弱,较为安全的身份认证机制如一次性口令机制、生物认证等已经取得长足进展,逐步达到了实用阶段,有关身份认证的方式在第 3 章中已经做了详细介绍,这里不再赘述。

在操作系统领域中,访问控制一般涉及自主访问控制、强制访问控制、基于角色的访问控制三种形式。有关于访问控制的基本原理和实现方式在第 4 章已经做了详细介绍,这里不再赘述。

6.2.2　审计

1. 审计的概念

审计是模拟社会监督机制而引入计算机系统中的,是指对系统中安全相关的活动进行记录、检查及审核。审计的主要目的是检测非法用户对计算机系统的入侵行为以及合法用户的误操作。审计能够完整记录涉及系统安全的操作行为,是一种确保系统安全的事后追查手段。审计为系统进行事故原因的查询、定位、事故发生前的预测、报警以及事故发生之后的实时处理提供了详细、可靠的依据和支持。

审计是操作系统安全的一个重要方面,美国国防部的橘皮书中就明确要求"可信计算机必须向授权人员提供一种能力,以便对访问、生成或泄露秘密或敏感信息的任何活动进行审计,根据一个特定机制或特定应用的审计要求,可以有选择地获取审计数据。但审计数据中必须有足够细的粒度,以支持对一个特定个体已发生的动作或代表该个体发生的动作进行追踪"。在我国 GB 17859—1999 中也有相应的要求。

审计通常和报警功能结合起来,每当有违反系统安全的事件发生或者有涉及系统安全的重要操作进行时,就及时向安全操作员终端发送相应的报警信息。审计也是入侵检测系统、数字取证、网络安全管理等系统的基本构件之一。

审计过程一般是一个独立的过程,它与系统其他功能相隔离,同时要求操作系统必须能够生成、维护及保护审计过程,使其免遭修改、非法访问及毁坏,特别要保护审计数据,要严格限制未经授权的用户访问。

2. 审计事件

系统将所有要求审计或可以审计的用户动作都归纳成一个个可区分、可识别、可标志的审计单位,称为审计事件。审计事件是系统审计用户操作的最基本单位。

例如,为了记录创建文件这一事件,系统可以设置标记为 create 的审计事件,当用户通过系统调用 create("file1",mode)或 open("file1",O_CREATE,mode)创建文件时,内核就会将该事件记录下来。

多数操作系统都在内核态和用户态记录审计事件,审计事件通常包括系统事件、登录事件、资源访问、特权使用、账号管理和策略更改等类别。表 6.1 给出了具体描述。

表 6.1　审计事件

类别名称	包括的主要事件
系统事件	系统启动、关机、故障等
登录事件	成功登录、各类失败登录、当前登录等
资源访问	打开、关闭、修改资源等
操作	进程、句柄等的创建与终止,对外设的操作、程序的安装和删除等
特权使用	特权的分配、使用和注销等
账号管理	创建、删除用户或用户组,以及修改其属性
策略更改	审计、安全等策略的改变

操作系统的审计机制一般会定义一个固定审计事件集,即必须审计事件的集合。系统审计员可以通过系统提供的工具自定义其他需要审计的事件,用户的行为一旦落入用户事件集或系统固定审计事件集中,系统就会将这一信息记录下来,否则系统将不对该事件进行审计。

审计过程会增大系统的开销(CPU 时间和存储空间),如果设置的审计事件过多,势必使系统的性能相应地下降很多(例如响应时间、运行速度等),所以在实际设置过程中,要选择最主要的事件加以审计,不能设置太多的审计事件,以免过多影响系统性能。系统审计员可以通过设置事件标准,确定对系统中哪些用户或哪些事件进行审计,审计结果存放于审计日志文件中,审计结果可以按要求的报表形式打印出来。

3. 审计记录和审计日志

当审计事件发生时,审计系统用审计记录记录相关信息,审计记录一般应包括如下信息:事件的日期和时间、代表正在进行事件的主体的唯一标识符、事件类型、事件的成功与失败等。对于标志和鉴别事件,审计记录应该记录下事件发生的源地点(如终端标识符)。对于涉及客体操作的事件,审计记录应该包含客体名等信息。

审计日志是存放审计结果的二进制结构文件,每个文件包含多条记录,当审计日志长度超过一定大小,系统会按照预先设置好的路径和命名规则产生一个新的日志文件。

【例 6-1】　Windows XP 的审计系统及审计日志。

Windows XP 的审计系统由操作系统内部的安全参考监视器(Security Reference Monitor,SRM)、本地安全中心(Local Security Authority,LSA)和事件记录器(Event Logger)等模块组成。LSA 负责管理审计策略,在每次审计事件发生时,审计日志记录由 SRM 和 LSA 根据相应系统或应用的通知生成,记录先被传输到 LSA,经过 LSA 处理后转发给事件记录存储。Windows XP 的审计日志主要分为系统日志、安全日志和应用日志 3 类,分别记录有关操作系统事件、安全事件和应用事件的发生情况,审计记录包含的内容如表 6.2 所示。

表 6.2　Windows XP 的审计系统

字段名称	内　　　容	范　　　例
类型	本条记录内容的基本类型,主要包括错误、警告、信息或正确审核、失败审核	错误
日期	事件发生时的年、月、日	2015-8-20
时间	事件发生时的小时、分、秒	21：36：59
来源	通报事件的系统或应用程序	Service Control Manager
分类	事件分类	登录/注销
事件	事件编号	101
用户	事件涉及的用户	SYSTEM
计算机	事件涉及的计算机	My Computer

4. 一般操作系统审计的实现

实现审计时,首先要解决的问题是如何保证所有安全相关事件都能被审计。在一般的多用户多进程操作系统(如 UNIX、Linux 等)中,用户程序与操作系统的唯一接口是系统调用,也就是说,当用户请求系统服务时,必须经过系统调用。因此,在系统调用的总入口处(称作审计点)增加审计控制,就可以成功地审计系统调用,也就是成功地审计了系统中所有使用内核服务的事件。

系统中有一些特权命令也属于可审计事件,而通常一个特权命令需要使用多个系统调用,逐个审计所用到的系统调用,会使审计数据复杂而难于理解,审计员很难判断出命令使用情况。因此虽然系统调用的审计已经十分充分,特权命令的审计仍然必要。为了实现对特权命令的审计,可以在被审计的特权命令的每个可能的出口处增加一个新的系统调用,专门用于该命令的审计。当发生可审计事件时,审计点调用审计函数并向审计进程发消息,审计进程是一个守护进程,完成审计信息的缓冲、存储、归档工作,如图 6.1所示。

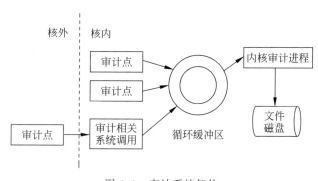

图 6.1　审计系统架构

一般情况下,审计在系统开机引导时就会自动开启,审计管理员可以随时关闭审计功能。审计功能被关闭后,任何用户的任何动作就不再处于审计系统的监视下,也不再记录任何审计信息。

系统在审计时,要将审计信息写入日志中,自然会给系统带来时间上的额外开销,影响系统的性能。为了将这种时间开销减少到最低程度,审计系统不必每次有一条记录时就立即写入审计日志文件中,可在系统中开辟一片审计缓冲区。系统在大多数情况下只需将审计信息写入审计缓冲区中,只有在缓冲区已经写满或者内容达到一定的限度时,审计进程才一次性地将审计缓冲区中的有效内容全部写入日志文件中。

系统审计员可以根据需要选择审计信息,用文档或报告的形式打印出来,供各种分析需要,同时也可以将日志文件转储在除硬盘之外的存储媒体上,以节省系统磁盘空间。

视频讲解

6.3 Windows 操作系统安全

Windows 系统是目前市场上占统治地位的操作系统,被广泛作为企业、政府部门以及个人计算机的系统平台,现在常用版本有 Windows XP、Windows 7、Windows 10 等。自 Windows 2000 以来,微软一直关注操作系统的安全设计和配置,提供了多种安全机制,了解 Windows 系统的安全机制,并制定精细的安全策略,用 Windows 构建一个高度安全的系统才能成为可能。

Windows 系统提供的安全机制包括身份认证、访问控制、审计、主机防火墙、文件加密等。

6.3.1 Windows 认证机制

Windows 系统中的用户账户有两类:本地账户和域账户;提供两种基本认证类型:本地登录和基于活动目录的域登录。本地登录指用户登录的是本地计算机,对网络资源不具备访问权力。基于活动目录的域登录是指在域环境中,域用户向域控制器请求进行身份认证,认证后的域用户可以根据权限访问域中的资源。

1. 本地登录

1) Windows XP 的认证过程

在 Windows XP 中 WinLogon 是提供本地交互式登录支持的一个组件,该进程对应的可执行文件为%SystemRoot%\System32\Winlogon.exe,主要负责管理与登录相关的安全工作。用户在 Windows 系统启动后按 Ctrl+Alt+Delete 组合键,会引起硬件中断,该中断信息被系统捕获后,操作系统即激活 WinLogon 进程。在 WinLogon 初始化时,会在系统中注册一个 SAS(Secure Attention Sequence,安全警告序列)。SAS 是一组组合键,默认情况下为 Ctrl+Alt+Delete。它的作用是确保用户交互式登录时输入的信息被系统所接受,而不会被其他程序所获取。

WinLogon 调用图形化标识和认证(Microsoft Graphical Identification and Authentication,GINA)来显示"登录"对话框。GINA 是一个用户模式的 DLL,运行在 WinLogon 进程中,标准 GINA 是\Windows\System32\msgina.dll,负责显示用户信息输入界面,收集用户登录信息,并将用户登录信息通过安全信道反馈给 WinLogon。为了支持更多的交互登录验证方式,GINA 动态库是可以替换的,用户可以自己开发 GINA 动态库以实现其他身份验证方式,如智能卡、指纹、虹膜等。GINA 通过串接的方式来组合多种身份认证机制,例如,自定义 GINA 的指纹识别模块串接到原本的 Windows XP 账号及密码认证之后。不过,这种方式会带来一个大问题,那就是当 GINA 串接前面的认证方式更新之后,有可能造成 GINA 串接断掉,使后面的认证进程失效。

　　GINA 在收集好用户的登录信息后,就调用本地安全授权(Local Security Authority,LSA)的 LsaLogonUser 命令,把用户的登录信息传递给 LSA,实际认证部分的功能是通过 LSA 来实现的,LSA 从 GINA 中获取用户的账号和密码,调用认证包,将用户信息加密处理后交给 SAM(Security Account Manager)服务器,SAM 服务器通过与存储在 SAM 数据库中的用户信息对比,以确定用户身份是否有效。WinLogon、GINA、LSA 三部分相互协作实现了 Windows 的本地登录认证功能,如图 6.2 所示。

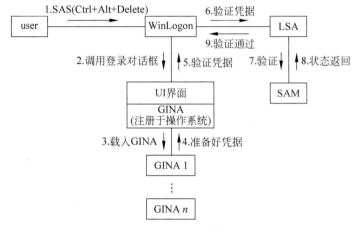

图 6.2　GINA 模型

2)Windows 7 认证过程

　　在 Windows 7 中,登录体系架构被重新设计,GINA 不再被使用,取而代之的是一个全新的凭证提供程序模型。新架构引入 LogonUI 和凭证提供 Credential Provider 两个新组件,登录架构更灵活、扩展性更强,并允许用户开发多种插入式凭证提供程序。

　　Windows 新架构的登录流程可以用如图 6.3 所示的 Credential Provider 模型来表示。当系统启动时,系统将自动发送 SAS 安全序列到 WinLogon 进程,由 WinLogon 进程查询并枚举所有注册于 HKLM\Software\Microsoft\Windows\CurrentVersion\Authentication\Credential Providers 的登录方式,LogonUI 将这些登录方式显示给用户,由用户选择某种登录方式。当用户单击界面,输入账户密码或者相关生物信息后,系统生成用户的登录凭证,LogonUI 将准备好的凭证传递给 WinLogon。紧接着 WinLogon 将这些凭证信息作为参数传递给本地安全认证机制 LSA。LSA 使用相关的认证机制进行认证,如果认证成功,LSA 将检查本地安全策略判断用户的登录权限,然后创建访问令牌,并将认证结果和访问令牌返回给 WinLogon。当验证通过时,WinLogon 启动用户 Shell,进入 Windows 系统。

　　Credential Provider 模型是一个基于 COM 组件的框架模型,新的架构体系在模型中预留了 CredentialProviderCredential∷GetSerialization 登录接口,用户通过重新实现这些接口以及相关 API 函数能够方便安全快速地实现自定义身份验证方式。

由于新架构比 GINA 模型具有更高的安全性,而且 Credential Provider 比 GINA 更容易被理解和应用,代表着未来发展的登录模型,如图 6.3 所示。

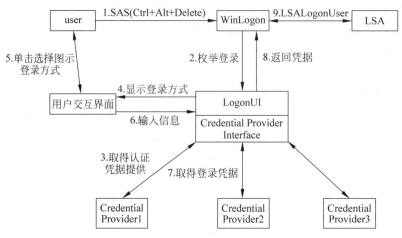

图 6.3　Credential Provider 模型

视频讲解

3) Windows 口令安全策略

在 Windows 系统中,系统给每个用户分配了一个 SID(Security Identifiers),SID 是标识用户、组和计算机账户的唯一代码,它是一个最长为 48b 的字符串,包含用户和组的安全描述、SID 颁发机构、修订版本和长度可变的验证值等。首次为用户创建账户时,系统给这个用户的账户生成一个唯一的 SID。

在 Windows 7 中,要查看当前登录账户的 SID,可以使用管理员身份启动命令提示窗口,然后运行"whoami/user"命令,如图 6.4 所示。

图 6.4　查看用户 SID

本地登录通常采用口令认证方式,所有系统合法用户的用户名与口令信息被存储在本地计算机的安全账户管理器(SAM)中,SAM 通常位于％SystemRoot％\system32\config 文件夹下,并在注册表的 HKEY_LOCAL_MACHINAE/SAM 中保存有副本。在登录时,用户提交登录凭证,本地计算机的安全子系统将用户名与口令送到本地计算机上的 SAM 数据库中进行验证。这里需要注意的是,Windows 的口令不是以纯文本格式存储在 SAM 数据库中的,而是以口令散列值的方式存储。同时为了保护 SAM,Windows 系统在运行时对 SAM 文件加了一个持久性的文件锁,因此即使是 Administrator 账户, 通过正常途径也不能直接读取 SAM,只有 LocalSystem 账户权限才可以读取,但黑客们 已经提出了多种技术可以从内存 dump 出 SAM 内容,从而使得对 SAM 文件进行暴力破 解成为可能。

通过第 3 章身份认证的介绍,我们知道本地口令认证主要需解决弱口令问题,针对弱 口令的攻击方式主要有字典攻击和暴力破解,为了防范这类攻击,Windows 系统提供了 密码策略和账户锁定策略。

运行 secpol.msc 即可进行密码策略和账户锁定策略设置,本地安全设置中的密码策 略是增强口令强度的策略,在默认的情况下都没有开启,需要开启的密码策略如表 6.3 所 示。其中,“密码复杂性要求”要求设置的密码必须是大写字母、小写字母、特殊字符和数 字的组合;“密码长度最小值”是密码长度至少要满足的要求;“密码最长留存期”决定了 密码可以使用的最长时间(以天为单位),也就是说,当密码使用超过最长留存期后,就自 动要求用户修改密码;“强制密码历史”是系统记录的历史密码数目,其目的是防止用户 将几个密码轮换使用,表中“强制密码历史”值为 5,表示系统会记录 5 个最近使用的密 码,用户设置新密码时不能与前 5 次密码相同。

表 6.3　Windows 密码策略

策　　略	设　　置
密码复杂性要求	启用
密码长度最小值	6 位
密码最长留存期	15 天
强制密码历史	5 个

开启账户锁定策略可以在满足特定条件时将用户账户锁定,有效防止字典攻击和暴 力破解,如表 6.4 所示。

表 6.4　Windows 账户锁定策略

策　　略	设　　置
复位账户锁定计数器	30min
账户锁定时间	30min
账户锁定阈值	5 次

账户锁定阈值是指允许用户登录尝试的次数,如果登录失败次数超过阈值则该账户 会被系统锁定,锁定时间由账户锁定时间策略决定。复位账户锁定计数器决定了需要等 待多长时间,系统才自动将记录的失败次数清零,例如,设置账户锁定阈值为 10 次、账户 锁定时间为 60min、复位账户锁定计数器为 30min,如果一位用户忘记了自己的密码,尝 试了 5 次就没有继续尝试,这时他的账户还没有锁定,但系统已经记录了失败尝试的次数 为 5,在最后一次尝试的 30min 后,记录下来的 5 次失败尝试会被清零,该账户又获得了 10 次尝试的机会。

如果操作系统的 SAM 数据库出现问题,将面临无法完成身份认证、无法登录操作系统、用户密码丢失的情况。所以,保护 SAM 数据的安全就显得尤为重要,虽然 SAM 数据库中用户口令已经做了散列处理,并且进行了运行时锁定,但是针对 SAM 进行破解的工具有很多,如 L0phtCrack(LC)、Cain&Abel 等。Microsoft 公司提供了实用工具 SysKey 对 SAM 进行保护,读者可以自行完成 SysKey 的配置。

2. 基于活动目录的域登录

在局域网(内网)环境中,计算机的组织管理方式有两种：工作组(Work Group)和域(Domain)。工作组模式仅是根据计算机所处的部门或位置进行简单的分组,便于相同组内计算机的互相访问,计算机可以自由地加入或退出某个组。工作组中的每个计算机是对等的,无法实施集中管理。

域模式有严密的组织结构,包括域控制器(Domain Control,DC)、成员机等,由域控制器对域中的用户、计算机、资源等进行集中管控。域控制器通过活动目录(Active Direction,AD)存储、管理域中的用户、口令、计算机、资源等信息,从而实施对域中资源的集中管控。通常把安装了活动目录的服务器称为域控制器。

基于活动目录的域登录与本地登录的方式完全不同。如图 6.5 所示,网络上所有用户的登录凭证(包括用户 ID 和口令)都被集中地存储到活动目录安全数据库中。用户在计算机上登录域时,需要通过网络身份认证协议,将登录凭证提交到 DC 进行认证。

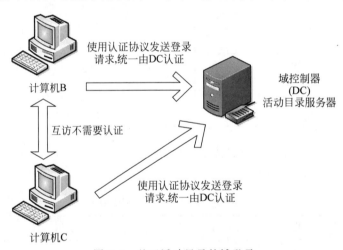

图 6.5　基于活动目录的域登录

只要登录"域"成功,服务器之间或主机之间的相互访问就不再是进行分散的验证,而是通过活动目录去维护一个安全堡垒。如果计算机 B 与计算机 C 要相互访问,那么这两台主机在网络初始化时就必须成功地被域控制器所验证,此时计算机 B 与计算机 C 的相互访问,就不再需要输入用户名和密码了。这样就达到了"一次登录、多次访问"的效果,不仅提高了登录验证的安全性,也提高了访问效率。

6.3.2　Windows 访问控制机制

视频讲解

Windows 支持基于访问控制列表的自主访问控制机制,由资源的属主用户决定其他用户是否可以访问资源以及对资源的访问能力,以保证资源合法、受控地使用。

Windows 安全子系统中实现自主访问控制主要包含 3 个关键的组件:访问令牌(Access Token)、安全描述符(Security Descriptor)、访问控制表(Access Control List,ACL)。

1. 访问令牌

用户成功登录后,安全引用监控器(SRM)根据用户 SID 和组 SID 为用户创建令牌,此后,代表该用户工作的每个进程和线程都将获得该令牌的拷贝。访问令牌可以看作一张电子通行证,里面记录了用于访问对象、执行程序、修改系统设置所需的安全验证信息。

所有的令牌包含同样的信息,如图 6.6 所示,但是令牌的大小是不固定的,因为不同的用户账户有不同的特权集合,它们关联的组账户集合也不同。

用户的访问权限主要由令牌中的两部分信息来确定,第一部分由令牌中的用户账户 SID 和组 SID 域构成,这些 SID 决定一个进程或线程是否可以获得一个被保护对象(例如一个 NTFS 文件)的访问许可。令牌中的用户账户 SID 描述了当前用户的身份,不同的用户访问权限不同,而组 SID 说明了一个用户的账户是哪些组的成员,用户组是为了简化用户管理而引入的用户账户的容器,通过将用户账户添加到特定用户组,就可以使得该用户拥有用户组配置的全部权限,不同的组其权限也不相同,一个用户可以是多个组的成员,能够获得这些组的权限。

在一个令牌中,决定用户访问权限的第二部分信息是特限集。特权操作包括关闭计算机、备份计算机、修改系统时间等,不同账户有不同的特权集合。

令牌中包含的默认的主组域和默认的自主访问控制表(DACL)域是指这样一些安全属性:当该进程或线程创建对象时,Windows 系统自动将该进程或线程关联的令牌中的默认的主组和默认的自主访问控制表应用在它所创建的对象上,这样可以使得进程或线程很方便地创建一些具有标准安全属性的对象,而不需要为它所创建的每个对象请求单独的安全信息。

2. 安全描述符

令牌标识了用户(主体)的凭证,而安全描述符则与一个对象(客体)关联在一起,规定了谁可以在这个对象上执行哪些操作。

令牌源
模仿类型
令牌ID
认证ID
修改ID
过期时间
默认的主组
默认的DACL
用户账户SID
组1SID
…
组*n*SID
受限制的SID1
…
受限制的SID*n*
权限1
…
权限*n*

图 6.6 访问令牌

一个安全描述符由以下属性构成,如图 6.7 所示。

版本号:创建此描述符的安全模型的版本。

标志:定义了该描述符的类型和内容。该标志指明是否存在 DACL 和 SACL。还包括如 SE_DACL_PROTECTED 的标志,防止该描述符从另一个对象继承安全设置。

所有者 SID:该对象的所有者的 SID,该对象的所有者可以在这个安全描述符上执行任何动作。所有者可以是一个单一的 SID,也可以是一组 SID。所有者具有改变 DACL 内容的权限。

组 SID:该对象的主组的安全 ID(仅用于 POSIX 系统)。

自主访问控制列表(Discretionary ACL,DACL):规定了谁可以用什么方式访问该对象。

系统访问控制表(System ACL,SACL)：规定了哪些用户的哪些操作应该被记录到安全审计日志中。

安全描述符的主要组件是自主访问控制列表,自主访问控制列表确定了各个用户和用户组对该对象的访问权限。当一个进程试图访问该对象时,以该进程的 SID 与该对象的自主访问控制列表是否相匹配,来确定本次访问是否被允许。

3. 自主访问控制列表

ACL 是 Windows 访问控制机制的核心,它的结构如图 6.8 所示。每个 ACL 由表头、一个或多个访问控制项(Access Control Entry,ACE)组成。每个访问控制项包括一个 ACE 头部、一个用户或用户组的 SID,一个访问掩码,其中访问掩码描述了对该客体的访问类型,如读、写等,ACE 头部中有一位描述了访问掩码描述的操作是允许还是拒绝。ACE 表是根据用户授权操作确立的。

图 6.7 安全描述符   图 6.8 自主访问控制列表

在 ACL 中 ACE 项的排列是有顺序的,拒绝权限优先。访问控制信息具有继承关系,例如,文件可以继承文件夹的 ACL,这种继承关系可以有多个层次,在 ACL 中,直接的 ACE 在继承的 ACE 之前,如图 6.9 所示。

当进程试图访问一个对象时,系统中该对象的管理程序从访问令牌中读取 SID 和组 SID,然后扫描该对象的 DACL,进行以下 3 种情况的判断,如图 6.10 所示。

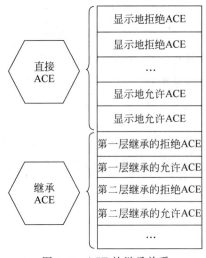

图 6.9 ACE 的继承关系

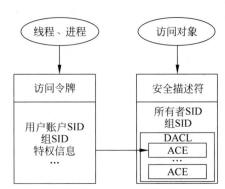

图 6.10 访问控制示意图

（1）如果访问对象没有 DACL，则系统允许所有进程访问该对象。

（2）如果访问对象有 DACL，但 ACE 为空，则系统对所有进程都拒绝访问该对象。

（3）如果访问对象有 DACL，且 ACE 不为空，那么如果找到一个访问控制项，它的 SID 与访问令牌中的一个 SID 匹配，那么该进程具有该访问控制项的访问掩码所确定的访问权限。

6.3.3　用户账户管理

由于历史原因，使用 Windows 的很多用户都直接以管理员权限运行系统，这对计算机安全构成很大隐患。从 Windows Vista 开始，Windows 加强了对用户账户控制的管理，使用"用户账户控制"（User Account Control，UAC）模块来管理和限制用户权限。

和老版本的 Windows 有很大不同，在 Windows Vista、Windows 7 等中，当用户使用管理员账户登录时，Windows 会为该账户创建两个访问令牌：一个标准令牌，一个管理员令牌。大部分时候，当用户试图访问文件或运行程序的时候，系统都会自动使用标准令牌进行，只有在权限不足（也就是说，如果程序宣称需要管理员权限的时候）时，系统才会使用管理员令牌，这种将管理员权限区分对待的机制称为 UAC。UAC 体现了最小特权原则，即在执行任务时使用尽可能少的特权。

在需要管理员特权操作时，系统首先会弹出 UAC 对话框要求用户确认（如果当前登录的是管理员用户），如图 6.11 所示，或者输入管理员用户的密码（如果当前登录的是标准用户，也称为受限用户），只有在提供了正确的登录凭据后，系统才允许使用管理员令牌访问文件或运行程序，这个要求确认或者输入管理员账户密码的过程称为"提升"。

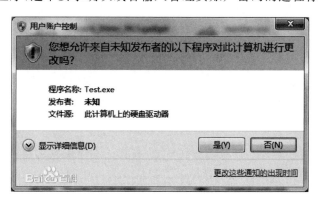

图 6.11　UAC 用户确认对话框

根据要以管理员身份运行的程序不同，"提升"对话框顶部一栏的底色不同，一般来说，底色和对应的含义如表 6.5 所示。

表 6.5　UAC 对话框背景含义

背 景 颜 色	含　　义
红色背景，带有红色盾牌图标	程序的发布者被禁止，或者被组策略禁止。遇到这种对话框的时候要万分小心
橘黄色背景，带有红色盾牌图标	程序不被本地计算机信任（主要是因为不包含可信任的数字签名或数字签名损坏）

续表

背 景 颜 色	含　　义
蓝绿色背景	程序是微软自带的,带有微软的数字签名
灰色背景	程序带有可信任的数字签名

　　UAC功能在一定程度上增强了系统安全性,但是在执行很多操作的时候都需要进行确认,也带来了使用上的烦琐。在 Windows 7 系统中可以根据系统所处的环境状况,设置 UAC 的安全级别,使得在利用 UAC 确保系统安全的同时,使用上更加易于接受。使用管理员账户登录 Windows 7,打开"控制面板",在"控制面板"中依次单击"用户账户"、"更改用户账户控制设置",在如图 6.12 所示的界面中,通过滑块调整 UAC 的提示级别,系统中提供了四个级别,从上到下的安全性递减,同时,"扰民"的程度也是递减的。

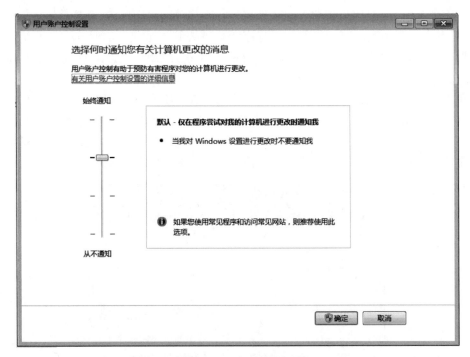

图 6.12　UAC 级别设置

　　不同级别之间的区别,以及建议的使用环境可参考表 6.6。

表 6.6　UAC 各级别使用场景

选　　项	描　　述	适 用 场 景	是否使用安全桌面
始终通知	当程序试图安装软件,或更改计算机设置,或用户更改 Windows 设置时,通知当前用户	如果希望尽可能保证计算机安全,用户需要频繁安装软件,以及访问不熟悉的网站时,可使用该选项	是

续表

选　　项	描　　述	适 用 场 景	是否使用安全桌面
默认值	只有在程序试图修改计算机配置时通知当前用户,但用户自己更改 Windows 设置时不通知	如果计算机需要较高的安全等级,并希望降低用户可以看到的通知数量时,可选择该选项	否
仅当程序尝试更改计算机时通知(不降低桌面亮度)	与默认值相同,但显示通知时 UAC 不切换到安全桌面	如果用户在可信赖环境中工作,只使用熟悉的应用程序,不访问不熟悉的网站,可选择该选项	否
从不通知	关闭 UAC 所有的提示通知	如果安全性并不是最重要的,并且用户在可信赖环境中工作,同时使用由于不支持 UAC 而无法获得 Windows 7 认证的程序,可使用该选项	否

　　Windows 7 默认 UAC 级别是第三级,在该级别下,当弹出 UAC 提升对话框时,桌面背景会变暗,这就是所谓的"安全桌面",这样做的主要目的不是为了突出显示 UAC 的对话框,而是为了安全,除了受信任的系统进程外,任何用户级别的进程都无法在安全桌面上运行,这样可以阻止恶意程序的仿冒攻击。

6.3.4　加密文件系统 EFS

　　为了保证系统安全,可以采用给用户设置强密码、访问控制等手段,然而这样就可以做到万无一失了吗? 这些 Windows 系统提供的安全机制只有在操作系统处于活动状态下才能得到强制执行。如果资源所在的物理硬盘被非法者窃取,那么使用上述权限访问控制行为对资源保护没有任何意义。窃取者只需把资源所在的物理硬盘放到自己的主机上,使用自己的操作系统启动计算机,再将该硬盘设置成操作系统资源盘,便可以轻松地解除原有操作系统的权限并访问资源。很多人可能听说过 ERD Commander 之类的软件,这种软件可以创建一个光盘镜像文件,将其刻录到光盘上后,可以用来引导计算机启动,将计算机引导进入一种 Windows PE 环境(可以理解为运行在光盘上的 Windows 系统),利用该环境,可以在硬盘上原先安装的 Windows 没有启动的情况下,查看注册表内容、访问文件,查看 EFS 加密密钥等,这种攻击是在硬盘 Windows 没有运行的情况下进行的,因此称为"脱机攻击"。

　　为了防止这样的事情发生,需要一种基于文件系统加密的方法来保证资源的安全。加密文件系统(Encrypting File System,EFS)是 Windows 2000 及以上版本中 NTFS 格式磁盘的文件加密。EFS 允许用户以加密格式存储磁盘上的数据,将数据转换成不能被其他用户读取的格式。用户加密文件之后只要文件存储在磁盘上,它就会自动保持加密的状态。

　　EFS 基于混合加密体制,文件加密原理如图 6.13 所示,在加密文件时,系统产生一个伪随机对称密钥 FEK(File Encryption Key),采用对称密码体制算法加密文件,文件加密密钥 FEK 用公钥密码体制的公钥加密后附属在密文头部。注意,由于加密、解密功能在系统启动时还不起作用,因此系统文件或在系统目录中的文件是不能被加密的,否则,系统将无法启动。

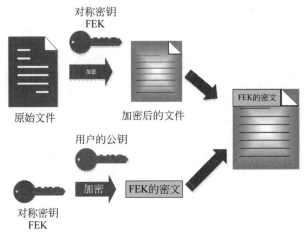

图 6.13　采用 EFS 进行文件加密的过程

在文件解密时,首先分离出头部,利用用户的私钥进行解密,获取对称密钥 FEK,利用 FEK 解密密文得到文件的明文信息,如图 6.14 所示。

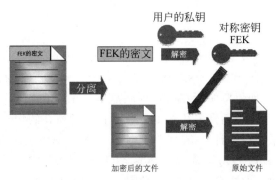

图 6.14　采用 EFS 进行文件解密的过程

采用 EFS 对文件或文件夹加密时,只需使用鼠标右键单击要加密的文件或文件夹,然后选择"属性",在"属性"对话框的"常规"选项卡上单击"高级"按钮,在"高级属性"对话框上选中"加密内容以便保护数据"复选框并确认即可对文件进行加密,如图 6.15 所示。如果加密的是文件夹,系统将进一步弹出"确认属性修改"对话框要求确认是加密选中的文件夹,还是加密选中的文件夹、子文件夹以及其中的文件。解密的步骤与加密相反,只需在"高级属性"对话框中取消勾选"加密内容以便保护数据"复选框即可。在解密文件夹时将同样弹出"确认属性更改"对话框要求确认解密操作应用的范围。

和其他加密软件相比,EFS 最大的优势在于和操作系统紧密集成,节约了安装成本,同时,整个加解密过程对用户是透明的。例如,用户 A 加密了一个文件,用户 A 登录

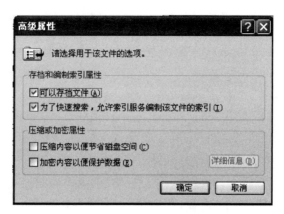

图 6.15 加密文件系统

Windows 系统后可以直接打开该加密文件进行编辑,无须输入解密密钥,而在保存时,编辑后的内容会被自动加密,无须用户干预,因此,EFS 在使用上非常便捷。

EFS 加密虽然比较简单,但是如果在重装系统前没有备份包含用户私钥的证书,重装系统后 EFS 加密的文件将无法打开。

6.3.5 BitLocker 机制

虽然 Windows 操作系统支持 EFS 文件加密系统,但 EFS 不能对存储重要信息的系统文件进行加密,如注册表、系统盘等。Windows 7 中新增的 BitLocker 功能可以加密整个分区(卷),包括 Windows 系统分区,并将加密密钥保存在硬盘之外的地方,这样即使遭受脱机攻击,攻击者没有解密密钥,也无法获得系统中的任何信息。

1. BitLocker 加密模式

BitLocker 采用对称密码算法 AES 加密硬盘分区,加密时使用的加密密钥称为 FVEK(Full-Volume Encryption Key),为了确保加密密钥的安全,又利用卷主密钥(Volume Master Key, VMK)对 FVEK 加密后存储在卷的元数据区域中。在配置 BitLocker 的时候,用户可以根据系统硬件情况选择保护 VMK 的方式,如果系统有 TPM(Trusted Platform Module),则可以用存储在 TPM 中的存储根密钥(Storage Root Key, SRK)采用 RSA 算法加密 VMK,否则可以用存储在 U 盘中的密钥加密 VMK。

BitLocker 使用时有以下 5 种模式。

1) 纯 TPM 模式

要使用 TPM 模式,要求计算机中必须带有不低于 1.2 版的 TPM 芯片,TPM 是一种加密协处理器,可以实现很多功能,例如,实现公钥加密等,一般只出现在对安全性要求较高的商用计算机或者工作站上,家用计算机或者普通计算机上通常不会提供。要想知道计算机上是否有 TPM 芯片,需要运行 devmgmt.msc 打开设备管理器,然后查看设备管理器中是否存在"安全设备"节点,该节点下是否有"受信任的平台模块"这类设备,并确定其版本即可。

采用纯 TPM 模式,只有在 TPM 存在的情况下才可以启动对应的操作系统,也就是说,如果攻击者窃取硬盘后安装到其他计算机上,将无法直接读取系统盘的任何数据。但是如果是整个笔记本计算机被窃,BitLocker 功能对系统的保护将形同虚设,可以采用混合模式以获得进一步的安全性。

2)TPM 芯片和 PIN 码结合

在纯 TPM 模式的基础上,再设置一个启动口令(PIN 码),这个启动口令由 4～20 位数字组成。每次启动计算机时,必须手动输入这个 PIN 码,然后结合 TPM 芯片中密钥解密系统盘,启动系统。

3)TPM 芯片和 USB 启动密钥相结合

在纯 TPM 模式的基础上,再设置一个启动密钥,这个密钥存放在 U 盘中。每次启动计算机时,必须提供保存密钥的 U 盘,然后结合 TPM 芯片中密钥解密系统盘,启动系统。

4)TPM 芯片、PIN 码、USB 启动密钥相结合

在纯 TPM 模式的基础上,再设置一个启动口令(PIN 码)、一个启动密钥,这个密钥存放在 U 盘中。每次启动计算机时,必须手动输入这个 PIN 码,提供保存密钥的 U 盘,然后结合 TPM 芯片中密钥解密系统盘,启动系统。

5)纯 U 盘

如果要使用 U 盘模式,只需要计算机上有 USB 接口,计算机的 BIOS 支持在开机的时候访问 USB 设备,并且能提供一个专用的 U 盘。使用 U 盘模式,用于解密系统盘的密钥文件会被保存在 U 盘上,每次重启系统的时候,必须在开机之前将 U 盘连接到计算机上。

在有 TPM 参与的 BitLocker 加密模式下,不仅可以实现硬盘分区的加密保护,而且会在 TPM 中保存计算机系统启动引导组件和配置数据的快照,在系统启动过程中,会自动验证这些启动部件的完整性,一旦发现这些重要的引导文件的内容和 TPM 芯片中保存的"快照"信息不相符(可能是硬件损坏或被病毒感染所致),就会提示用户,防止这些数据被篡改。而单纯的 U 盘模式的 BitLocker 无法实现这项功能。

2. 使用 BitLocker 的前提条件

BitLocker 的主要功能实际上是对操作系统所在的硬盘分区进行加密,在系统启动的时候,必须提供解密的密钥才能启动操作系统。这就有一个问题,用于解密的密钥可以保存在 TPM 芯片或 U 盘中,但是解密程序等不能被加密的数据应该放在哪里呢?难道就放在系统盘中吗?可是系统盘已经被加密了,这就导致一种很矛盾的状态。因此,如果要顺利使用 BitLocker 功能,硬盘上至少需要有两个活动分区,除了系统盘外,额外的活动分区必须保持未加密的状态,且必须是 NTFS 文件系统,同时可用空间不能少于 100MB(很明显,单纯的解密程序以及引导系统所需文件不会这么大,但微软要求这个分区不小于 100MB),如果还未安装 Windows 7,并打算在安装好系统后使用 BitLocker 功能,那么在安装的时候可以直接准备好分区,如果已经安装了 Windows 7,可以通过一些方法,可以在不破坏现有系统和所有数据的前提下为 BitLocker 腾出空间来创建第一个分区。

3. BitLocker 的使用方法

Windows 7 中启动 BitLocker 的方法为:打开"控制面板",单击"BitLocker 驱动器加密",即可启动磁盘加密过程,如图 6.16 所示。在应用了 U 盘模式的 BitLocker 后,每次

启动系统前都必须将保存了启动密钥的 U 盘连接到计算机,才能完成 Windows 的启动和加载过程。

图 6.16 BitLocker 操作界面

6.3.6 Windows 审计/日志机制

安全审核是 Windows 最基本的入侵检测方法,当有人尝试对系统进行某种方式(如尝试用户密码、改变账户策略和未经许可的文件访问等)入侵时,都会被安全审核记录下来。审核策略在默认的情况下是没有开启的,可利用本地安全策略中的审核策略开启,如图 6.17 所示。

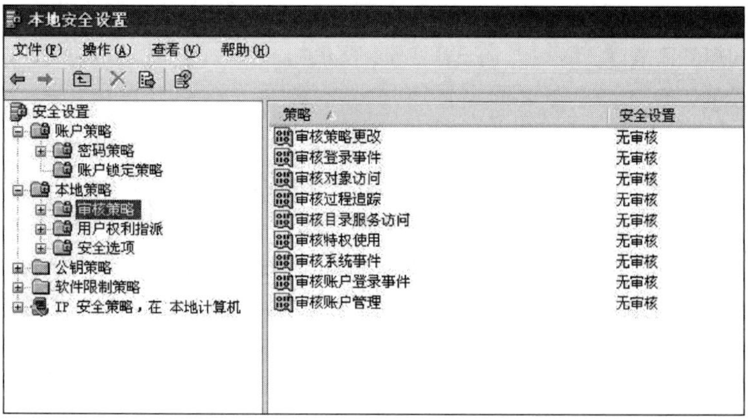

图 6.17 审计策略

系统审核的结果存储在日志文件中,Windows 日志有 3 种类型:系统日志、应用程序日志和安全日志。可以通过"控制面板"→"管理工具"→"事件查看器"来浏览这些日志文件中的内容。

(1) 系统日志。包含 Windows 系统组件记录的事件。例如,在启动过程中加载驱动程序或其他系统组件失败将记录在系统日志中,默认情况下 Windows 会将系统事件记录到系统日志中。

(2) 应用程序日志。包含由应用程序或系统程序记录的事件,主要记录程序运行方面的事件。

(3) 安全性日志。记录诸如有效和无效的登录尝试以及与资源使用相关的事件,例如创建、打开或删除文件或其他对象。

如果计算机被配置为域控制器,那么还将包括目录服务日志、文件复制服务日志。如果计算机被配置为域名系统(DNS)服务器,那么还将记录 DNS 服务器日志。当启动 Windows 时,事件日志服务(EventLog)会自动启动,所有用户都可以查看应用程序和系统日志,但只有管理员才能访问安全性日志。

6.4 Linux 的安全机制

视频讲解

1965 年,美国 AT&T 贝尔实验室(Bell Labs)、通用电气公司(General Eletric)和麻省理工学院(MIT)等合作开发名为 MULTICS 的用于大型计算机的操作系统。MULTICS 的主要设计目标是提供一种用于多用户多任务的大规模计算环境,方便实现硬软件资源的共享。由于项目过于庞大,难以达到预期目标。1969 年,因 MULTICS 计划的工作进度太慢,该计划被停了下来。MULTICS 虽然失败了,但是给程序员积累了宝贵的经验。

1969 年,Ken Thompson、Dennis Ritchie 和其他参与 MULTICS 计划的一些人重回贝尔实验室,在一台闲置无用的 DEC PDP-7 机器上研制"太空旅行"游戏,为了改善研制环境,他们经过一番艰苦的努力,给这台机器开发了新的操作系统,这就是最初的 UNIX 系统。从 UNIX 的名字就可以知道,这个小型操作系统是从对过于庞大的 MULTICS 的反省中诞生的(UNI 表示"单一",而 MULTI 表示"众多"),所以它的功能被大幅度简化,成为非常单纯的 OS。

1971 年,Dennis Ritchie 开发了 C 语言,并于 1973 年用 C 语言重写了 UNIX,从而 UNIX 与 C 语言就紧密地结合在一起,这一实现也是 UNIX 变成开放系统的重要原因。

由于一开始无法进入计算机市场,AT&T 无法将 UNIX 作为商品出售,于是贝尔实验室开始向大学、科研机构免费发放 UNIX 的源代码,这使得大批优秀的计算机人员在 UNIX 系统上被培养出来,从而为今后更广泛地应用、开发 UNIX 系统打下良好的基础。

1975 年,应学术界要求,贝尔实验室推出了 UNIX Version 6,直到 1977 年 UNIX 才得到商业许可,1979 年,为满足商业需求推出了 UNIX Version 7。在 20 世纪 80 年代初,AT&T 开发了 UNIX 的后续版本 UNIX System Ⅲ 和 System Ⅴ。在 20 世纪 80 年代末,AT&T 对 System Ⅴ 的命名重新标准化,以 System Ⅴ Release Ⅹ 的形式表示,简记为 SVRX,这些版本都是以第 7 版为基础发展而成,System 3.2 和 System 4.2 在计算机操作系统中一直很流行。

在 AT&T 发展 UNIX 的同时,许多大学也在研究 UNIX,加利福尼亚大学的程序员改动 AT&T 发布的源代码,开发了 UNIX 的伯克利发布版(Berkeley Standard Distribution,BSD),成为第 2 个主要的 UNIX 版本。

在 UNIX 的发展历史中,还产生了许多其他的商业版本,如 Sun Microsystems 公司的 SunOS/Solaris,IBM 公司的 AIX,SCO 公司的 SCO OpenServer 及 UNIXWare 7 等。

Linux 是类 UNIX 系统,或者说它是 UNIX 操作系统的一个克隆版本。在 Linux 诞生之前,为了教学和研究的需要,阿姆斯特丹 Vrije 大学的计算机科学家 Andrew S. Tanwnbaun 以 UNIX 为蓝本开发了 Minix 作为一个教育工具。1991 年年初,芬兰赫尔辛基大学学生 Linus 开始在一台 386SX 兼容微机学习 Minix 操作系统。通过学习,他逐步不能满足 Minix 系统的现有性能,并开始酿造开发一个新的免费操作系统。1991 年,Linus 在 Minix 新闻组上发帖,要求试用他写的操作系统,得到了计算机爱好者和黑客的热烈响应,从此改变了整个计算科学领域。

1993 年,Linux 的第一个"产品"版 Linux 1.0 问世,在这个版本发布之初,系统是按完全自由扩散版权进行扩散的,它要求所有的源码必须公开,而且任何人都不能从 Linux 交易中获利,但很快 Linux 的创始人 Linus 开始意识到这种纯粹的自由软件发布方式对于 Linux 的扩散和发展大大不利,因为它使 Linux 无法以磁盘拷贝或者 CD-ROM 等媒体形式进行扩散,同时也因无利益驱动使一些商业公司敬而远之。于是 Linus 决定转向 GPL 版权,这一版权除了规定有自由软件的各项许可之外,还允许用户出售自己的程序拷贝。事实证明,这一版权上的转变对于 Linux 的进一步发展而言确实极为重要,从此以后,便有多家技术力量雄厚又善于市场运作的商业软件公司加入了原先完全由业余爱好者和网络黑客组成的 Linux 开发集团。紧接着,多种 Linux 版本如雨后春笋一般出现在市场上,这些版本增加了更易于用户使用的图形界面和众多的软件开发工具,极大拓展了 Linux 的功能和影响。

世界上成千上万的人在为 Linux 开发软件,如果每个软件都让 Linux 使用者自己获取安装,显然是不现实的。于是有了专门的公司或 Linux 爱好者,在 Linux 内核的基础上,加入 Linux 安装程序,选配了 Linux 下开发的大量应用软件包,以及方便的管理工具等,并提供一定的技术支持,久而久之,形成了不同的发行版本,Ubuntu、Red Hat、Debian 等都是比较著名的 Linux 版本。

6.4.1　标识和鉴别

Linux 中拥有最高权限的是超级用户(root),其功能和 Windows NT 的管理员(administrator)功能类似,作为超级用户可以执行任何操作,管理一切资源,包括用户账号、文件和目录、网络资源等。超级用户一般在安装系统时创建,其他用户为普通用户,通常是系统安装完成后由管理员创建,这类用户只能访问和管理有限资源,也称受限用户。

在创建普通用户时需要设置用户名和口令信息,在系统内部具体实现中,系统会为每个用户分配一个唯一的标识号 UID(User ID)。UID 是一个数值,例如,超级用户(root)的 UID 为 0。具有相似属性的多个用户可以分配到同一组内,用组标志符(Group ID,GID)来唯一标识,每个用户可以属于一个或多个用户组。用户号(UID)和用户组号

(GID)决定了用户的访问权限。

所有与用户相关的信息存储在系统中的/etc/passwd 文件中,包含用户的登录名、经过加密的口令等。这个文件的拥有者是超级用户(root),只有超级用户拥有写的权力,而普通用户只有读的权力。

```
#ls -l /etc/passwd
# -rw-r--r-- root root
```

那么,在/etc/passwd 文件中具体包含哪些内容呢?

```
#vi /etc/passwd
```

如图 6.18 所示,该文件是一个典型的数据库文件,每一行都由七个部分组成,每两个部分之间用冒号分隔开,这七个部分分别描述了一下信息:用户名、口令、用户 ID、组 ID、用户描述、用户主目录、用户的登录 Shell。下面分别描述。

```
root:x:0:0:root:/root:/bin/bash
bin:x:1:1:bin:/bin:/sbin/nologin
daemon:x:2:2:daemon:/sbin:/sbin/nologin
adm:x:3:4:adm:/var/adm:/sbin/nologin
lp:x:4:7:lp:/var/spool/lpd:/sbin/nologin
sync:x:5:0:sync:/sbin:/bin/sync
shutdown:x:6:0:shutdown:/sbin:/sbin/shutdown
halt:x:7:0:halt:/sbin:/sbin/halt
mail:x:8:12:mail:/var/spool/mail:/sbin/nologin
news:x:9:13:news:/etc/news:
uucp:x:10:14:uucp:/var/spool/uucp:/sbin/nologin
operator:x:11:0:operator:/root:/sbin/nologin
games:x:12:100:games:/usr/games:/sbin/nologin
gopher:x:13:30:gopher:/var/gopher:/sbin/nologin
ftp:x:14:50:FTP User:/var/ftp:/sbin/nologin
nobody:x:99:99:Nobody:/:/sbin/nologin
```

图 6.18 /etc/passwd 文件内容

(1) 用户名:用户的登录名。

(2) 口令:用户的口令,以加密形式存放。该域值如为 x 表示口令存储在/etc/shadow 中。

(3) 用户 ID(UID):系统内部以 UID 标识用户,范围为 0~32 767 的整数。

(4) 用户组 ID(GID):标志用户所在组的编号。将用户分组管理是 UNIX 系统对权限管理的一种有效方式。假设有一类用户都要赋予某个相同的权限,如果给用户分别处理,将会很复杂,如果把这些用户都放入一个组中,再给组授权,就容易多了。一个用户可以属于多个不同的组。组的名称和信息放在另一个系统文件/etc/group 中,与用户标识符一样,GID 的范围也是 0~32 767 的整数。

(5) 用户描述:这个域中记录的是用户本人的一些情况,如用户名称、电话和地址等。该域的作用随着系统功能的增强,已经失去了原来的意义。一般情况下,约定该域存放用户的基本信息,也有的系统不需要该域。

(6) 用户的主目录:这个域用来指定用户的主目录(home),当用户成功进入系统后,他就会处于自己的用户主目录下。

一般情况下,管理员将在一个特定的目录里依次建立各个用户的主目录,目录名一般就是用户的登录名。用户对自己的主目录有完全控制的权限,其他用户对该目录的权限需要管理员手动分配。

如果没有指定用户的主目录，用户登录时将可能被系统拒绝或获得对根目录的访问权，这是非常危险的。

（7）注册时用的 Shell：Shell 程序是一个命令行解释器，它能够读取用户输入命令，并将执行结果返回给用户，实现用户与操作系统的交互，它是用户进程的父进程，用户进程多由 Shell 程序来调用执行。在 UNIX 系统中有很多 Shell 程序，如/bin/sh、/bin/csh、/bin/ksh 等，每种 Shell 程序都具有不同的特点，但基本功能是一样的。

在用户登录时，输入用户名、口令信息，用户名是标识，它告诉计算机该用户是谁，而口令是确认数据。当用户输入口令时，UNIX 使用改进的 DES 算法（通过调用 crypt（）函数实现）对其加密，并将结果与存储在数据库中的加密用户口令进行比较，若两者匹配，则说明该用户为合法用户，否则为非法用户。

为了防止口令被非授权用户盗用，对其设置应以复杂、不可猜测为标准。一个好的口令应该满足长度和复杂度要求，并且定期更换，通常，口令以加密的形式表示，由于/etc/passwd 对任何用户可读，故常成为口令攻击的目标，在后期的 UNIX 版本以及所有 Linux 版本中，引入了影子文件的概念，将密码单独存放在/etc/shadow 中，而原来/etc/passwd 文件中存放口令的域用 x 来标记。文件/etc/shadow 只对 root 用户拥有读权，对普通用户不可读，以进一步增强口令的安全。

```
#ls -l /etc/shadow
#-rw-r----- root root
```

/etc/shadow 每一行记录包含 9 个字段，用分号隔开，如图 6.19 所示，分别描述用户名、加密后的口令信息、口令的有效期等信息。

```
root:$1$rsvQv1rO$UqVal6mm1ckLxQlzzHQWa0:12524:0:99999:7:::
bin:*:12524:0:99999:7:::
daemon:*:12524:0:99999:7:::
adm:*:12524:0:99999:7:::
lp:*:12524:0:99999:7:::
sync:*:12524:0:99999:7:::
shutdown:*:12524:0:99999:7:::
halt:*:12524:0:99999:7:::
mail:*:12524:0:99999:7:::
news:*:12524:0:99999:7:::
uucp:*:12524:0:99999:7:::
operator:*:12524:0:99999:7:::
games:*:12524:0:99999:7:::
gopher:*:12524:0:99999:7:::
ftp:*:12524:0:99999:7:::
nobody:*:12524:0:99999:7:::
```

图 6.19 /etc/shadow

在 Linux 系统中可以设置用户锁定策略、自动注销时间等以增强身份认证的安全性，下面以 Red Hat 为例进行说明。

（1）设置账户登录失败锁定次数、锁定时间。

编辑文件/etc/pam.d/system-auth，查看有无 auth required pam-tally.so 条目的设置，如无则添加该条目并设置为需要的策略，例如：

```
#vi/ec/pam.d/system-auth
```

并设置: auth required pam_tally.so oner = fail deny = 6 unlock_time = 300

将设置密码连续 6 次错误锁定,锁定时间为 300s。

(2) 设置自动注销时间。

如果用户在离开系统前忘记注销账户,会带来很大的安全隐患,应该设置成系统能够自动注销账户。编辑文件/etc/profile,查看有无 TMOUT 条目的设置,如无则添加该条目并设置为需要的策略。

```
#vi/etc/profile
并设置: TMOUT = 600
```

则如果系统中的登录用户在 600s 内没有任何操作,则系统自动注销该用户。

视频讲解

6.4.2　访问控制

Linux 系统的资源访问请求是基于文件的,在 Linux 系统中各种硬件设备、端口甚至内存都是以设备文件的形式存在的,虽然这些文件和普通文件在实现上是不同的,但它们对外提供的界面是一样的,这样就给 Linux 系统资源的访问控制带来了实现上的方便。

Linux 提供的访问控制机制为自主访问控制,采用访问控制列表方式实现,将用户进行分组授权,一般分为属主用户、同组用户和其他用户三类,这种访问控制的粒度比较粗,无法实现对单个用户的授权。

1. 访问权限

命令 ls 可列出文件(或目录)对系统内不同用户所给予的访问权限,例如:

```
- rw - r - - r - -    1  root  root  1397   Mar  7 10:20   passwd
```

图 6.20 给出了文件访问权限的图示解释。

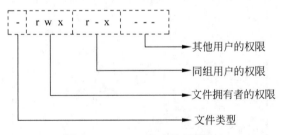

图 6.20　Linux 自主访问控制

访问权限位共有九位,分为三组,用以指出不同类型的用户对该文件的访问权限。权限有以下三种。

(1) r: 允许读。

(2) w: 允许写。

(3) x: 允许执行。

用户有以下三种类型。

(1) owner: 该文件的属主,表示文件是由该用户创建的。

(2) group: 与该文件属主同组的用户,即同组用户。

（3）other：除以上两者外的其他用户。

图 6.20 表示文件的属主具有读写及执行权限（rwx），同组用户允许读和执行操作（rx），其他用户没有任何权限。在权限位中，-表示相应的访问权限位不允许。为操作方便，可以通过数字表示法对文件权限进行描述，这种方法将每类用户的权限看作一个三位二进制数值，具有权限的位置用 1 表示，没有权限的位用 0 表示，图 6.20 中的 rwx r-x---用数字表示为 750。

上述授权模式同样适用于目录，目录的文件类型为 d。目录的读权限是指用 ls 列出目录中内容，在目录中增删文件需要有写权限。进入目录或将该目录作路径分量时要求有执行许可，因此要使用任一文件，必须有该文件及找到该文件所在路径上所有目录分量的相应许可。仅当要打开一个文件时，文件的许可才开始起作用，而 rm、mv 只要有目录的搜索和写许可，并不需要有关文件的许可，这一点应尤为注意。

超级用户（root）对任何文件或目录均可进行任何操作，具有最高权力，这样方便了管理员对系统的管理，但同时也是一个潜在的安全隐患，对于 root 账户的使用，需要注意以下几点。

（1）除非必要，尽量避免以 root 用户身份登录。

（2）不要随意将 root Shell 留在终端。

（3）不要以 root 身份运行其他用户的或不熟悉的程序。

2. 改变权限

改变文件的访问权限可使用 chmod 命令，并以新权限和该文件名为参数，格式为：

chmod 　[-Rfh]　 访问权限　　文件名

chmod 也有其他方式的参数可直接对某组参数进行修改，详见 UNIX 系统的联机手册。合理的文件授权可防止偶然性的覆盖或删除文件，改变文件的属主和组名可用 chown 和 chgrp，但修改后原属主和组员就无法修改回来了。

文件的授权可用一个四位的八进制数表示，后三位同图 6.20 所示的三组权限，授以权限时许可位置 1，不授以权限则相应位置 0。最高的一个八进制数分别对应 SUID 位、SGID 位、sticky 位，其中前两个与安全有关，将其作为特殊权限位在下面描述。

umask（UNIX 对用户文件模式屏蔽字的缩写）也是一个四位的八进制数，UNIX 用它确定一个新建文件的授权。每一个进程都有一个从它的父进程中继承的 umask。umask 说明要对新建文件或新建目录的默认授权加以屏蔽的部分。

新建文件的真正访问权限 = (～umask)&(文件授权)

UNIX 中相应有 umask 命令，若将此命令放入用户的 .profile 文件，就可控制该用户后续所建文件的访问许可。umask 命令与 chmod 命令的作用正好相反，它告诉系统在创建文件时不给予什么访问权限。

3. 特殊权限位

Linux 系统中文件的属性还包括 SUID、SGID 以及 sticky 属性，用来表示文件的一些特殊性质。

1）SUID

有时用户需要完成只有拥有特定权限才能完成的任务，如对于普通用户，当通过/usr/bin/passwd命令修改自己的口令时会涉及对/etc/passwd文件的修改操作，而普通用户不拥有修改/etc/passwd文件的权限，通过对可执行文件/usr/bin/passwd设置SUID(Set User ID)可以解决这个问题。

```
# ls -a /usr/bin/passwd
# -rwsr-xr-x 1 root root
```

/usr/bin/passwd就是一个设置了SUID的程序，有时又称为s位程序，普通用户执行该程序时，将暂时拥有/usr/bin/passwd这个可执行文件的属主root的权限，因此可以修改自己的口令。

用"chmod u+s 文件名"和"chmod u-s 文件名"来设置和取消SUID权限位。

SUID程序会使普通用户权限得到提升，从而给系统安全带来威胁，为了保证SUID程序的安全性，系统管理员应对系统中所有设置SUID的程序进行定期的检查和监视，严格限制功能范围，不能有违反安全性规则的SUID程序存在，并且要保证SUID程序自身不能被任意修改。

2）SGID

该属性既可作用在可执行文件上，也可作用在目录上，当作用在可执行文件上时，它将使执行该文件的进程拥有同组用户的权限，但这个功能几乎不用。当SGID属性作用到目录时，可以用于设置该目录下创建的文件和子目录的默认组权限。

默认情况下，一个用户创建一个文件，用户的有效主组就设置为该文件的组属主，这种默认设置在有些情况下并不方便。想象这样的场合，用户Linda和Lori在会计部门工作，共享目录/account，为授权方便，将他们都设置为组account的成员。默认情况下，这些用户是以用户名命名的组的成员，两个用户又同时是account组的成员，但account组只能是这些用户的第二备选组。当一个用户在/account目录下创建了文件，用户主组成为文件的组拥有者，但是如果为该/account目录设置了SGID权限，并且设置组account作为目录的主组，所有在该目录下创建的文件和子目录将组account作为默认的组拥有者，这样通过为account组设置文件操作权限，方便文件在同组用户之间共享。

可以利用"chmod g+s 文件名"和"chmod g-s 文件名"命令来设置和取消SGID权限位。

3）sticky

该权限位的主要作用是当有多个用户对同一目录具有写权限时，为了防止某个用户的误操作而删除其他用户创建的文件。当为共享目录设置了sticky属性时，用户仅可在以下情况下删除文件。

（1）用户是文件的属主。

（2）用户是文件所在目录的属主。

6.4.3 审计

审计是UNIX安全机制的重要组成部分，它通过对安全相关事件进行记录和分析，发现违反安全策略的活动,确保安全机制正确工作并能对系统异常及时报警提示。审计记录常写在系统的日志文件中,丰富的日志为 UNIX 的安全运行提供了保障。常见的日志文件如表 6.7 所示。

表 6.7 审计文件

日 志 文 件	说 明
acct 或 pacct	记录每个用户使用过的命令
aculog	筛选出 modems(自动呼叫部件)记录
lastlog	记录用户最后一次成功登录时间和最后一次登录失败的时间
loginlog	记录不良的登录尝试记录
messages	记录输出到系统主控台及由 Syslog 系统服务程序产生的信息
sulog	记录 su 命令的使用情况
utmp	记录当前登录的每个用户
wtmp	记录每一次用户登录和注销的历史信息,以及系统关和开
xferlog	记录 FTP 的访问情况

Linux 系统中传统的审计机制是 Syslogd 和 Klogd。Syslog 是一个应用层的审计机制,允许应用程序将审计信息传递给系统日志守护程序 Syslogd,由 Syslogd 根据配置文件(/etc/syslogd.conf)将收到的信息按类型做相应处理,写入不同的日志文件,如图 6.21 所示。另外,也允许内核消息守护进程 Klogd 将内核中通过 Printk 打印出的消息写入日志文件。

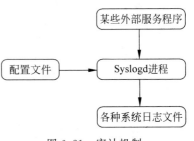

图 6.21 审计机制

Linux 传统的审计方式具有很大的局限性。首先,它不能提供系统级审计记录。Syslogd 只能接收由应用程序产生的日志信息,而 Klogd 只能接收内核中由 Printk 打印出的消息,这两种方式审计信息量获取有限,审计记录不够详细。其次,就应用层审计而言,Syslog 也是有局限性的。Syslog 产生的审计信息完全依赖于应用程序。如果入侵者熟悉 Syslog 的工作方式,就可以模仿与某个应用程序相同的方式写入日志,伪造出虚假的审计数据。一旦某个收集审计数据的外部服务程序被恶意用户杀掉后,由该服务程序所收集的某类审计记录就不会产生,这样审计系统也就达不到记录所有安全相关系统活动的目的。

为了达到 TCSEC 所规定的 C2 级的审计标准,当前的 UNIX/Linux 系统都对传统审计机制进行了改进和增强。

6.5 隐蔽信道

信息系统使用自主访问控制和强制访问控制策略来约束合法通道中的信息流动,合法通道主要指文件和共享内存等。人们在实践中发现,恶意用户还可以利用信息系统中原本不用于通信的通道来传递信息,例如系统存储位置、定时设备等,常称为隐蔽信道。

　　隐蔽信道的概念最早由Lampson提出,他将隐蔽信定义为:如果一个通信信道不是被设计用来传输信息的,那么此信道是隐蔽的。1985年,美国国防部发布的可信计算机系统安全评价标准(TCSEC)中将隐蔽信道定义为:任何在违背系统安全策略的情况下被用来传输信息的通信信道。我国的计算机信息系统安全保护等级划分准则(GB 17859—1999)中把隐蔽信道定义为:为允许进程以危害系统安全策略的方式传输信息的通信信道。

　　按照信息传递的方式和方法区分,隐蔽通道分为存储隐蔽通道和时间隐蔽通道。存储隐蔽通道是指两个进程利用不受安全策略控制的存储单元传递信息,前一个进程通过改变存储单元的内容发送信息,后一个进程通过观察存储单元的变化来接收信息。时间隐蔽通道是指一个进程通过调整使用的系统资源(例如CPU时间),从而影响到实际的响应时间,另一个进程通过观察响应时间,获取相应的信息。时间信道也被称为无记忆信道,因为它无法长久地存储信息。接收者必须及时接收发送者发送的信息,否则这些信息就会消失。存储信道又称为记忆信道,因为敏感数据存储在特定存储单元中,只要该单元还存在,敏感信息就能继续存在。

　　为了应对隐蔽信道的威胁,在TCSEC标准中要求B2级以上的系统评估必须包括隐蔽信道分析,并且随着评估级别的升高,对隐蔽信道的分析要求越来越严格。隐蔽信道分析的主要目的在于找到系统的漏洞,并进一步分析这些漏洞,以确定其潜在的危害。隐蔽信道分析工作包括信道识别、度量和处置。信道识别是对系统的静态分析,强调对设计和代码进行分析发现所有潜在的隐蔽信道。信道度量是对信道传输能力和威胁程度的评价。信道处置措施包括信道消除、限制和审计。隐蔽信道消除措施包括修改系统、排除产生隐蔽信道的源头、破坏信道的存在条件。限制措施要求将信道危害降低到系统能够容忍的范围内。但是,并非所有的潜在隐蔽信道都能被入侵者实际利用,如果对所有的潜在隐蔽信道进行度量和处置,则会产生不必要的性能消耗,降低系统效率。隐蔽信道检测则强调对潜在隐蔽信道的相关操作进行监测和记录,通过分析记录,检测出入侵者对信道的实际使用操作,为信道度量和处置提供依据。

习　　题

一、填空题

1. 威胁操作系统安全的因素主要有_____、_____和_____。

2. _____是系统审计用户操作的最基本单位。

3. Windows身份认证的实现主要包括_____、_____和_____三个组件。

4. Windows安全子系统中实现自主访问控制主要包含3个关键的组件:_____、_____和_____。

5. Windows用户的唯一标识是_____。

6. Windows系统UAC的默认级别是_____。

7. 某用户需要在Linux系统/tmp目录中添加文件,需要具有的权限是_____。

8. 当有多个用户对同一目录具有写权限时,为了防止某个用户的误操作而删除其他用户创建的文件,可以在该目录上设置_____。

9. Linux 系统中用户口令存储在_____。

10. Windows 7 中 EFS 只能针对_____文件系统。

11. Windows 7 中 BitLocker 采用_____加密算法,在有_____参与的 BitLocker 加密模式下,不仅可以实现硬盘分区的加密保护,而且能自动验证系统启动部件的完整性。

二、选择题

1. Windows 主机推荐使用(　　)格式。

  A. NTFS   B. FAT32

  C. FAT   D. Linux

2. 将 test 及其下的所有目录及文件的属主改为 test,属组改为 xmb 的命令为(　　)。

  A. chown-R test：xmb test   B. chown-R xmb：test test

  C. chown test：xmb test   D. chown xmb：test test

3. UNIX/Linux 系统中,下列命令可以将普通账号变为 root 账号的是(　　)。

  A. chmod 命令   B. /bin/passwd 命令

  C. chgrp 命令   D. /bin/su 命令

4. Windows EFS 中加密文件的密钥用(　　)进行加密保护。

  A. 散列函数   B. 用户的公钥加密保护

  C. 用户的口令加密保护   D. 用户的私钥加密保护

5. Windows 系统中的审计日志不包括(　　)。

  A. 系统日志（SystemLog）   B. 安全日志(SecurityLog)

  C. 应用程序日志（ApplicationLog） D. 用户日志（UserLog）

6. Windows 系统保存用户账户信息的文件是(　　)。

  A. SAM   B. UserDB

  C. Passwd   D. 注册表

7. Windows 系统可设置在多次无效登录后锁定账号,这主要是为了防止(　　)。

  A. XSS 攻击   B. 暴力破解

  C. IP 欺骗   D. 缓存溢出攻击

8. 在 Linux 系统中,删除文件需要具有(　　)。

  A. 文件读权限   B. 文件写权限

  C. 文件读写权限   D. 文件所在目录的写权限

9. Windows 系统中的 BitLocker 机制采用(　　)加密机制。

  A. 对称密码体制   B. 公钥密码体制

  C. Hash 散列加密   D. 以上都不对

10. 在 Windows 系统中,如果用户被显式授予了对某个文件的读写权限,该用户所在的组禁止对文件写操作,请问该用户对该文件实际具有的权限是(　　)。

  A. 读写   B. 读

  C. 写   D. 无权限

三、简答题

1. 操作系统面临哪些安全问题？

2. 操作系统安全的主要目标是什么？实现操作系统安全目标需要建立哪些安全措施？

3. 操作系统提供的安全机制有哪些？

4. Windows 系统的口令保护措施有哪些？

5. 简要描述 Windows EFS 和 BitLocker 机制各自适用的场合。

6. 审计的作用是什么？

7. 什么是最小特权管理？

8. 简述 Linux 安全机制。

9. 知识扩展：访问安盟电子信息安全公司的主页 http://www.anmeng.com.cn,进一步了解身份认证产品原理及其应用。

10. 请查阅 Windows 操作系统相关资料,进一步了解 Windows 系统提供的其他安全机制。

第7章

网络安全防护

现代信息系统都是在网络环境中运行的,网络环境面临着非常严峻的安全威胁,常见的网络攻击手段包括伪装攻击、探测攻击、嗅探攻击、拒绝服务攻击等,当前应对网络安全威胁的常见技术手段包括防火墙和入侵检测系统等。

7.1 节主要介绍防火墙的定义、实现技术和体系结构,7.2 节介绍入侵检测系统的定义、入侵检测的方法和入侵检测系统的分类。

视频讲解

7.1　防　火　墙

7.1.1　防火墙概述

1. 防火墙的定义

在网络安全领域中,防火墙指的是位于两个(或多个)网络(例如企业内部网络和外部互联网)之间的、实施网间访问控制的一组安全组件的集合。防火墙在内、外两个网络之间建立了一个安全控制点,并根据具体的安全需求和策略,对流经其上的数据通过允许、拒绝或重新定向等方式控制对内部网络的访问,达到保护内部网络免受非法访问和破坏的目的。

防火墙的防护作用发挥必须满足下列条件:一是由于防火墙只能对流经它的数据进行控制,因此内、外网之间的所有网络数据流必须经过防火墙;二是防火墙是按照管理员设置的安全策略与规则对数据进行访问控制,因此管理员必须根据安全需求合理设计安全策略和规则,以充分发挥防火墙的功能;三是由于防火墙在网络拓扑结构位置的特殊性及在安全防护中的重要性,防火墙自身必须能够抵挡对各种形式的攻击。

2. 防火墙的分类

根据防火墙的形态,可以分为软件防火墙、硬件防火墙和芯片级防火墙。软件防火墙使用软件系统实现防火墙功能,具有安装灵活、便于升级扩展等优点,缺点是安全性受制于支撑的操作系统平台,且性能不高。目前市场上的硬件防火墙都是基于 PC 架构,这些 PC 架构的计算机上运行一些经过裁剪和简化的操作系统,最常用的有 UNIX、Linux 和 FreeBSD 系统,因而这些防火墙会受到操作系统本身安全性的影响,硬件防火墙一般至少具有三个端口,分别接内网、外网和非军事化区(Demilitarized Zone,DMZ)。芯片级防火墙基于专门的硬件平台和专用的操作系统,速度快,性能高,且防火墙本身的漏洞较少,价格比较昂贵。

　　根据防火墙的应用部署方式,可以分为网络防火墙和主机防火墙。网络防火墙位于内、外网络的边界,对内、外网络实施隔离,这类防火墙一般都是硬件形式。而主机防火墙安装在单台主机中,对出入主机的数据流进行控制,对主机进行安全防护,通常为软件形式,国内常见的主机防火墙有天网防火墙、瑞星个人防火墙等,Windows操作系统也自带主机防火墙。

　　按照防火墙的实现技术,防火墙可以分为包过滤防火墙、状态防火墙、代理防火墙。下面分别介绍这几类防火墙的技术原理。

7.1.2　防火墙技术

视频讲解

1. 包过滤防火墙

　　包过滤防火墙是最早出现、形式最简单的一种防火墙,工作在 TCP/IP 体系结构的网络层和传输层,当前大多数的网络路由器都具备一定的数据包过滤功能,因而可实现包过滤防火墙的功能。包过滤防火墙通常根据网络协议类型,数据包的源地址、目的地址、源端口、目的端口,TCP 包头的标志位(如 ACK)等数据包首部信息来决定是转发还是丢弃数据包,从而达到对进出防火墙的数据进行检测和限制的目的。

　　包过滤防火墙在执行数据包过滤前首先需要配置数据包过滤规则,定义什么包可以通过防火墙,什么包必须丢弃,所有规则构成一个 ACL。当有数据包经过防火墙时,防火墙依次检查 ACL 中的过滤规则,如果匹配到一条规则,则根据规则决定转发或丢弃数据包,如果所有规则都不匹配,则依据默认策略操作数据包。

　　防火墙在定义网络访问控制规则时,会有两种不同的安全策略:一是定义禁止的网络流量或行为,允许其他一切未定义的网络流量或行为,即默认允许策略,也称为黑名单策略;二是定义允许的网络流量或行为,禁止其他一切未定义的网络流量或行为,即默认禁止策略,也称为白名单策略。从安全角度考虑,第一种策略便于维护网络的可用性,第二种策略便于维护网络的安全性,因而在实际中,特别是在面对复杂的因特网时,安全性应该受到更重视的情况下,第二种策略使用得更多。

　　【例 7-1】　根据如表 7.1 所示的防火墙规则,请说明该防火墙实现了什么样的访问控制。

表 7.1　一个过滤规则样表

规　则	源 IP	目的 IP	协　议	源端口	目的端口	标志位	操　作
1	内部网络地址	外部网络地址	TCP	任意	80	任意	允许
2	外部网络地址	内部网络地址	TCP	80	＞1023	ACK	允许
3	所有	所有	所有	所有	所有	所有	拒绝

　　该表中的第 1 条规则允许内部用户向外部端口为 80 的 Web 服务器发送数据包,第 2 条规则允许外部网络向内部的高端口发送 TCP 包,但要求数据包的 ACK 位置位,且源端口为 80,第二条规则实际上是允许外部 Web 服务器的应答返回内部网络。最后一条规则拒绝所有数据包,以确保除了先前规则所允许的数据包外,其他所有数据包都被丢弃。上述防火墙规则限制内网用户只能访问外网的 Web 服务器。

当数据流进入包过滤防火墙后,防火墙检查数据包的相关信息,开始从上至下扫描过滤规则,如果匹配成功则按照规则设定的操作执行,不再匹配后续规则。所以,在 ACL 中,规则的出现顺序至关重要。

一般地,包过滤防火墙规则中应该阻止如下几种 IP 包进入内部网。

(1) 源地址是内部地址的外来数据包。这类数据包很可能是为实行 IP 地址诈骗攻击而设计的,其目的是装扮成内部主机混过防火墙的检查进入内部网。

(2) 指定中转路由器的数据包。这类数据包很可能是为绕过防火墙而设计的数据包。

(3) 有效载荷很小的数据包。这类数据包很可能是为抵御过滤规则而设计的数据包,其目的是将 TCP 包首部封装成两个或多个 IP 包送出。例如,将源端口和目标端口分别放在两个不同的 TCP 包中,使防火墙的过滤规则对这类数据包失效,这种方法称为 TCP 碎片攻击。

包过滤防火墙的优点在于处理效率高,其安全性体现在根据过滤规则对 TCP、UDP 数据包进行检测。但其缺点也很明显,主要体现在以下几方面。

(1) 过滤的依据只是网络层和传输层的有限信息,不检测实际传输的内容。因而不能阻止应用层的攻击,例如,表 7.1 中的规则无法防范 SQL 注入、XSS 等攻击。

(2) 大多数包过滤防火墙缺少审计和报警机制。

(3) 不能对连接用户的身份进行验证,很容易遭受欺骗型攻击。

(4) 对安全管理人员的要求高,在建立安全规则时,必须对 IP、TCP、UDP、ICMP 等及其在不同应用程序中的作用有较深入的了解,否则容易出现因配置不当带来的问题。

(5) 由于缺少上下文关联信息,不能有效地过滤如 RPC、Telnet 类的协议以及处理动态端口连接。包过滤防火墙不论是对待有连接的 TCP,还是无连接的 UDP,都以单个数据包为单位进行处理,对数据传输的状态并不关心,因而传统包过滤又称为无状态包过滤,它对基于应用层的网络入侵无能为力。

下面以两个例子说明包过滤防火墙的缺陷。

【例 7-2】　假设在内部网络和外网之间部署了包过滤防火墙,并通过配置过滤规则(表 7.1),仅开通内部主机对外部 Web 服务器的访问,请分析该规则表存在的问题。

Web 通信涉及客户端和服务器端,服务器端将 Web 服务绑定在固定的 80 端口上,但是客户端的端口号是动态分配的,即预先不能确定客户使用哪个端口进行通信,这种情况称为动态端口连接。为了满足正常通信的需要,包过滤防火墙只能将客户端动态分配端口的区域全部打开(1024～65 535),而不能根据每一连接的情况,开放实际使用的端口。这会带来很大的安全隐患,因为很多危险服务也是使用高端口的,例如,微软的终端服务/远程桌面监听的端口是 3389,远程过程调用协议 RPC 服务也是使用动态分配的高端口。

【例 7-3】　请分析表 7.1 配置的包过滤防火墙规则是否可以防范 TCP ACK 隐蔽扫描攻击。

HTTP 使用 TCP,TCP 是面向连接的协议,必须通过三次握手建立连接才能进行通信。三次握手的过程是发起方先发送带有 SYN 标志的数据包到目的方,目的方回应一个带 SYN 和 ACK 标志的数据包到发起方,发起方收到后再发送一个只带 ACK 标志的数据包到目的方,目的方收到后连接建立,这是正常的连接建立过程,但是如图 7.1 所示,外部的攻击机可以在没有 TCP 三次握手中的前两步的情况下,伪造并发送一个具有 ACK 位的初始包探测内部主机的状态,这样的包违反了 TCP,因为初始包必须有 SYN 位。但是因为包过滤防火墙没有状态的概念,防火墙会认为这个包是已建立连接的一部分,并让它通过(当然,如果根据表 7.1 的过滤规则,ACK 位置位,但目的端口在 1022、1023 的数据包将被丢弃)。当这个伪装的包到达内网的某个主机时,主机将意识到有问题(因为这个包不是任何已建立连接的一部分),若目标端口开放,目标主机将返回 RST 信息,并期望该 RST 包能通知发送者(攻击机)终止本次连接。这个过程看起来是无害的,但它却使攻击者能通过防火墙对内网主机开放的端口进行扫描,这个技术称为 TCP 的 ACK 扫描。

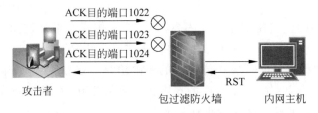

ACK目的端口1022
ACK目的端口1023
ACK目的端口1024

攻击者　　　　　　　　　包过滤防火墙　　内网主机

RST

图 7.1　构造 TCP ACK 扫描穿越包过滤防火墙

通过图 7.1 中示意的 TCP ACK 扫描,攻击者穿越了防火墙进行探测,并且获知端口 1024 是开放的。为了阻止这样的攻击,防火墙需要记住已经存在的 TCP 连接,这样它将知道 ACK 扫描是非法连接的一部分。

包过滤防火墙由于不记录连接状态,无法解决上述两个例子存在的安全隐患,而状态包过滤防火墙通过跟踪连接状态,能有效阻止 ACK 扫描等攻击。

2. 状态包过滤技术

状态包过滤是一种基于连接的状态检测机制,将属于同一连接的所有包作为一个整体的数据流看待,对接收到的数据包进行分析,判断其是否属于当前合法连接,从而进行动态的过滤。

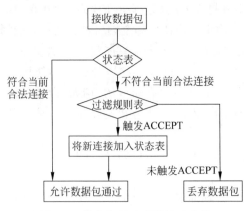

接收数据包

状态表

符合当前合法连接　　　不符合当前合法连接

过滤规则表

触发ACCEPT

将新连接加入状态表

未触发ACCEPT

允许数据包通过　　　丢弃数据包

图 7.2　状态包过滤内部处理流程

与传统包过滤只有一张过滤规则表不同,状态包过滤同时维护过滤规则表和状态表。过滤规则表是静态的,而状态表中保留着当前活动的合法连接,它的内容是动态变化的,随着数据包来回经过设备而实时更新。当新的连接通过验证,在状态表中添加该连接条目,而当一条连接完成它的通信任务后,状态表中的该条目将自动删除。状态包过滤防火墙的内部处理流程如图 7.2 所示。

步骤 1:当接收到数据包,首先查看状

态表,判断该包是否属于当前合法连接,若是,则接受该包让其通过,否则进入步骤 2。

步骤 2:在过滤规则表中遍历,若触发 DROP 动作,直接丢弃该包,跳回步骤 1 处理后续数据包;若触发 ACCEPT 动作,则进入步骤 3。

步骤 3:在状态表中加入该新连接条目,并允许数据包通过。跳回步骤 1 处理后续数据包。

【例 7-4】　下面使用状态包过滤技术重新分析例 7-2 和例 7-3。

在例 7-2 中,内部主机 A 和服务器间开放 Web 通道,主机 A 是初始连接发起者,首先检查状态表,不属于任何一个已建连接,则检查过滤规则表,过滤规则表允许该数据包通过,则在状态表中建立连接状态信息,如表 7.2 所示。

表 7.2　连接状态表

源 IP	目的 IP	源端口	目的端口	状　　态
内部主机 A	服务器 IP	1234	80	TCP_SYN_SENT

返回通信就要基于已存在连接的情况进行验证,只允许外网服务器通过端口 80 向内部主机 A 的 1234 端口发送的 ACK 数据包,借助状态表,可以按需开放客户端端口,分配到哪个动态端口,就只开放这个端口,一旦连接结束,该端口就重新被关闭,这样很好地弥补了前面提到的传统包过滤缺陷,大大提高了安全性。

再看看前面介绍的 TCP ACK 扫描穿透包过滤防火墙的例 7-3。在状态过滤防火墙中,状态防火墙记住了原来 Web 请求的外出 SYN 包,如果攻击者试图从早先没有 SYN 的地址和端口发送 ACK 数据包,则状态包防火墙会丢弃这些包。

状态包过滤防火墙相对于包过滤防火墙来说有很多优势:无须打开很大范围的端口以允许通信,能比包过滤防火墙阻止更多类型的攻击,并具有更丰富的日志功能。其局限性主要在于,和包过滤防火墙一样,配置防火墙需要管理员对网络层和传输层的协议非常熟悉,并且由于状态防火墙依然只检查网络层和传输层的信息,所以依然不能阻止应用层攻击,也不能执行任何类型的用户认证。

3. 代理技术

代理(Proxy)技术与包过滤技术完全不同,包过滤防火墙通过查看 TCP 和 IP 头部信息过滤数据包,代理防火墙着重分析应用程序传输的内容以决定是转发或丢弃数据包。代理服务一般分为应用层代理与传输层代理两种。

1) 应用层代理

应用层代理也称为应用层网关技术,它工作在网络体系结构的最高层——应用层。应用层代理使得网络管理员能够实现比包过滤更加严格的安全策略。应用层代理不用依靠包过滤工具来管理进出防火墙的数据流,而是通过对每一种应用服务编制专门的代理程序,实现监视和控制应用层信息流的作用。防火墙可以代理 HTTP、FTP、SMTP、POP3、Telnet 等协议,使得内网用户可以在安全的情况下实现浏览网页、收发邮件、远程登录等应用。

如图 7.3 所示,客户机与代理交互,而代理代表客户机与服务器交互。

代理服务通常由两个部分组成:代理服务器端程序和代理客户端程序。代理服务器

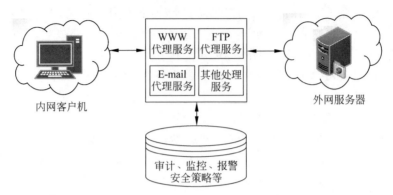

图 7.3　基于代理的防火墙实现应用级控制

程序接收内网用户的请求,进行身份认证并按照安全策略决定是否转发该请求,如果允许转发该请求,代理客户端程序把该请求转发给外部的真正服务程序。一旦会话建立,应用层代理程序便作为中转站在内网用户和外部服务器之间转发数据,因此,代理服务程序实际上担当着客户机和服务器的双重角色。因为在客户机和服务器之间传递的所有数据均由应用层代理程序转发,因此它完全控制着会话过程,并可按照需要进行详细的记录。

此外,可以将经常访问的信息进行缓存,从而对于同一数据,无须向服务器发出新的请求,这样代理可帮助优化性能。

2) 传输层代理

传输层代理(SOCKS)弥补了应用层代理的一种应用代理只能针对一种应用的缺陷。

SOCKS 代理通常含两个组件:SOCKS 服务端和 SOCKS 客户端。SOCKS 代理技术以类似于 NAT 的方式对内外网的通信连接进行转换,与普通代理不同的是,服务端实现在应用层,客户端实现在应用层和传输层之间。它能够实现 SOCKS 服务端两侧主机间的互访,而无须直接的 IP 连通性作为前提。SOCKS 代理对高层应用来说是透明的,即无论何种具体应用都可以通过 SOCKS 来提供代理。

SOCKS 有两个版本,SOCKS 4 是旧的版本,只支持 TCP,也没有强大的认证功能。为了解决这些问题,SOCKS 5 应运而生,除了 TCP,它还支持 UDP,有多种身份认证方式,也支持服务器端域名解析和新的 IPv6 地址集。

SOCKS 服务器一般在 1080 端口进行监听,使用 SOCKS 代理的客户端首先要建立一个到 SOCKS 服务器 1080 端口的 TCP 连接,然后进行认证方式协商,并使用选定的方式进行身份认证,一旦认证成功,客户端就可以向 SOCKS 服务器发送应用请求了。它通过特定的"命令"字段来标识请求的方式,可以是对 TCP 的"connect",也可以是对 UDP 的"UDP Associate"。这里很清楚的是,无论客户端是与远程主机建立 TCP 连接还是使用无连接的 UDP,它与 SOCKS 服务器之间都是通过 TCP 连接来通信的。

4. NAT 网络地址转换技术

防火墙还支持网格地址转换(Network Address Translation,NAT)功能,也称 IP 地址伪装技术。NAT 的目的是将私有 IP 地址映射到公网(合法的因特网 IP 地址),以缓解 IP 地址短缺的问题。因特网编号分配管理机构(Internet Assigned Number

Authority,IANA)保留了以下 IP 地址空间为私有网络地址空间：10.0.0.0~10.255.255.255（A 类）、172.16.0.0~172.31.255.255（B 类）、192.168.0.0~192.168.255.255（C 类）。私有 IP 地址只能作为内部网络号，不能在因特网主干网上使用。NAT 技术通过地址映射使得使用私有 IP 地址的内部主机或网络能够连接到公用网络，节约了合法公网 IP 地址，正是因为这个原因，人们至今还能使用 IPv4，否则早就已经升级到 IPv6 了。

NAT 技术通常在路由器上实现，防火墙也能实现 NAT 功能，NAT 技术根据实现方法的不同通常可以分为两种：静态 NAT 和动态 NAT（包括端口地址转换（Port Address Translation,PAT））技术。

1) 静态 NAT 技术

静态 NAT 是为了在内网地址和公网地址间建立一对一映射而设计的。静态 NAT 需要内网中的每台主机都对应一个真实的公网 IP 地址。NAT 网关依赖于指定的内网地址到公网地址之间的映射关系来运行，因此称为静态 NAT 技术。

【例 7-5】 防火墙的静态 NAT 过程。

如图 7.4 所示，防火墙静态 NAT 过程描述如下。

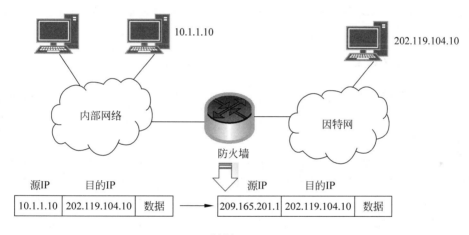

图 7.4 静态 NAT 原理图

(1) 在防火墙建立静态 NAT 映射表，在内网地址和公网地址间建立一对一映射。

(2) 网络内部主机 10.1.1.10 发起一条到外部主机 202.119.104.10 的会话连接。该连接请求首先被防火墙处理。

(3) 防火墙检查 NAT 映射表：如果已为该地址配置了静态地址转换，则防火墙使用公网 IP 地址 202.119.104.10 来替换内网地址 10.1.1.10，并转发该数据包；否则，防火墙不对内部地址进行任何转换，直接将数据包进行丢弃或转发。

（4）外部主机 202.119.104.10 收到来自 209.165.201.1 的数据包(已经经过 NAT 转换)后进行应答,该应答首先被防火墙处理。

（5）当防火墙接收到来自外部网络的数据包时,防火墙检查 NAT 映射表:如果 NAT 映射表中存在匹配项,则使用内部地址 10.1.1.10 替换数据包的目的 IP 地址 209. 165.201.1,并将数据包转发到内部网络主机;如果 NAT 映射表中不存在匹配项,则拒绝数据包。

对于每个数据包,防火墙都将执行(2)～(5)的操作。

2) 动态 NAT 技术

动态 NAT 可以实现将一个内网 IP 地址动态映射为公网 IP 地址池中的一个,不必像使用静态 NAT 那样,进行一对一的映射。动态 NAT 的映射表对网络管理员和用户透明,因此称为动态 NAT 技术。

端口地址转换 PAT 作为动态 NAT 的一种形式,将多个内部 IP 地址映射成一个公网 IP 地址。从本质上讲,网络地址映射并不是简单的 IP 地址之间的映射,而是网络套接字映射,网络套接字由 IP 地址和端口号共同组成。当多个不同的内部地址映射到同一个公网地址时,可以使用不同端口号来区分它们,这种技术称为复用。这种方法在节省了大量的网络 IP 地址的同时,隐藏了内部网络拓扑结构。

7.1.3　防火墙的体系结构

视频讲解

在实际网络环境中部署防火墙时,通常采用的部署方式主要有四种,分别是屏蔽路由器结构、双宿主机结构、屏蔽主机结构和屏蔽子网结构。

1. 屏蔽路由器结构

这是最初的防火墙设计方案,它不是采用专用的防火墙设备,而是直接利用路由器实现数据包过滤功能。屏蔽路由器结构是在内网和外网之间安放一台具备包过滤功能的路由器,由该路由器执行包过滤操作,实现防火墙功能,其拓扑结构如图 7.5 所示。包过滤防火墙是内外网通信的唯一渠道,内外网之间的所有通信都必须经由包过滤防火墙检查。

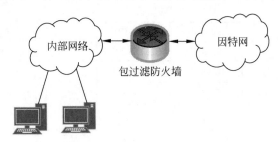

图 7.5　屏蔽路由器防火墙结构

屏蔽路由器结构作为最简单的一种防火墙结构,在使用上存在一些缺陷。首先,由于该结构的核心组件是包过滤防火墙,如果包过滤防火墙配置不当,一些应当被拒绝的恶意流量可能通过防火墙进入内网,对内网安全构成威胁,而一些应当被允许的流量可能被防火墙屏蔽。其次,包过滤防火墙是体系结构中唯一的防护部件,一旦包过滤防火墙被攻击者控制,攻击者能够随意修改防火墙的过滤规则,进而直接访问内网主机。另外,包过滤防火墙的日志记录功能较弱,也无法实施用户级的身份认证,网络管理员难以判断内部网络是否正在遭受攻击或已经被入侵。

2. 屏蔽主机结构

屏蔽主机(单穴主机)结构在屏蔽路由器结构的基础上增加了堡垒主机的角色。堡垒主机只有一个网络接口,部署在内部网络中,其拓扑如图 7.6 所示。通常在包过滤防火墙上配置规则,限定外网主机只能直接访问内网的堡垒主机,无法直接访问内网其他主机,同样,内网中也只有堡垒主机可以连接外网,强制所有内部网络与外部网络的通信只能通过堡垒主机转发,堡垒主机实际上是应用代理服务器。堡垒主机是内网中唯一可供外网访问的主机,通常需要具备高可靠性和高安全性。

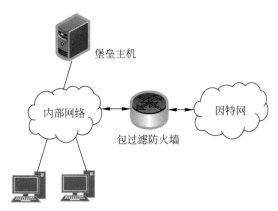

图 7.6 屏蔽主机结构

在屏蔽主机环境下,外网的攻击者要攻击内部网络,攻击数据包需要穿越包过滤防火墙和堡垒主机,实施攻击的难度很高。

如果内部主机已经明确设置通过代理防火墙访问外网,那么攻击者即使攻击路由器后修改访问规则也无法直接与内部网络通信,必须进一步攻击堡垒主机才能奏效,因而该新体系结构相对于单一包过滤防火墙具有更高的安全性。该结构的主要问题是堡垒主机直接暴露在攻击者面前,一旦堡垒主机被攻陷,整个内部网络则受到威胁。

3. 双穴主机结构

双穴(双宿)主机是指具有两个网络接口的堡垒机,这样的堡垒机可以同时连接两个网络。双穴堡垒主机结构(如图 7.7 所示)无须在包过滤防火墙做规则配置,即可迫使内部网络与外部网络的通信经过堡垒主机,避免了包过滤防火墙失效导致内部网络可能与外部网络直接通信的情况,而单穴堡垒主机结构可能会因为内部主机没有明确设置代理,导致被攻击者绕过堡垒主机直接攻击,因此双穴堡垒主机结构相比单穴堡垒主机结构安全性更高,攻击者只有通过堡垒主机和包过滤防火墙两道屏障才能攻击成功。

在双穴主机结构中,双穴主机作为堡垒主机,其上运行着应用网关防火墙软件,可以在内外网之间转发应用程序,也可以提供一些设定的网络服务。内外网主机无法直接通信,所有的通信数据经由双穴主机转发。由于双穴主机可以监视内外网之间的所有通信,因此,可以通过该主机进行日志记录,详尽的日志信息对于网络管理员进行安全检查有很

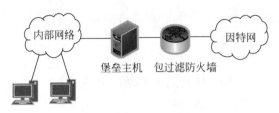

图 7.7 双穴主机结构

大帮助。

双穴主机结构的主要缺点在于这种体系结构的核心防护点是双穴主机,一旦双穴主机被攻击者成功控制,并被配置为在内、外网之间转发数据包,那么外网主机将可以直接访问内部网络,防火墙体系结构的防护功能完全丧失。

4. 屏蔽子网结构

有时内网中主机和服务器有着不同的安全需求,例如,内网中的 Web 服务器、邮件服务器等可以被外网用户访问,而数据库服务器、内网办公主机等要确保不能被外网用户访问,如果内外网络通过一台防火墙隔离,势必要在防火墙上配置规则使得外网用户能穿越防火墙访问内网中的 Web 服务器、邮件服务器等,这样会带来很大的安全隐患,例如,黑客可能利用 Web 服务器作跳板访问内网中的数据库服务器,或者尝试在 Web 服务器中植入木马病毒等,进而对整个内部网络造成破坏。

屏蔽子网结构(如图 7.8 所示)进一步根据安全等级将内部网络划分为不同的子网,内网 1 的安全性要求更高,攻击者如果想入侵内网 1,必须入侵两个包过滤防火墙及一台堡垒主机,攻击成功的难度系数极大增加。内网 2 可以理解为准军事区域(Demilitarized Zone,DMZ),将内网 1 和外部网络隔开,充当内网 1 和外部网络的缓冲区,攻击者要想进入内网 1 必须穿越内网 2,此时,攻击者被发现的概率会极大增加。这种结构具有很高的安全性,因此被广泛采用。

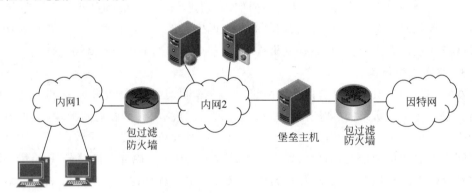

图 7.8 屏蔽子网结构

在屏蔽子网结构中,两台包过滤防火墙和一台堡垒主机对内网实施安全防护。通过在外部包过滤防火墙上进行限制,外网主机只能访问 DMZ 中指定的一些网络服务,内部网络对于外网用户完全不可见。DMZ 的堡垒主机是内、外网相互通信的唯一通道。因此,通过对堡垒主机进行配置,可以细粒度地设定内外网之间允许哪些网络通信。

内部包过滤防火墙的防护功能主要体现在两方面。首先,内部包过滤防火墙可以使内部网络避免遭受源于外网和 DMZ 的侵扰。其次,以规则的形式限定内网主机只能经由 DMZ 的堡垒主机访问外部网络,从而有效禁止内网用户与外网直接通信。

对于这种屏蔽子网结构,黑客要侵入内网,必须攻破外部包过滤防火墙,设法侵入DMZ 的堡垒主机。由于内网中主机之间的通信不经过 DMZ,因此,即使黑客侵入堡垒主机,也无法获取内网主机间的敏感通信数据。黑客只有控制内部包过滤防火墙,才能进入内网实施破坏。

屏蔽子网结构增加了外网攻击者实施攻击的难度,安全性高。其主要缺点是管理和配置较为复杂,只有在两台包过滤防火墙和一台堡垒主机都配置完善的条件下,才能充分发挥安全防护作用。

以上所介绍的屏蔽路由器结构、双穴主机结构、屏蔽主机结构和屏蔽子网结构是最常见的四种防火墙体系结构。在实际的应用中,可以以这几种体系结构为基础,针对不同应用场景进行灵活组合。例如,可以使用多台堡垒主机,使用多台包过滤防火墙,建立多个DMZ,由一台主机同时执行堡垒主机和包过滤防火墙的功能等。

防火墙在网络中的使用主要包括四个步骤。首先,制定完善的内网安全策略;其次,遵从安全策略确定防火墙的体系结构;再者,根据需求制定包过滤防火墙的过滤规则或者配置堡垒主机;最后,做好审计工作,并按计划查看审计记录从而及时发现攻击企图。防火墙体系结构的选择是防火墙系统充分发挥效用的重要一步。必须依据网络安全策略,构建合理的防火墙体系结构,从而全面有效地对内部网络实施防护。

7.2　入侵检测系统

7.2.1　入侵检测的定义

视频讲解

防火墙是信息系统的第一道安全防线,但是防火墙无法检测网络内部存在的入侵行为,以及无法检测不通过防火墙的违反安全策略的行为等,为了弥补防火墙的这些缺陷,入侵检测系统(Intrusion Detection System,IDS)应运而生。

入侵检测最早是由 James Anderson 于 1980 年提出来的,其定义是:对潜在有预谋的未经授权的访问、操作以及致使系统不可靠、不稳定或无法使用的企图的检测和监视。它从计算机网络系统中的若干关键点收集信息,并分析这些信息,监控网络中是否有违反安全策略的行为和遭到入侵的迹象,并做出相应的响应(告警、记录、终止等)。实施入侵检测的硬软件的组合称为入侵检测系统,被认为是防火墙之后的第二道安全闸门,提供对内部攻击、外部攻击和误操作的实时保护。

入侵检测的通用流程包括数据提取、数据分析、结果处理,如图 7.9 所示。

其中,数据提取模块的作用是为入侵检测系统提供数据,数据的来源可以是主机上的日志信息,也可以是网络上的数据信息、网络流量。数据提取模块在获得原始数据以后需要对其做简单的处理,如简单的过滤、数据格式的标准化等,然后把经过处理的数据提交

数据提取 → 数据 → 数据分析 → 事件 → 结果处理

图 7.9 入侵检测流程

给数据分析模块。

数据分析模块的作用是对数据进行深入分析,发现攻击并根据分析的结果产生事件,传递给结果处理模块。数据分析模块的方式多种多样,可以是简单地对某种行为的计数(如一定时间内某个特定用户登录失败的次数,或某种特定类型报文的出现次数等),也可以是一个复杂的专家系统。该模块是入侵检测系统的核心。

最后根据事件产生响应,响应可以是积极主动的,如对入侵者采取反击行为、收集入侵者的额外信息等,也可以是被动的,系统仅简单地对检测到的入侵产生报警或文档,提醒管理员注意。

如果检测到的入侵速度足够快,在攻击发生或危及数据之前就可以识别出入侵者,并将他们驱逐,即使没有非常及时地检测到入侵,入侵检测越快,破坏的程度也就越低,并且有效的入侵检测系统可以看成是阻止入侵的屏障,而且具有威慑作用。

入侵检测系统被视为防火墙之后的第二道安全防线,是防火墙的必要补充,能够解决防火墙无法处理的很多安全防护问题。入侵检测系统对防火墙的安全弥补作用主要体现在以下几方面。第一,入侵检测可以发现内部的攻击事件以及合法用户的越权访问行为,而位于网络边界的防火墙对于这些类型的攻击活动无能为力。第二,如果防火墙开放的网络服务存在安全漏洞,入侵检测系统可以在攻击发生时及时发现并进行告警。第三,在防火墙配置不完善的条件下,攻击者可能利用配置漏洞穿越防火墙,入侵检测系统能够发现此类攻击行为。第四,对于加密的网络通信,防火墙无法检测,但是监视主机活动的入侵检测系统能够发现入侵。第五,入侵检测系统能够有效发现入侵企图。如果防火墙允许外网访问某台主机,当攻击者利用扫描工具对主机实施扫描时,防火墙会直接放行,但是入侵检测系统能够识别此类异常的网络活动并进行告警。第六,入侵检测系统可以提供丰富的审计信息,详细记录网络攻击过程,帮助管理员发现网络中的脆弱点。

目前国外有名的入侵检测产品有 Internet Security System(ISS)公司的 RealSecure、Cisco 公司的 NetRanger、Network Associate 公司的 CyberCop 等,国内的 IDS 厂商和产品也非常丰富,包括中联绿盟的"冰之眼"网络入侵侦测系统、启明星辰的"天阗"入侵检测与预警系统、中科网威的"天眼"入侵检测系统等。

7.2.2 入侵检测的方法

入侵检测采用的方法主要有两种,即滥用检测方法和异常检测方法。

1. 滥用检测

滥用检测也被称为误用检测或特征检测,是目前最为成熟、应用最广泛的检测技术。这种方法首先对各种已知入侵行为进行特征化描述,建立某种或某类入侵特征行为的模式,如果发现当前行为与某个入侵模式一致,就表示发生了这种入侵。它的难点在于如何设计模式,使其既表达入侵又不会将正常模式包括进来。滥用检测方法的基本流程如

图 7.10 所示。

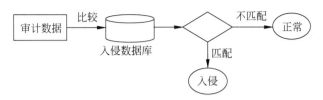

图 7.10　滥用检测流程

　　这种方法由于依据具体特征库进行判断,所以检测准确度很高,并且因为检测结果有明确的参照,为系统管理员做出相应的措施提供了方便。这种入侵检测方式跟防病毒软件相似,行为特征库类似于防病毒软件中的病毒库。目前商用入侵检测系统都是采用这种检测方法。

　　如果系统错误地将正常活动定义为入侵,称为误报或错报;如果系统未能检测真正的入侵行为,则称为漏报。这是衡量入侵检测系统很重要的指标。滥用检测方法误报率少,但漏报率较高。它的特征库中只存储了当前已知的攻击模式和系统脆弱性,无法发现新的攻击形式。因此,目前的研究主要集中在异常检测的方法上。

2. 异常检测

　　异常检测方法主要来源于这样的思想:任何人的正常行为都是有一定的规律的,并且可以通过分析这些行为产生的日志信息(假定日志信息足够完全)总结一些规律,而入侵和滥用行为则通常与正常行为有比较大的差异,通过检查这些差异就可检测出入侵。

　　这样为正常行为建立一个规则库,称为正常行为模式,也称为正常轮廓,也被称为"用户轮廓",当用户活动和正常轮廓有较大偏差的时候就认为是入侵或异常行为。这样能够检测出非法的入侵行为甚至是通过未知攻击方法进行的入侵行为,此外,不属于入侵的异常用户行为(滥用自己的权限)也能被检测出来。

　　异常检测的效率取决于用户轮廓的完备性和监控的频率,因而能够检测未知的入侵。同时,系统能够针对用户行为的改变进行自我调整和优化。它的难点在于用户轮廓的建立以及如何比较用户轮廓和审计数据。

　　异常检测方法的基本流程如图 7.11 所示。

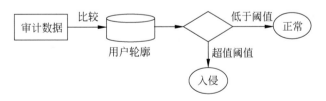

图 7.11　异常检测流程

　　相对于滥用检测方法,异常检测方法需要更强的智能性,目前对异常检测方法的研究已经有很多。Land 和 Brodley 在 1997 年提出机器学习的方法建立异常检测模型,Wenke Lee、Stofle 等人在 1998 年提出利用数据挖掘技术分析网络数据包的特征并以此建立异常检测模型等。

从 20 世纪 90 年代至今,对入侵检测系统的研究呈现出百家争鸣的繁荣局面,并在智能化和分布式两方面取得了长足的进展。目前采用该方法的检测系统由于建立正常行为模式上还有许多不完善之处,导致误报率较高。但由于这种检测方式可以检测到未知的入侵,这对于一个大型的、具有较高安全级别需求的网络是非常重要的,所以长期以来一直受到人们的关注。

视频讲解

7.2.3　入侵检测系统的分类

在入侵检测系统中,根据系统数据来源的不同,可将入侵检测系统分为基于主机的入侵检测系统、基于网络的入侵检测系统。

1. 基于主机的入侵检测系统

基于主机的入侵检测系统(Host-based IDS,HIDS)通常被安装在被保护的主机上,对该主机的网络实时连接以及系统审计日志进行分析和检查,当发现可疑行为和安全违规事件时,系统就会向管理员报警,以便采取措施。

基于主机的入侵检测系统的数据可以来源于操作系统、应用程序、安全工具等的日志系统,例如,Windows 系统自带日志系统包括应用程序日志、系统日志、安全日志等,可以通过"事件查看器"查看日志;UNIX 系统采用 Syslog 工具实现日志功能;主机防火墙也有自身的日志系统,这些都可以作为基于 HIDS 的数据来源。

如图 7.12 所示为 HIDS 的部署方式。目前多数网络攻击的目标是 DNS、E-mail 和 Web 服务器,占全部网络攻击的 1/3 以上,所以在这关键设备上应该部署基于主机的入侵检测系统,可以密切监视系统日志,识别主机上受到的攻击。安装在邮件服务器上的 HIDS 可以只设置和邮件服务器相关的规则,安装在 Web 服务器上的 HIDS 则主要设置和 Web 服务相关的规则。HIDS 能够实施二进制完整性检查、系统日志分析和非法进程

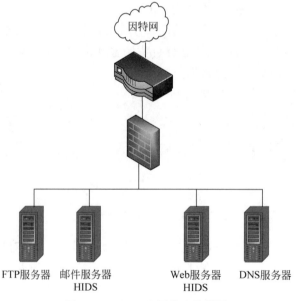

图 7.12　HIDS 在网络中的部署

关闭等功能,并能根据受保护计算机的实际情况进行针对性的定制,使其工作非常有效,误报率非常低。

但是,HIDS 也有弱点和无法检测的盲点,首先,HIDS 的检测效果取决于数据或系统日志的准确性和完整性,入侵者可能通过系统特权等操作绕过审计,并且 HIDS 安装并运行在主机上,或多或少会影响主机性能。

2. 基于网络的入侵检测系统

基于网络的入侵检测系统(Network-based IDS,NIDS)一般安装在需要保护的网段中,实时监控网段中传输的各种数据包,并对这些数据包进行分析和检测,如果发现入侵行为或可疑事件,入侵检测系统就会发出警报甚至切断网络连接。多数 NIDS 的数据收集部分是一个嗅探器,用来嗅探网络上传输的数据,一般需要把安装了 NIDS 的主机网卡设置为混杂模式,该模式允许设备捕捉每个经过网络的数据包。混杂模式可以通过 ifconfig 命令设置,如 ifconfig eth0 promisc,或通过专门的函数接口设置。

NIDS 如同网络中的摄像机,可以监视整个网络运行情况。图 7.13 是一个典型的基于 NIDS 的网络保护方案拓扑图,图中三个 NIDS 都被放置在网络最关键的地方,能监视关键部位所有设备的网络通信,提供公共服务的服务器子网如果被入侵,这台服务器会变成一个跳板攻击整个子网,所以要被 NIDS 保护。内网中的工作站被另一个 NIDS 保护,这样可以减少内网主机被入侵的危险,在网络中布置多个 NIDS 是深层安全防护的一个很好的应用。

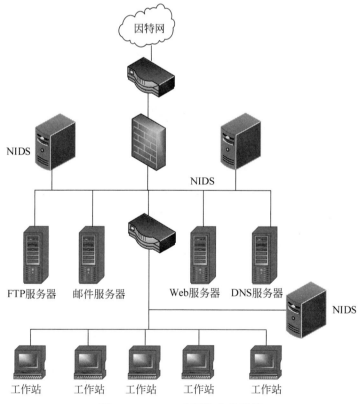

图 7.13　NIDS 在网络中的部署

基于网络的入侵检测系统的优点在于,它的检测范围是整个网段,不仅是保护主机,它的防护和检测是实时的,一旦发生恶意访问或攻击,基于网络的入侵检测系统就可以随时发现,因此能够更快做出反应,将入侵活动对系统的破坏减到最低。由于不需要在每台计算机上安装 NIDS,所以它不容易被攻击者发现,甚至可以没有网络地址,神秘地隐藏在幕后。这对许多网络内部的攻击者是一种很大的威慑。另外,NIDS 不需要任何特殊的审计和登录机制,只要配备网络接口即可,不会影响其他数据源。随着因特网在其范围和通信流量方面的增大,基于网络的 IDS 已经越来越受欢迎,在安全行业中,能够扫描大量网络活动并成功地标记可疑传输的 IDS 很受好评。

NIDS 的主要不足在于只能检测经过本网络的活动,并且精确度较差,在交换式网络环境下难以配置,防入侵欺骗能力较差。而且无法知道主机内部的安全情况,主机内部普通用户的威胁也是影响网络信息系统安全的重要组成部分。另外,如果数据流进行了加密,NIDS 也不能有效审查其内容,对主机上执行的命令也就难以检测。因此,NIDS 和 HIDS 在方法上是互补的,并且在抵制入侵的不同阶段发挥不同的作用。

防火墙、入侵检测系统是传统的网络安全防护技术,这些技术在某种程度上对防止非法入侵起到了一定的作用,但对网络环境中日新月异的攻击手段缺乏主动防御能力。主动防御能力是指能针对入侵行为动态调整系统安全策略、主动阻止入侵、对入侵攻击源进行主动追踪和发现。人们不断进行新的探索,入侵防御系统(Intrusion Prevention System,IPS)应运而生。

习　题

一、填空题

1. 防火墙实现技术可以分为_____、_____和_____。

2. 防火墙的默认安全策略有两种:_____和_____,采用_____策略更安全。

3. 根据防火墙的应用部署方式,可以分为_____和_____。

4. 代理防火墙技术一般分为_____和_____两种。

5. 入侵检测采用的方法主要有两种:_____和_____。

6. 防火墙指的是位于_____之间的、实施_____的一组安全组件的集合。

7. 入侵检测的通用流程包括_____、_____和_____。

8. 在入侵检测系统中,根据系统数据来源的不同,可将入侵检测系统分为_____和_____。

9. 衡量入侵检测系统的重要指标有_____和_____。

二、选择题

1. 仅设立防火墙,而没有(　　),防火墙就形同虚设。

　　A. 管理员　　　　　　　　　　　　B. 安全操作系统

　　C. 安全策略　　　　　　　　　　　D. 防毒系统

2. 防火墙是(　　)技术在网络环境中的具体应用。

　　A. 字符串匹配　　　　　　　　　　B. 入侵检测系统

C. 访问控制　　　　　　　　　　　　D. 防病毒技术

3. 以下(　　)不是包过滤防火墙主要过滤的信息。

　　A. 源 IP 地址　　　　　　　　　　　B. 目的 IP 地址

　　C. TCP 源端口和目的端口　　　　　　D. 时间

4. 在(　　)中,防火墙内部除了访问控制规则表外,还有一个防火墙自动产生的状态表。在包过滤的同时,检查数据包之间的关联性以及数据包中动态变化的状态。

　　A. 电路级网关　　　　　　　　　　　B. 静态包过滤检测

　　C. 状态包过滤检测　　　　　　　　　D. 应用代理防火墙

5. 防火墙最主要被部署在(　　)。

　　A. 网络边界　　　　　　　　　　　　B. 骨干线路

　　C. 重要服务器前　　　　　　　　　　D. 桌面终端

6. 在屏蔽主机结构中,堡垒主机位于(　　)中,在包过滤防火墙上配置规则,限定外网主机只能直接访问堡垒主机。

　　A. 内部网络　　　　　　　　　　　　B. 周边网络

　　C. 外部网络　　　　　　　　　　　　D. 自由连接

7. 在防火墙技术中,内网这一概念通常指的是(　　)。

　　A. 受信网络　　　　　　　　　　　　B. 非受信网络

　　C. 防火墙内的网络　　　　　　　　　D. 互联网

8. 从系统结构上来看,入侵检测系统可以不包括(　　)。

　　A. 数据源　　　　　　　　　　　　　B. 分析引擎

　　C. 审计　　　　　　　　　　　　　　D. 响应

9. 入侵检测技术可以分为误用检测和(　　)两大类。

　　A. 病毒检测　　　　　　　　　　　　B. 详细检测

　　C. 异常检测　　　　　　　　　　　　D. 漏洞检测

三、简答题

1. 什么是防火墙? 防火墙采用的技术有哪些?

2. 什么是包过滤? 包过滤有几种工作方式?

3. 防火墙有哪些体系结构?

4. 什么是 DMZ? 为什么要构建 DMZ?

5. 什么是 IDS? 简述异常检测技术的基本原理。

6. 比较异常检测和误用检测技术的优缺点。

7. 目前市场上出现了 IPS(入侵防御系统)产品,请查阅相关资料,说明其与防火墙、IDS 技术有何关联。

第 8 章

数据库系统安全

数据库技术从 20 世纪 60 年代产生至今,已得到快速的发展和广泛的应用。当前,大多数信息系统采用数据库存储和管理大量关键数据,是攻击者攻击的主要目标,数据库系统面临的安全威胁和风险越来越大,数据库安全是信息系统安全的重要组成部分,要通过数据库管理系统(DBMS)的安全机制来实现。本章主要介绍数据库系统安全方面的知识。

8.1 节介绍了数据库安全的定义;8.2 介绍数据库系统的安全机制,包括身份认证、访问控制、视图、审计、加密、备份和恢复技术等;8.3 节介绍主流数据库系统 SQL Server 的安全机制。

视频讲解

8.1 数据库安全概述

数据库是长期存储在计算机中,有组织、可共享的数据集合。专门用于管理数据库的软件称为数据库管理系统(DataBase Management System,DBMS),目前常见的 DBMS 是关系型数据库管理系统,比较流行的有 SQL Server、Oracle、MySQL 等。由于数据库中通常存储了关键业务数据,因而是攻击者攻击的主要目标。

当前,数据库系统面临的安全威胁主要包括:①数据泄露,包括直接和非直接(通过推理)地窃取数据库中的数据,破坏数据库的机密性;②数据篡改,由于合法用户的误操作或非法用户的非授权操作导致数据库中的数据被增加、删除、更改,破坏数据库的完整性;③数据不可用,由于硬件故障、各类计算机犯罪导致数据库系统遭到损坏,合法用户无法访问数据库,破坏了数据库的可用性。

数据库安全是数据库管理系统和以数据库为基础的应用系统必须重点关注的问题之一,确保系统内存储的数据不被非法窃取和破坏,是数据库应用系统成败的关键。

目前,学术界对数据库安全尚无公认的权威定义,我国公安部的行业标准"GA/T 389—2002 计算机信息系统安全等级保护数据库管理系统技术要求"对数据库安全的定义为:数据库安全就是保证数据库信息的保密性、完整性、一致性和可用性。保密性指保护数据库中的数据不被泄露和未授权的获取;完整性指保护数据库中的数据不被非授权用户破坏和删除;一致性指确保数据库中的数据满足实体完整性、参照完整性和用户定义完整性要求;可用性指确保数据库中的数据不因人为的和自然的原因对授权用户不可用。确保数据库的安全性是通过数据库管理系统(DBMS)的安全机制实现的。

8.2 数据库安全机制

目前主流的数据库管理系统提供的安全机制有：身份认证、访问控制、视图、审计、数据库加密、备份和恢复机制等，充分运用这些安全机制，可以确保系统中存储的数据具有较高的安全性。

8.2.1 数据库系统的身份认证

当用户请求进入计算机系统时，计算机操作系统首先进行标识核对，合法的用户才能进入计算机系统，但是，进入计算机系统的用户不一定具有数据库的使用权，数据库管理系统还要进一步进行身份认证，以拒绝没有数据库使用权的用户对数据库的访问。

和操作系统的用户认证类似，数据库用户认证是在数据库系统前后端之间建立可信安全通信信道的重要过程，它是数据库系统的门禁模块，是数据库授权和审计的基础。身份认证的过程包括标识和鉴别，身份认证的方式有口令、指纹、智能卡等，有关身份认证的内容在第 4 章中已经做了详细介绍，这里不再赘述。

当前流行的 DBMS 身份认证的实现方式主要有以下两种。

1. 借助于操作系统身份认证机制实现

在这种实现方式下，操作系统的合法用户也是数据库系统的合法用户，本地用户进入操作系统后不需要额外再输入用户名和密码就可直接连接到数据库系统，远程用户可以以操作系统用户身份登录数据库系统。由于操作系统通常有比较完善的身份认证机制，例如，对于口令的加密机制、对用户信息的保护机制、对用户口令的安全策略、锁定策略等，因而可以认为借助于操作系统的身份认证机制实现数据库用户认证可以获得更高的安全性。

2. DBMS 独立实现身份认证机制

很多 DBMS 都提供了独立于操作系统的身份认证机制，如 SQL Server、Oracle 等都提供了独立认证的功能。在这种方式下，DBMS 需要实现用户身份信息的管理、口令安全策略的实施等。

8.2.2 数据库系统的访问控制

数据或信息安全的破坏往往是从获取访问权限开始的，因此，安全防护的重要目的之一就是防止对数据或信息的非法访问。访问控制是防止数据库非法访问的重要措施之一。

访问控制是在用户身份得到认证后，根据授权数据库中预先定义的安全策略对主体行为进行限制的机制和手段。访问控制可分为自主访问控制（Discretionary Access Control，DAC）、强制访问控制（Mandatory Access Control，MAC）和基于角色的访问控制（Role Based Access Control，RBAC）等，各类访问控制的具体内容可参考第 5 章。

目前商用 DBMS 一般支持自主访问控制和基于角色的访问控制。下面依次介绍数据库中这两种访问控制机制的实现。

1. 自主访问控制

自主访问控制是资源的所有者自主决定其他用户对该资源的访问权限,这里涉及数据库资源有哪些、对数据库资源的访问权限有哪些、如何授权、收权等。

1) 用户的访问权限

用户对某一数据对象的操作权力称为权限。在 DBMS 中,用户的访问权限由两个要素组成:数据库对象和操作类型。

(1) 数据库对象,包括数据库、基本表、表中记录、属性值、视图、索引等。

(2) 操作类型,包括 SELECT、INSERT、DELETE、UPDATE、REFERENCES、ALL PRIVILEGES。其中,ALL PRIVILEGES 是所有权限的简写形式,REFERENCES 表示允许用户定义新关系时,引用其他关系的主键作为外键。

一般 DBMS 将数据库用户分为如下 4 类。

(1) 系统管理员用户。在一个 DBMS 上拥有一切权限的用户,如同操作系统中的超级用户,负责整个系统的管理,可以建立多个数据库,在所有数据库上拥有所有权限。一般 DBMS 在安装时至少有一个系统管理员用户。例如,SQL Server 默认的系统管理员用户是 sa,负责在该 SQL Server 上的所有系统管理。

(2) 数据库管理员用户(DBA)。在某一数据库上拥有一切权限的用户,负责一个具体数据库的建立和管理。在 SQL Server 中称作 dbo(Database Owner),也称作数据库属主或数据库拥有者。

(3) 数据库对象用户。可以建立数据库对象(如表、视图等)的用户,在自己建立的数据库对象上拥有全部操作权限,也称作数据库对象属主或数据库对象拥有者。

(4) 数据库访问用户。一般的数据库访问用户,可以对被授权的数据库对象进行操作(如查询数据、修改数据等)。

这 4 类用户权限逐渐降低,一般较低级别用户的权限是较高级别用户授予的。例如,系统管理员用户授权某个用户可以建立数据库,则该用户便可以建立数据库,并成为建立数据库的数据库管理员用户。

2) 权限的授予与收回

目前大部分 DBMS 支持自主访问控制,这里主要讨论基于自主访问控制的授权控制。DBMS 通过 SQL 提供的 GRANT 和 REVOKE 语句定义用户权限,形成授权规则,并将其记录在数据字典中。当用户发出存取数据库的操作请求后,DBMS 授权子系统查找数据字典,根据授权规则进行合法性检查,以决定接受还是拒绝执行此操作。

(1) GRANT 语句。

GRANT 语句用于向用户授予权限,其一般格式为:

```
GRANT <权限列表> ON <数据库对象>
    TO <用户列表>
        [WITH GRANT OPTION];
```

选项 WITH GRANT OPTION 表示被授权的用户可以将这些权限或权限的子集传递授予给其他用户,但不允许循环授权,即被授权者不能把权限再授回给授权者或其祖先。

【例 8-1】　现有表学生(学号,姓名,所在系,性别),把查询学生表和修改学生学号的权限授给用户 U4,并允许其将权限转授出去。

```
GRANT   SELECT,UPDATE(学号)   ON 学生
    TO   U4
        WITH GRANT OPTION;
```

(2) REVOKE 语句。

权限可以由 DBA 或其他授权者用 REVOKE 语句收回,其一般格式为:

```
REVOKE[GRANT   OPTION   FOR]<权限列表>
  ON <数据库对象>
    FROM <用户列表>
      [RESTRICT|CASCADE];
```

选项 GRANT　OPTION　FOR 表示收回用户的授权权限;CASCADE 表示把该用户所转授出去的权限同时收回;RESTRICT 表示限制级联收回,也即只有当用户没有给其他用户授权时,才能收回权限,否则,系统拒绝执行授权动作。

【例 8-2】　收回用户 U4 修改学生学号的权限,并级联收回所授出的权限。

```
REVOKE   UPDATE(学号)
    ON 学生
    FROM   U4
      CASCADE;
```

2. 基于角色的访问控制

数据库角色是被命名的一组与数据库操作相关的权限,角色是权限的集合,因此,可以为一组具有相同权限的用户创建一个角色,使用角色来管理数据库权限可以简化授权的过程。

在 SQL 中首先用 CREATE ROLE 语句创建角色,然后用 GRANT 语句给角色授权。

1) 角色的创建

创建角色的 SQL 语句格式为:

```
CREATE ROLE <角色名>
```

2) 给角色授权

给角色授权的 SQL 语句格式为:

```
GRANT <权限> [,权限]…
  ON <对象类型>对象名
    TO <角色>[,角色]…
```

DBA 和数据库对象所有者可以利用 GRANT 语句将权限授予某一个或几个角色。

3) 将一个角色授予其他角色或用户的 SQL 语句格式为:

```
GRANT <角色 1>[,角色 2]…
    TO <角色 3>[,<用户 1>]…
```

```
[WITH ADMIN OPTION]
```

该语句把角色授予某用户,或授予另一个角色。这样,一个角色(例如角色3)所拥有的权限就是授予它的全部角色(例如角色1和角色2)所包含的权限的总和。

授予者或者是角色的创建者,或者拥有在这个角色上的ADMIN OPTION权限。

如果指定了WITH ADMIN OPTION子句,则获得某种权限的角色或用户还可以把这种权限再授予其他角色。

一个角色包含的权限包括直接授予这个角色的全部权限加上其他角色授予这个角色的全部权限。

4) 角色权限的回收

回收角色权限的SQL语句为:

```
REVOKE <权限>[,权限]…
    ON <对象类型><对象名称>
    FROM <角色>[,角色]…
```

用户可以回收角色的权限,从而修改角色拥有的权限。

REVOKE动作的执行者或者是角色的创建者,或者是拥有在这个角色上的ADMIN OPTION。

【例8-3】　通过角色实现授权。

(1) 首先创建一个角色R1。

```
CREATE ROLER1;
```

(2) 然后使用GRANT语句,使角色R1拥有学生表S的SELECT、UPDATE、INSERT权限。

```
GRANT SELECT,UPDATE, INSERT
    ON S
        TO R1
```

(3) 将这个角色授予王平、张明、赵玲,使他们具有角色R1所包含的全部权限。

```
GRANT R1
        TO 王平,张明,赵玲;
```

(4) 回收王平的权限。

```
REVOKE R1
    FROM 王平
```

8.2.3　数据库系统的视图机制

在数据库中,视图是从一个或几个基本表(或视图)导出的表,它和基本表不同,是一个虚表,数据库中只存放视图的定义,不存放视图对应的数据,视图就像一个窗口,透过它可以看到数据库中自己感兴趣的数据及其变化。利用视图可以简化用户操作,使用户将注意力集中在所关心的数据上。

视图还可以对机密数据提供安全保护,在一个数据库系统中,可以为不同的用户定义不同的视图,把数据对象限制在一定范围内,也就是说,通过视图机制把要保密的数据对无权存取的用户隐藏起来,从而自动地对数据提供一定程度的安全保护。例如,在某大学教务管理系统中存储了所有学生信息,假定王平老师是计算机专业系主任,只能对计算机系学生的信息进行操作,利用视图机制可以实现这样的安全需求。

【**例 8-4**】 建立计算机系学生的视图,把对该视图的操作权限授予王平。

```
CREATE VIEW CS_ Student
AS
SELECT *
FROM S
WHERE Sdept = 'CS';
GRANT ALL PRIVILEGES
ON CS_ Student
TO 王平;
```

8.2.4　数据库系统的审计

任何系统的安全保护措施都不是完美无缺的,蓄意盗窃、破坏数据的人总是想方设法打破控制。审计功能把用户对数据库的所有操作自动记录下来放入审计日志(Audit Log)中。DBA 可以利用审计跟踪的信息,重现导致数据库现有状况的一系列事件,找出非法存取数据的人、时间和内容等。

审计通常是很费时间和空间的,所以 DBMS 往往都将其作为可选特征,允许 DBA 根据应用对安全性的要求,灵活地打开或关闭审计功能。审计功能一般主要用于安全性要求比较高的部门。

审计一般可以分为用户级审计和系统级审计。用户级审计是任何用户可设置的审计,主要是用户针对自己创建的数据库表或视图进行审计,记录所有用户对这些表或视图的一切成功和(或)不成功的访问要求以及各种类型的 SQL 操作。系统级审计只能由DBA 设置,用以检测成功或失败的登录要求、监测 GRANT 和 REVOKE 操作以及其他数据库级权限下的操作。

8.2.5　数据库系统的加密

对于数据库中的高度敏感数据,例如财务数据、军事数据、国家机密等,除了采取以上安全措施外,还可以采用数据加密技术。

数据加密是防止数据库中数据在存储和传输中失密的有效手段。加密的基本思想是根据一定的算法将原始数据变换为不可直接识别的格式,从而使不知道解密密钥和解密算法的人无法获知数据的内容。

目前有些数据库产品提供了数据加密接口,可根据用户需要自动对存储和传输的数据进行加密处理。由于数据加密和解密是比较费时的操作,而且数据加密和解密操作会占用大量系统资源,因此,数据加密功能通常也作为可选特征,允许用户自由选择,只对高度机密的数据进行加密。

8.2.6　数据库系统的备份与恢复技术

尽管数据库系统采取各种保护措施来防止数据库的安全性和完整性被破坏,但是计算机系统受水灾、火灾等自然灾害、硬件的故障、软件的错误、操作员的失误以及恶意的破坏仍是不可避免的,这些故障轻则造成运行事务非正常中断,影响数据库数据的正确性,重则破坏数据库,使数据库中全部或部分数据丢失,从而使数据库处于错误状态。数据库系统需要建立一整套备份与恢复机制,及时恢复系统中重要的数据,尽可能地避免数据损失,使数据库正常运行。

备份和恢复是两个互相联系的概念,备份是将数据信息保存起来;而恢复则是当意外事件发生或者有某种需求时,将已备份的数据信息还原到数据库系统中。

1. 数据库备份技术

在数据库系统中,为了保证在多用户共享数据库以及系统发生故障后仍能保证数据库中数据的正确性,引入了事务的概念,事务是一组需要一起执行的操作序列,是数据库系统的逻辑工作单元,事务具有原子性、持久性、一致性、隔离性四大特性。

(1) 原子性(Atomicity):事务中包括的诸操作要么都做,要么都不做。

(2) 一致性(Consistency):事务执行的结果必须是使数据库从一个一致性状态变到另一个一致性状态。

(3) 隔离性(Isolation):一个事务的执行不能被其他事务干扰。

(4) 持久性(Durability):一个事务一旦提交,它对数据库中数据的改变就应该是永久性的。

备份是应对故障的有效手段,首先讨论一下数据库故障的类型。

1) 故障的类型

数据库可能发生的故障有以下几类。

(1) 事务内部的故障。例如,事务执行过程中发生运算溢出(例如试图用 0 作除数)、并发事务发生死锁而被选中撤销、违反了某些完整性限制等。此时,系统会强迫发生故障的事务终止运行。夭折事务的部分执行结果可能已经更新到数据库中,破坏事务的原子性。

(2) 系统故障。系统故障是指造成系统停止运转的任何事件,如特定类型的硬件错误(CPU 故障)、操作系统故障、DBMS 代码错误、突然停电等,发生系统故障后,系统要重新启动,由于内存是"易失性的",会造成主存内容,尤其是数据库缓冲区中的内容丢失,所有故障发生时正在运行的事务非正常终止,但不会影响磁盘上的数据库。

发生系统故障后,一些夭折事务的部分执行结果可能已写入磁盘上的数据库;有些已经提交的事务对数据库的更新结果可能还在缓冲区中,未来得及写回磁盘物理数据库中,因此系统故障破坏了数据库的原子性和持久性。

(3) 介质故障。介质故障又称为硬故障(Hard Crash),通常指外存故障,如磁盘损坏、磁头碰撞、瞬时强磁场干扰以及由于地震、爆炸等灾难性事件发生而引发存储介质完全毁坏等,这类故障将破坏数据库,并影响正在存取这部分数据的所有事务。

发生介质故障后,会破坏磁盘上的物理数据库,导致已提交事务对数据库的更新结果丢失,并影响正在存取这部分数据的所有事务。因此介质故障会破坏事务的原子性和持久性。

为了实现故障恢复,采用的技术是进行备份,不仅要备份数据库,而且还要对事务的更新操作进行备份以助恢复事务故障和系统故障。

2) 备份技术

(1) 日志。DBMS 维护了一个日志(Log)文件来记录事务对数据库的更新操作,以帮助事务的恢复。日志文件的内容包括事务的开始标记(BEGIN TANSACTION)、事务的结束标记(COMMIT 或 ROLLBACK)、事务的所有更新操作。对于更新操作的日志记录,包括如下信息:事务的标识(标明是哪个事务);操作的对象(记录内部的标识);更新前数据的旧值(对插入操作而言,此项为空值);更新后数据的新值(对删除操作而言,此项为空值)。具体日志记录形式如下。

[start_transaction,T]:事务 T 开始执行。

[write,T,A,旧值,新值]:事务 T 已将数据项 A 的值从旧值改为新值。

[commit,T]:事务 T 成功完成,其结果已被提交(永久记录)给数据库。

[Abort,T]:事务 T 异常中止,已撤销对数据库的更新。

引入日志后,每一个数据库更新操作实际上涉及两步操作:执行更新数据库的操作,将更新操作记录到日志中,这两步操作执行的先后顺序对系统有影响吗? 如果先更新数据库后写日志,由于有可能在这两步操作之间发生故障,这样的执行顺序就无法恢复更新操作了,因此需要遵循"日志先写"的原则,也即必须先将更新操作记录到日志中,而后执行更新操作。

(2) 数据备份。日志可以提供针对事务故障和系统故障的数据恢复,为了在发生介质故障造成磁盘上数据丢失时也能进行数据库恢复,通常还需要采用数据备份技术。

DBA 定期地将整个数据库复制到另一个磁盘或磁带上保存起来,根据备份时系统状态的不同,转储可分为静态备份(冷备份)和动态备份(热备份)。

① 静态备份是在系统中无运行事务时进行的备份,这种备份方法简单,并且能够得到一个一致性的副本,但会降低数据库的可用性。

② 动态备份是指备份期间允许对数据库进行存取或修改,即备份和用户事务可以并发执行。动态备份可以克服静态备份的缺点,它不用等待正在运行的用户事务结束,也不会影响新事务的运行。但是,备份结束时后援副本上的数据并不能保证正确有效。

2. 数据库恢复技术

下面讨论如何利用日志和数据库备份来实施数据库恢复,将数据库恢复到故障前的某个一致性状态。针对不同故障,恢复的策略也不同。

1) 事务故障的恢复

事务故障导致事务非正常终止,夭折事务的部分执行结果可能已更新到物理数据库中,破坏了事务的原子性。

恢复子系统要在不影响其他事务运行的情况下,强行回滚(ROLLBACK)该事务,具体做法是,利用日志文件撤销(UNDO)此事务已对数据库进行的修改,使得该事务好像根本没有启动一样。通常做法是逆向扫描日志文件,对于日志中记录的事务的更新操作,将更新前的值写入数据库。

2）系统故障的恢复

发生系统故障后内存中数据库缓冲区的内容都将丢失，所有运行事务都非正常终止，这将导致一些尚未完成事务的部分更新执行结果已经写入磁盘上的数据库；而有些已完成事务对数据库的更新还留在缓冲区中，尚未写回磁盘上的数据库中，从而造成数据库可能处于不正确的状态。

恢复子系统必须在系统重新启动时，让所有非正常终止的事务回滚，强行撤销（UNDO）所有未完成事务，以保持事务的原子性，重做（REDO）所有已提交的事务以保持事务的持久性，从而保证数据库恢复到一致性的状态。重做的具体过程为正向扫描日志，对于事务的每一个更新记录，将更新后的值写入数据库。

为了提高系统故障恢复的效率，可采用具有检查点（Checkpoint）的系统故障恢复技术。

3）介质故障的恢复

介质故障破坏物理数据库，使得所有已提交的事务的结果不能持久保存，并影响正在存取这部分数据的事务，破坏事务的原子性和持久性，是最严重的一种故障。

介质故障的恢复不仅要使用日志，还要借助于数据库备份。对于静态备份，装入数据库备份后即处于一致性状态，利用日志重做故障前已经完成的事务，就能将数据库恢复到故障时刻相一致的状态。对于动态备份，装入数据库备份后，数据库并不处于一致性状态，还需要根据日志文件，利用系统故障恢复的方法，撤销备份结束时尚未完成事务对数据库的更新操作，并重做故障前已完成的事务，将数据库恢复到与故障时刻相一致的状态。

视频讲解

8.3　SQL Server 安全机制

SQL Server 是 Microsoft 公司推出的关系型数据库管理系统，比较有名的版本包括 SQL Server 2000/2005/2008 等，本章以 SQL Server 2008 为例，介绍 SQL Server 的安全机制。

8.3.1　SQL Server 的用户身份认证机制

SQL Server 数据库系统提供了两种身份验证模式：Windows 身份验证模式和混合模式。

使用 Windows 身份认证模式时，当用户登录 Windows 系统后，不需要再次输入登录名和密码，就可以连接 SQL Server 服务。但是，需要注意的是，并不是所有 Windows 系统账号都可以连接 SQL Server，只有那些在 SQL Server 中有对应登录名的 Windows 账号才能够连接到 SQL Server 服务。这种认证模式可以利用 Windows 操作系统提供的强大的用户账户管理功能，如可以设置账户锁定、密码期限等，因而比混合模式更为安全，是 SQL Server 默认的身份验证模式。

使用混合模式认证时，当客户端连接服务器时，既可以采用 Windows 身份验证，也可以采用 SQL Server 身份验证。SQL Server 验证模式为非 Windows 环境的身份验证提供了解决方案,在应用程序开发中,客户端程序经常采用 SQL Server 验证的方式来连接服务器。这种认证模式的典型不足是:用户需要额外维护一组 SQL Server 登录名和密码。

SQL Server 的身份验证流程如图 8.1 所示。

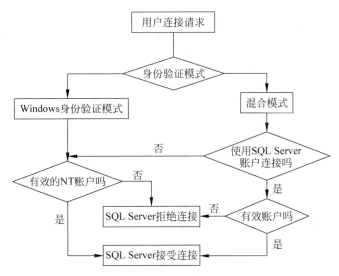

图 8.1　SQL Server 数据库身份认证流程图

当用户通过 SQL Server 管理工具或数据库访问应用程序向数据库发起连接请求时,SQL Server 数据库首先读取管理员所设置的用户身份认证模式信息。如果管理员设置的是 Windows 身份验证模式,则判断当前登录的 Windows 用户是否是合法用户,如果是,则接受用户发起的连接。如果管理员设置的是使用混合验证模式,则首先判断连接请求的用户是否是 SQL Server 账户,如果是则判断用户名和口令是否正确,如果正确则接受连接;如果用户不是 SQL Server 账户,则判断用户是否是合法的 Windows 账户,如果是接受连接,否则拒绝用户的 SQL Server 数据库连接请求。

8.3.2　SQL Server 的访问控制机制

访问控制用于确保合法用户只能执行权限范围内的操作。数据库系统中每个用户的操作权限是不同的,如用户 A 可以访问数据库 A,但不能访问数据库 B,用户 B 可以对数据库 B 中的数据表进行新建、删除或查询操作,而用户 C 只能对数据库 B 中的数据表执行查询操作。在给每个用户授权时,应当依据最小授权的原则,只给用户授予完成任务所需要的最小权限。

SQL Server 2008 数据库管理系统可以同时管理多个数据库,每个数据库中包含表、视图、索引等对象,用户数据存储在表中。用户连接到 SQL Server 数据库管理系统后,可以执行新建数据库、备份数据库、创建表、创建索引、往表中插入数据、查询满足一定条件的数据等操作,用户执行这些操作的权限划分为 3 个层次:系统级(服务器级)、模式级

(数据库级)、数据级,如图8.2所示。系统级权限主要包括新建数据库、新建登录、删除数据库、删除登录、备份数据库等;模式级权限主要包括新建表、更改表、新建索引、新建视图、删除视图等;数据级的权限主要包括对表中数据的增、删、改的权限。

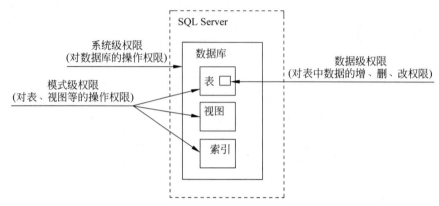

图 8.2　SQL Server 三级权限机制

1. 服务器级权限

登录名是服务器端的主体,服务器级权限的设置可以通过"服务器角色"来实现。服务器角色是 SQL Server 系统为便于对登录名权限的管理,将各项服务器权限进行归类分组后形成的权限组。管理员可以通过将登录名归到特定的服务器角色中,实现对登录名服务器级权限的授予。

系统默认提供了 9 类固定服务器角色,这些固定服务器角色的含义如表 8.1 所示。

表 8.1　固定服务器角色

固定服务器角色	描　　述
bulkadmin	执行大数据量的操作,如 BULK INSERT
dbcreator	创建、更改、删除和还原任何数据库
diskadmin	管理磁盘文件
processadmin	管理 SQL Server 实例中运行的进程
securityadmin	管理登录名及其属性,可以执行 GRANT、DENY、REVOKE 来管理登录名在服务器和数据库级别中的权限,以及重新设置登录名的密码
serveradmin	更改服务器范围的配置选项和关闭服务器
setupadmin	添加和删除连接的服务器,并且也可以执行某些系统存储过程
sysadmin	系统管理员,可以在服务器中执行任何操作
public	任何登录名都属于该角色,一般只具有连接服务器的权限

如果固定服务器角色无法满足对登录名授权的要求,可以直接对登录名进行权限设置,把服务器级安全对象的访问权限授予登录名。

在 SQL Server 2008 中,安全对象是指可以由系统进行权限控制,并可供用户访问的系统资源、进程以及对象等。服务器级的安全对象包括端点、登录名和数据库。将服务器级安全对象的访问权限授予登录名,则登录名连接服务器后,就可以执行权限赋予的操作。

2. 数据库级权限

登录名可以连接服务器,但是如果未对登录名做数据库操作授权,或者登录名所属的服务器角色没有对数据库进行操作的权限,则该登录名并不具有对数据库进行操作的权限。

在 SQL Server 2008 中,对于数据库的访问是通过数据库用户权限管理实现的。登录名连接服务器后,如果需要访问数据库,必须将登录名与数据库中的用户之间建立映射,建立映射后,该登录名在此数据库中的权限是:登录名本身具有的对数据库进行操作的权限和被映射的数据库用户权限的并集。

1) 数据库用户

数据库用户是数据库级访问权限的安全主体,是对数据库进行操作的对象。要使数据库能被用户访问,数据库中必须建有用户。系统为每个数据库自动创建了以下用户:INFORMATION_SCHEMA、sys、dbo 和 guest。

dbo:是数据库所有者用户。顾名思义,dbo 用户对数据库拥有所有权限,并可以将这些权限授予其他用户。在 SQL Server 2008 中,创建数据库的用户默认就是数据库的所有者,从属于服务器角色 sysadmin 的登录名会自动映射为 dbo 用户,因此 sysadmin 角色的成员就具有对数据库执行任何操作的权限。

guest:是数据库的客人用户。当数据库中存在 guest 用户,则所有登录名,不管是否具有访问数据库的权限,都可以访问 guest 用户所在的数据库。因此,guest 用户的存在会降低系统的安全性。但是,在用户数据库中 guest 用户默认处于关闭状态,而在 master 和 tempdb 数据库中出于系统运行需要,guest 用户是开启的。

sys 和 INFORMATION_SCHEMA:此两类用户是为使用 sys 和 INFORMATION_SCHEMA 架构的视图而创建的用户。为了确保系统正常运行,建议不要修改这两类用户。

2) 数据库角色

新创建的数据库用户虽然可以访问数据库,但是能够执行哪些操作,必须通过对数据库用户进行权限设置来实现。对数据库用户设置权限最简单的方式是使用数据库角色。数据库角色是 SQL Server 系统提供的对数据库用户使用数据库的权限进行分组归类后,预设而成的权限组。通过将数据库用户归属到数据库角色,就可以使用户具备角色所有的权限。

在 SQL Server 2008 中共提供了 10 种固定数据库角色,这些数据库角色代表的含义如表 8.2 所示。

表 8.2　固定数据库角色

固定数据库角色	描　　　述
db_accessadmin	添加或删除数据库用户、数据库角色
db_backupoperator	备份数据库
db_datareader	读取所有用户表中的所有数据
db_datawriter	添加、删除或更改所有用户表中的数据

续表

固定数据库角色	描　　述
db_ddladmin	增加、修改或删除数据库中的对象,如数据表、视图、存储过程等
db_denydatareader	不能读取数据库内用户表中的任何数据
db_denydatawriter	不能添加、修改或删除数据库内用户表中的任何数据
db_owner	数据库所有者,可以在数据库中执行所有操作,dbo 用户是其中的成员
db_securityadmin	可以管理数据库角色及角色中的成员,也可以管理语句权限和对象权限
public	默认只有读取数据的权限。每个数据库用户都是 public 角色的成员

如果固定的数据库角色不能满足对用户权限管理的需要,可以通过新建自定义数据库角色,来创建更多的数据库角色。创建自定义数据库角色时,需要先给角色设置权限,然后将用户添加到该角色中。这与固定数据库角色直接添加用户是不同的。

在某些应用环境中,出于安全考虑,要求某些用户只能通过应用程序来访问数据库,而不能直接对数据库进行操作。这时,可以创建应用程序角色,当用户的应用程序需要操作数据库时,先在应用程序中启用应用程序角色,然后用户在应用程序权限的控制下执行相应的操作。因此,使用应用程序角色在一定程度上有助于提高系统的安全性。

3. 数据级访问控制

对表中数据的操作权限主要包括增、删、改、查,权限的授予既可以通过图形化用户界面直接操作,也可以通过 GRANT、REVOKE 语句来进行授权,参考 8.2.2 节内容。

8.3.3　SQL Server 数据加密

SQL Server 2000 以前的版本没有内置数据加密功能,SQL Server 2005 引入了列级加密机制,支持对称加密算法、非对称加密算法、证书等多种方式对表中的列进行加密,实施对特定列的保护。在 SQL Server 2008 中又引入了透明数据加密(Transparent Data Encryption,TDE)技术。TDE 是数据库级别的,数据的加密和解密以页为单位,由数据引擎执行,在数据写入数据库时加密,在读出时解密,客户端程序完全不用做任何操作,感知不到加、解密的过程,所以称为透明数据加密。

1. 列级数据加密

在 SQL Server 中,加密是分层级的,如图 8.3 所示,每一个数据库实例都拥有一个服务器主密钥,这个密钥是整个 SQL Server 实例的根密钥,在 SQL Server 安装的时候自动生成,其本身由 Windows 提供的数据保护 API(Data Protection API,DPAPI)进行保护。在服务器主密钥之下的是数据库主密钥,每个数据库只能有一个数据库主密钥,这个密钥由服务器主密钥进行加密保护。数据库主密钥可以为证书或非对称密钥提供加密保护。最底层的对称密钥由证书、非对称密钥或其他对称密钥保护。

2. 创建数据库主密钥

数据库主密钥通过 CREATE MASTER KEY 语句生成,其基本语法格式如下:

```
CREATE MASTER KEY ENCRYPTION BY PASSWORD = 'password'
```

接下来就可以创建对称密钥、证书了,这里以证书为例,说明如何创建证书、如何利用

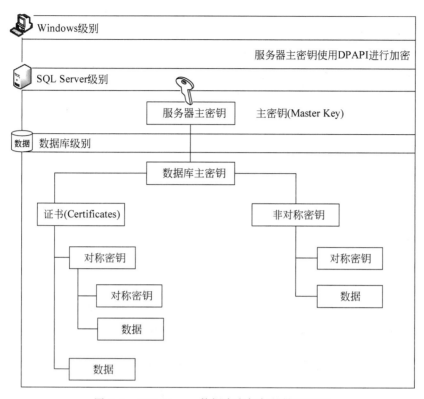

图 8.3 SQL Server 数据库密钥保护链原理图

证书加、解密表中的列数据。

3. 创建数字证书

下面是一个使用 SQL 语句创建数字证书的例子。

【例 8-5】 创建 SQL Server 的数字证书。

```
CREATE CERTIFICATE TestCertificate
ENCRYPTION BY PASSWORD = '123456'
WITH SUBJECT = 'This is a test certificate',
START_DATE = '12/28/2016',
EXPIRY_DATE = '1/1/2022';
```

例 8-5 创建了一个名字为"TestCertificate",口令为"123456"的证书,证书有效期为 2016 年 12 月 28 日到 2022 年 1 月 1 日。

4. 使用 SQL Server 数字证书加密/解密数据

通过 SQL Server 内置的函数 EncryptByCert,DecryptByCert 和 Cert_ID,可以使用上面创建的数字证书来加密和解密数据。

1) Cert_ID 函数

Cert_ID 函数得到指定名字的证书的 ID,格式为:

```
Cert_ID ( 'cert_name' )    -- cert_name 为证书的名字
```

2) EncryptByCert 函数

EncryptByCert 函数是指使用数字证书的公钥加密数据。只能使用相应的私钥对加密文本进行解密。此类非对称转换相比较使用对称密钥进行加密和解密的方法,其开销更大。建议在处理大型数据集(如多个表中的用户数据)时不使用非对称加密。格式为:

```
EncryptByCert ( certificate_ID ,{ 'cleartext' | @cleartext } )
```

该函数基本参数的含义如下。

certificate_ID:通过 Cert_ID 函数得到的证书 ID。

cleartext:要加密的明文。类型为 nvarchar、char、varchar、binary、varbinary 或 nchar。

EncryptByCert 函数的返回类型是最大大小为 8000B 的 varbinary。

下面看看如何使用上述函数对数据库中的数据进行加解密。

【例 8-6】 对"某大学综合教务管理系统"teachsystem 的 cscore 表的 score 字段进行加密存储,SQL 语句如下。

```
insert into dbo.cscore values(1,1,1,EncryptByCert(Cert_ID('TestCertificate'),N'80'));
```

分数字段加密后存储到数据库中的效果如图 8.4 所示,显示的是"二进制数据"。

表 - dbo.cscore	localhost.teachsystem - SQLQuery5.sql
sid	cid	score
1	1	<二进制数据>
NULL	NULL	NULL

图 8.4　SQL Server 数据库加密效果

使用普通的 SQL 查询语句无法查询加密数据的明文信息,必须使用 DecryptByCert 函数来解密后进行查询。

【例 8-7】 查询"某大学综合教务管理系统"teachsystem 的 cscore 表的加密数据,SQL 语句如下。

```
SELECT sid,cid,CONVERT(NVCHAR(50),
DECRYPTBYCERT(CERT_ID(N'TestCertificate'),
score,N'123456')) AS score FROM dbo.cscore
```

查询结果如图 8.5 所示,已经可以获得加密的分数字段的明文信息了。

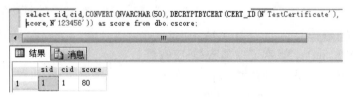

图 8.5　SQL Server 数据库解密效果图

5. 透明数据加密

透明数据加密的主要作用是防止数据库文件被窃取,窃取数据库文件的人在没有数据加密密钥的情况下是无法恢复或附加数据库的。

使用 TDE 的四个步骤如下。

（1）创建数据库主密钥。

【例 8-8】　在 master 数据库中创建一个 master key。

```
USE master;
GO
CREATE MASTER KEY ENCRYPTION BY PASSWORD = 'P@ssw0rd';
go
```

（2）创建或者获取一个由 master key 保护的证书。

【例 8-9】　使用 master key 创建证书 MyServerCert。

```
CREATE CERTIFICATE MyServerCert WITH SUBJECT = 'My DEK Certificate';
go
```

（3）创建一个用证书加密的数据库密钥。

【例 8-10】　创建数据库密钥 key，使用 MyServerCert 这个证书加密。

```
USE TESTDB2;
GO
CREATE DATABASE ENCRYPTION KEY
WITH ALGORITHM = AES_128
ENCRYPTION BY SERVER CERTIFICATE MyServerCert;
GO
```

（4）将数据库设置为使用 TDE。

【例 8-11】　将数据库 TESTDB2 设置为采用 TDE 加密。

```
ALTER DATABASE TESTDB2 SET ENCRYPTION ON;
```

8.3.4　SQL Server 的数据库备份与恢复

在数据库应用系统的实际运行过程中，会存在多种原因造成系统出错或数据库损坏等故障，如人为的误操作、刻意的破坏以及计算机软硬件故障，甚至还有各种不可阻挡的自然灾害，如地震、洪水等，这些故障都会给使用者造成很大的损失。SQL Server 为了解决数据故障问题，提供了数据库备份与恢复功能，使管理员可以在系统正常运行时，及时进行备份；而在系统出现故障时又能从备份中把数据恢复到备份时的状态。因此，通过数据库的备份和恢复，可以最低限度地降低系统故障造成的不良影响。

1. 备份类型

备份是为了将当前系统正常的运行状态复制下来，以备将来需要时能够还原到备份时的状态，使系统可以继续正常运行。SQL Server 2008 提供了以下四种备份方式。

（1）完整数据库备份。

（2）差异数据库备份。

（3）事务日志备份。

（4）数据库文件或文件组备份。

完整数据库备份：完整备份是指对整个数据库进行备份，在数据库较大的场合，备份的时间长，消耗的存储资源多，会对系统性能产生较大的影响。完整备份也是其他备份方式的基础，即执行任何其他数据库备份类型前，必须首先至少执行一次完整数据库备份。

差异数据库备份：在执行差异备份之前必须已经执行了完整数据库备份。差异备份只备份自上一次完整数据库备份以来发生改变的内容。由于备份的数据量相比完整备份要小很多，因此备份的效率相对较高。差异数据库的恢复必须在完整数据库备份的基础上进行恢复。差异数据库备份的原理如图 8.6 所示。

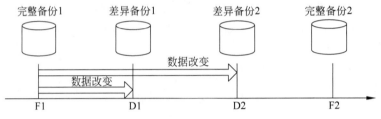

图 8.6　差异数据库备份原理图

事务日志备份：事务日志备份是指备份事务日志文件中的内容，事务日志文件记录了对数据库的更改操作，必须在执行了完整数据库备份之后进行。在执行完完整备份和事务日志备份后，事务日志的内容会被截断。事务日志备份所需要的空间、时间和消耗的资源也比完整备份要少。事务日志数据库备份的原理如图 8.7 所示。

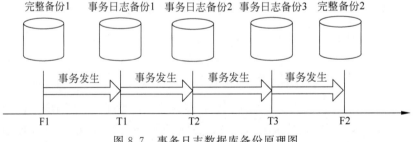

图 8.7　事务日志数据库备份原理图

数据库文件或文件组备份：这种备份方式备份的对象是文件或文件组。在一些大型数据库应用中，由于数据库非常大、数据变化的量也比较大，执行前三种备份都需要占用较多资源，而采用文件或文件组备份方式，可以选择部分文件或文件组进行备份，备份的量会相对减少很多，备份时必须指定逻辑文件或文件组，一般将表和索引一起备份。

由于备份操作会对系统性能造成负面影响，过于频繁的备份在实际生产环境中并不是好办法。管理员可以根据上述备份方式的特点，灵活组合，并结合数据库业务系统实际运行的特点，来制定合理的备份策略。例如，可以采用完整备份结合差异备份（或事务日志备份），在每周末做一次完整备份，而在其他时间每天做一次差异备份（或事务日志备份）。对于备份要求高的，也可以每天凌晨做一次差异备份，而在当天的其他时间，每隔一定时间(如一小时或两小时等)做一次事务日志备份。

2. 恢复模式

在 SQL Server 中,数据库能够执行的备份方式与数据库"恢复模式"选项的设置有关。数据库"恢复模式"选项的设置有三种:简单、完整、大容量日志,这三种恢复模式的特点如下。

(1) 简单。在"简单"恢复模式下,只能对数据库执行完整备份和差异备份。其原因是,SQL Server 会通过在数据库上发布校验点,将已提交的事务从事务日志中复制到数据库中,并清除之前的日志内容。设置"简单"模式,就相当于在数据库中设置这个选项,因此,无法执行事务日志备份。

(2) 完整。在"完整"模式下,可以对数据库执行完整备份、差异备份和事务日志备份。在此模式下,对数据库所做的各种操作都会被记录在事务日志中,包括大容量的数据录入(如 SELECT INTO、BULK INSERT 等)都会记录在事务日志中。但是,这种模式产生的事务日志也最多,事务日志文件也最大。

(3) 大容量日志。在"大容量日志"模式下,与"完整"模式类似,可以执行完整备份、差异备份和事务日志备份。但是这种模式,对于 SELECT INTO、BULK INSERT、WRITETEXT 和 UPDATETEXT 等大量数据复制的操作,在事务日志中会以节省空间的方式来记录,而不像"完整"模式记录得那么完整。因此,对于这些操作的还原会受影响,无法还原到特定的时间点。

3. 备份数据库

备份数据库的操作会涉及备份方式的选择、备份介质的设定等。下面介绍 SQL Server 2008 中管理备份设备、实现各种备份方式操作的过程。

1) 备份设备

备份设备是指 SQL Server 2008 数据库备份存放的介质。在 SQL Server 2008 中备份设备可以是硬盘,也可以是磁带机。当使用硬盘作为备份设备时,备份设备实际就是备份存放在物理磁盘上的文件路径。

备份设备可以分为两种:临时备份设备和永久备份设备。临时备份设备是指在备份过程中产生的备份文件,一般不做长久使用。永久备份文件是为了重复使用,特意在 SQL Server 中创建的备份文件。通过 SQL Server 可以在永久备份设备中添加新的备份和对已有的备份进行管理。

2) 执行备份

将数据备份到备份设备。

4. 还原数据库

对于数据库的还原操作,必须结合数据库的备份策略。如在备份时采用了完整备份、差异备份和事务日志备份三种方式组合的备份方式,在还原时也需要将三种备份源相结合进行还原。但是,所有还原方式都必须先执行完整备份还原后,才能继续后续的还原操作。

习　题

一、填空题

1. 数据库系统面临的安全威胁主要包括_____、_____和_____。

2. 数据库系统的安全机制有_____、_____、_____、_____、_____和_____。

3. 数据库系统中,授权和授权的 SQL 语句为_____和_____。

4. 数据库故障类型包括_____、_____和_____。

5. SQL Server 数据库系统提供了两种身份验证模式:_____和_____。

6. SQL Server 的访问权限划分为三个层次:_____、_____和_____。

7. 在 SQL Server 2008 中引入了_____加密技术。

8. SQL Server 2008 提供了四种备份方式:_____、_____、_____和_____。

二、选择题

1. (　　)是指事务非正常终止,恢复子系统应利用日志文件撤销事务对数据库进行的修改。

  A. 系统故障　　　　　　　　　　B. 事务故障

  C. 介质故障　　　　　　　　　　D. 软件故障

2. 发生(　　)后,磁盘上的物理数据和日志文件被破坏,恢复方法是重装数据库备份,重做已经完成的事务。

  A. 系统故障　　　　　　　　　　B. 事务故障

  C. 介质故障　　　　　　　　　　D. 软件故障

3. 数据库中的视图提高了数据库系统的(　　)。

  A. 完整性　　　　　　　　　　　B. 并发性

  C. 隔离性　　　　　　　　　　　D. 安全性

4. 以下(　　)不属于 SQL Server 2008 提供的备份方式。

  A. 完整备份　　　　　　　　　　B. 增量备份

  C. 差异备份　　　　　　　　　　D. 事务日志备份

5. SQL Server 2008 提供的恢复模式不包括(　　)。

  A. 简单　　　　　　　　　　　　B. 完整

  C. 差异　　　　　　　　　　　　D. 大容量日志

三、简答题

1. 试述数据库常用安全机制有哪些?

2. 试述数据库故障类型有哪些? 如何进行恢复?

3. 试述 SQL Server 2008 的三级授权机制。

4. 试述 SQL Server 2008 的透明数据加密过程。

第 9 章

恶意代码检测与防范技术

恶意代码是指在未授权的情况下,以破坏软硬件设备、窃取用户信息、干扰用户正常使用、扰乱用户心理为目的而编制的软件或代码片段。

常见的恶意代码包括计算机病毒、蠕虫、特洛伊木马、后门、RootKit 等,它们以各种方式侵入计算机系统,对信息系统的正常使用造成了极大危害,主要包括:攻击系统,造成系统瘫痪或操作异常;危害数据文件的安全存储和使用;泄露隐私信息;肆意占用资源,影响系统或网络的性能;攻击应用程序,如影响邮件的收发等。

本章简要介绍几类恶意代码。9.1 节介绍计算机病毒的结构、原理以及病毒检测的方法;9.2 节介绍特洛伊木马的功能和特点,分析其工作机理,给出木马检测与防范技术;9.3 节介绍蠕虫的定义、基本结构和工作原理以及蠕虫防范的方法。

9.1　计算机病毒

早在 1949 年,计算机先驱 John von Neumann 在论文中指出程序可以被编写成能自我复制并增加自身大小的形式。1977 年,Thomas.J.Ryan 推出了轰动一时的科幻小说 *The Adolescence of P-1*。在这本书中,作者构造了一种神秘的、能自我复制、利用信息通道传播的计算机程序,称为计算机病毒,这些病毒漂泊于计算机之内,游荡于硅片之间,控制了七千多台计算机操作系统,引起混乱和不安。这一科幻故事很快变成了现实。

第一个被检测到的病毒出现在 1986 年,称为 Brain(巴基斯坦智囊病毒),这是一个驻留内存的根扇区病毒。

9.1.1　定义

视频讲解

1983 年 11 月,Fred Cohen 在一次计算机安全学术会议上首次提出计算机病毒的概念:计算机病毒是一个能够通过修改程序,把自身复制进去,进而去感染其他程序的程序。这一概念强调了计算机病毒能够"传染"其他程序这一特点。

我国在《中华人民共和国计算机信息系统安全保护条例》中将病毒定义为:编制或者在计算机程序中插入的破坏计算机功能或者数据,影响计算机使用并且能够自我复制的一组计算机指令或者程序代码。为什么把这种恶意代码称为病毒呢?主要的原因是计算机病毒和生物病毒有极为相似的特征,计算机病毒一般具有以下特征。

(1)传染性。与生物界中的病毒可以从一个生物体传播到另一个生物体一样,计算机病毒可以借助各种渠道(移动存储介质、共享目录、邮件等)从已经感染的计算机系统扩散到其他计算机系统。

(2) 潜伏性。计算机病毒的潜伏性是指计算机病毒可以依附于其他媒体寄生的能力,侵入后的病毒一般不会马上破坏系统而是潜伏到条件成熟才发作。

(3) 触发性。潜伏下来的计算机病毒一般要在一定的条件下才被激活,发起攻击。病毒的触发条件可以是日期/时间触发、键盘触发、计数器触发、启动触发等。

(4) 非授权执行。计算机病毒隐蔽在合法程序和数据中,当用户运行正常程序时,病毒伺机取得系统的控制权,先于正常程序执行,并对用户呈透明状态。

(5) 破坏性。计算机病毒的破坏性包括以下几方面。

① 对计算机数据信息的直接破坏:删除、改名、替换内容、假冒文件、磁盘格式化等。

② 抢占系统资源:占用和消耗内存、硬盘等资源。

③ 影响计算机运行速度。

④ 对计算机硬件的破坏:如主板、显示器、打印机等。

按照计算机病毒的特点及特性,计算机病毒的分类方法有许多种。

1. 按照计算机病毒攻击的系统分类

(1) 攻击 Windows 系统的病毒。由于 Windows 的图形用户界面(GUI)和多任务操作系统深受用户的欢迎,因而是病毒攻击的主要对象。首例破坏计算机硬件的 CIH 病毒就是一个感染 Windows 95/98 操作系统的病毒。

(2) 攻击 UNIX/Linux 系统的病毒。当前,UNIX/Linux 系统应用非常广泛,许多大型计算机均采用 UNIX/Linux 作为操作系统,UNIX/Linux 病毒的出现,对人类的信息处理也是一个严重的威胁。

2. 按照计算机病毒的链接方式分类

由于计算机病毒本身必须有一个攻击对象以实现对计算机系统的攻击,计算机病毒所攻击的对象是计算机系统可执行的部分。

1) 源码型病毒

该病毒攻击高级语言编写的程序。该病毒在高级语言所编写的程序编译前插入到源程序中,经编译成为合法程序的一部分。

2) 嵌入型病毒

这种病毒是将自身嵌入到现有程序中,把计算机病毒的主体程序与其攻击的对象以插入的方式链接。这种计算机病毒是难以编写的,一旦侵入程序体后也较难消除。

3) 外壳型病毒

外壳型病毒将其自身包围在主程序的四周,对原来的程序不做修改。这种病毒最为常见,易于编写,也易于发现,一般测试文件的大小即可知。

4) 操作系统型病毒

这种病毒在运行时,用自己的逻辑部分取代操作系统的合法程序模块,具有很强的破坏力,可以导致整个系统瘫痪。圆点病毒和大麻病毒就是典型的操作系统型病毒。

3. 按照计算机病毒的破坏情况分类

1) 良性计算机病毒

良性病毒是指其不包含立即对计算机系统产生直接破坏作用的代码。这类病毒为了表现其存在,只是不停地进行扩散,从一台计算机传染到另一台,并不破坏计算机内的数据。其实良性、恶性都是相对而言的。良性病毒取得系统控制权后,会导致整个系统运行效率降低,系统可用内存总数减少,使某些应用程序不能运行。它还与操作系统和应用程序争抢 CPU 的控制权,导致整个系统死锁,给正常操作带来麻烦。

2)恶性计算机病毒

恶性病毒就是指在其代码中包含损伤和破坏计算机系统的操作,在其传染或发作时会对系统产生直接的破坏作用。这类病毒是很多的,如米开朗琪罗病毒。当米氏病毒发作时,硬盘的前 17 个扇区将被彻底破坏,使整个硬盘上的数据无法被恢复,造成的损失是无法挽回的。有的病毒还会对硬盘做格式化等破坏,这些操作代码都是刻意编写进病毒的,这是其本性之一。

4. 按照计算机病毒的寄生部位或传染对象分类

传染性是计算机病毒的本质属性,根据寄生部位或传染对象分类,也即根据计算机病毒传染方式进行分类,有以下几种。

1)磁盘引导区传染的计算机病毒

磁盘引导区传染的病毒主要是用病毒的全部或部分逻辑取代正常的引导记录,而将正常的引导记录隐藏在磁盘的其他地方。由于引导区是磁盘能正常使用的先决条件,因此,这种病毒在运行的一开始(如系统启动)就能获得控制权,其传染性较大。由于在磁盘的引导区内存储着需要使用的重要信息,如果对磁盘上被移走的正常引导记录不进行保护,则在运行过程中就会导致引导记录的破坏。引导区传染的计算机病毒较多,例如,"大麻"和"小球"病毒就是这类病毒。

2)操作系统传染的计算机病毒

操作系统是一个计算机系统得以运行的支持环境,它包括 COM、EXE 等许多可执行程序及程序模块。操作系统传染的计算机病毒就是利用操作系统中所提供的一些程序及程序模块寄生并传染的。通常,这类病毒作为操作系统的一部分,只要计算机开始工作,病毒就处在随时被触发的状态,而操作系统的开放性和不绝对完善性给这类病毒出现的可能性与传染性提供了方便。操作系统传染的病毒广泛存在,"黑色星期五"即为此类病毒。

3)可执行程序传染的计算机病毒

可执行程序传染的病毒通常寄生在可执行程序中,一旦程序被执行,病毒也就被激活,病毒程序首先被执行,并将自身驻留在内存,然后设置触发条件,进行传染。

5. 按照计算机病毒激活的时间分类

按照计算机病毒激活的时间可分为定时病毒和随机病毒。定时病毒仅在某一特定时间才发作,而随机病毒一般不是由时钟来激活的。

6. 按照寄生方式和传染途径分类

计算机病毒按其寄生方式可分为两类,一是引导型病毒,二是文件型病毒。它们再按其传染途径又可分为驻留内存型和不驻留内存型,驻留内存型按其驻留内存方式又可细分。混合型病毒集引导型和文件型病毒特性于一体。

1) 引导型病毒

引导型病毒是一种在 ROM BIOS 之后,系统引导时出现的病毒,它先于操作系统,依托的环境是 BIOS 中断服务程序。引导型病毒常驻在内存中。

引导型病毒按其寄生对象的不同又可分为两类,即 MBR(主引导区)病毒,BR(引导区)病毒。MBR 病毒也称为分区病毒,将病毒寄生在硬盘分区主引导程序所占据的硬盘 0 头 0 柱面第 1 个扇区中。典型的病毒有大麻(Stoned)、2708 等。BR 病毒是将病毒寄生在硬盘逻辑 0 扇区或软盘逻辑 0 扇区(即 0 面 0 道第 1 个扇区)。典型的病毒有 Brain、小球病毒等。

2) 文件型病毒

文件型病毒主要以感染可执行程序为主。它的安装必须借助于病毒的载体程序,即要运行病毒的载体程序,方能把文件型病毒引入内存。感染病毒的文件被执行后,病毒通常会趁机再对下一个文件进行感染。

文件型病毒分为源码型病毒、嵌入型病毒和外壳型病毒。源码型病毒是用高级语言编写的,若不进行汇编、链接则无法传染扩散。嵌入型病毒是嵌入在程序的中间,它只能针对某个具体程序,如 dBASE 病毒。文件外壳型病毒按其驻留内存方式可分为高端驻留型、常规驻留型、内存控制链驻留型、设备程序补丁驻留型和不驻留内存型。

【例 9-1】 CIH 病毒。

产生于 1998 年的 CIH 病毒属于文件型病毒,通过网络或移动介质传播,主要感染 Windows 95/98/Me 系统下的可执行文件,CIH 发作时,可以破坏计算机的主板和硬盘。CIH 病毒会试图向主板可擦写的 BIOS 中写入垃圾信息,导致 BIOS 中的内容被洗去,造成计算机无法启动。CIH 病毒一般潜伏在系统中,并在固定的日期发作。

视频讲解

9.1.2 计算机病毒的结构

根据计算机病毒的工作流程,病毒一般由感染标记、感染模块、触发模块、破坏模块(表现模块)和主控模块构成。

感染标记又称病毒签名。病毒程序感染宿主程序时,要把感染标记写入宿主程序,作为该程序已被感染的标记。感染标记是一些数字或字符串,通常以 ASCII 方式存放在程序里。病毒在感染健康程序以前,先要对感染对象进行搜索,查看它是否带有感染标记。如果有,说明它被感染过,就不再进行感染;如果没有,病毒就感染该程序。不同的病毒感染标记位置不同,内容不同。例如,巴基斯坦病毒感染标记在 BOOT 扇区的 O4H 处,内容为 1234H;大麻病毒在主引导扇区或 BOOT 扇区的 0H 处,内容为 EA0500C007;耶路撒冷病毒在感染文件的尾部,内容是 MsDos。

感染模块是病毒进行感染时的动作部分,感染模块主要做三件事:①寻找一个可执行文件;②检查该文件是否有感染标记;③如果没有感染标记,进行感染,将病毒代码放入宿主程序。

破坏模块负责实现病毒的破坏动作,其内部是实现病毒编写者预定的破坏动作的代码。这些破坏动作可能是破坏文件、数据,破坏计算机的时间效率和空间效率或者使机器崩溃。

触发模块根据预定条件满足与否,控制病毒的感染或破坏动作。依据触发条件的情况,可以控制病毒的感染或破坏动作的频率,使病毒在隐蔽的情况下,进行感染或破坏动作。病毒的触发条件有多种形式。例如,日期、时间、发现特定程序、感染的次数、特定中断的调用次数。

主控模块在总体上控制病毒程序的运行。其基本动作如下:①调用感染模块,进行感染;②调用触发模块,接受其返回值;③如果返回真值,执行破坏模块;④如果返回假值,执行后续程序。

感染了病毒的程序运行时,首先运行的是病毒的主控模块。实际上,病毒的主控模块除上述基本动作外,一般还做下述工作:①调查运行的环境;②常驻内存的病毒要做包括请求内存区、传送病毒代码、修改中断矢量表等动作,这些动作都是由主控模块进行的;③病毒在遇到意外情况时,必须能流畅运行,不应死锁。下面用伪代码对病毒的结构详细描述。

```
1.  program virus: =
2.  {1234567:
3.   subroutine infect - executable: =
5.   {loop:file = get - random - executable - file;
6.    if first - line - of - file = 1234567 then goto loop;
7.    prepend virus to file;
8.    }
9.  subroutine do - damage: =
11.  {whatever damage is to be done}
12.  subroutine trigger - pulled: =
14.  {return true if some condition holds}
15. main - program: =
17.  {infect - executable;
18.   if trigger - pulled then do - damage;
19.   goto next;}
20. next:}
```

病毒从主程序开始,先执行 infect-executable 子程序,病毒程序(V)搜索一个未被病毒感染的可执行程序(E)。根据程序开始行有无"1234567"判定程序是否被病毒感染。如果开始行为 1234567,则表示程序已被病毒感染,不再进行传染;如果开始不是 1234567,则表示程序没有被病毒感染,把病毒(V)放到可执行程序(E)的前面,使之成为感染的文件(I),PREPEND 语句的作用就是将(V)放到(E)的前面。

接着,病毒程序(V)检查触发条件是否为真,如果为真,则执行 DO-DAMAGE 子程序,即进行破坏,最后(V)执行它所附着的程序;如果触发条件不满足,则执行 NEXT 其他的子程序。当用户要运行可执行程序(E)时,实际上是(I)被运行,它传染其他的文件,然后再像(E)一样运行,当(I)的激发条件得到满足时,就去执行破坏活动,否则除了要传染其他的文件要占用一定的系统开销外,(I)和(E)都具有相同的功能。

一个病毒程序的作用,关键在于动态执行过程中具有病毒传递性。需要指出,病毒并不一定要把自身附加到其他程序前面,也不一定每次运行只感染一个程序。如果修改病毒程序(V),指定激发的日期和时间,并控制感染的多次进行,则有可能造成病毒扩散到整个计算机系统,从而使系统处于瘫痪状态。

9.1.3 计算机病毒的检测

计算机病毒的检测方法主要有长度检测法、病毒签名检测法、特征代码检测法、校验和法、行为监测法等。这些方法依据的原理不同,实现时所需开销不同,检测范围不同,每种方法均有其自身的优缺点。

1. 长度检测法

病毒最基本的特征是感染性,感染后通常会引起宿主程序的增长,一般增长几百字节。长度检测法,就是从文件长度的非法增长发现病毒。不同病毒使文件增长的长度一般不同,因而从文件增长的字节数可以大致断定文件感染了何种病毒。以文件长度是否增长作为检测病毒的依据,在许多场合是有效的。但是,长度检测法有其局限性,例如,某些病毒感染文件时,宿主文件长度可保持不变,因而只检查可疑程序的长度是不充分的。

2. 病毒签名检测法

病毒签名(病毒感染标记)是宿主程序被病毒感染的标记,不同病毒感染宿主程序时,在宿主程序的不同位置放入特殊的感染标记。这些标记是一些数字串或字符串,例如,1357、1234、MsDOS、FLU等。不同病毒的病毒签名内容不同、位置不同。经过剖析病毒样本,掌握了病毒签名的内容和位置之后,可以在可疑程序的特定位置搜索病毒签名。如果找到了病毒签名,那么可以断定可疑程序中有病毒,是何种病毒。这种方法称为病毒签名检测方法。

3. 特征代码检测法

病毒签名是一个特殊的识别标记,它不是可执行代码,并非所有病毒都具备病毒签名。病毒本身一般以二进制代码的形式存在,其中存在某一个代码序列,用于唯一标识一个病毒,称为特征代码。某些病毒判断宿主程序是否受到感染是以宿主程序中是否含有特征代码作判据,因此,反病毒专家也采用了类似的方法检测病毒,在可疑程序中搜索某些特殊代码,称为特征代码检测法。特征代码法被普遍用于各商业反病毒工具软件中,是检测已知病毒的最简单、开销最小的方法。实施特征代码需要经过以下两个步骤。

1) 建立特征代码库

专业反病毒人员首先采集病毒样本,通过分析、抽取得到特征代码。抽取的特征代码要具有特殊性,能够在大范围的匹配中唯一标识病毒,因此特征代码的长度不应太短,但为了提高匹配效率、减少数据存储负担,特征代码的长度也不应太长,一般为十几字节。特征代码被加入特征代码库,库中存储了大量已知恶意代码的特征代码。

一般计算机病毒的特征代码为十几字节,但有的代码由于较为特殊而更短,表9.1给出了几个计算机病毒的特征代码。

2) 特征代码匹配

根据特征代码库,检测工具对检测目标实施代码扫描,逐一检查特征代码库中的特征代码是否存在。为了加快匹配,特征代码一般也记录了特征代码出现的位置。

特征代码检测法检测较为准确,有利于清除工作,但是,由于该方法不能检测出未知的恶意代码,特征代码库要经常更新,而且在特征代码库尺寸比较大时,匹配开销比较大。

表 9.1　计算机病毒的特征码

病 毒 名 称	病毒的特征代码(十六进制)
DISK Killer	C3 10 E2 F2 C5 06 F3 01 FF 90 EB 55
CIH	55 8D 44 24 F8 33 DB 64
ItaVir	48 EB D8 1C D3 95 13 93 1B D3 97
Vecomm	0A 95 4C B3 93 47 E1 60 B4

4. 校验和法

很多检测工具都为用户提供了一种文件完整性保护方法——校验和法,它计算文件的校验和,将该校验和写入被保护文件中、其他文件或内存中。计算校验和类似于计算散列值。在文件使用过程中,定期地或每次使用文件前,检查根据文件当前内容算出的校验和与原来保存的校验和是否一致,从而发现文件是否感染,这种方法叫校验和法。

这种方法既能发现已知病毒,也能发现未知病毒,但是,它不能识别病毒种类。由于病毒感染并非文件内容改变的唯一原因,文件内容的改变有可能是正常程序引起的,所以校验和法常常误报警。而且此种方法也会影响文件的运行速度。

5. 行为监测法

病毒在执行过程中可能存在一些特殊的行为,行为监测法就是通过发现它们进行报警。例如,一般用户程序很少修改可执行文件,而可执行文件是病毒主要的感染对象,因此一旦有程序要修改可执行文件,可以立即分析这个程序的来历,判断是否为恶意代码;一些文件型病毒在执行完病毒代码后转而执行原宿主程序,因此存在较大的上下文环境变化,这是病毒的行为特征之一。

采用行为监测法可以识别病毒的名称或种类,也可以检测未知病毒,但是也存在一定的误报。

6. 软件模拟法

一些多态性病毒在每次感染中都变化其病毒代码(例如,每次用不同的密钥加密病毒代码),对付这种病毒,特征代码法失效。虽然行为检测法可以检测多态性病毒,但是在检测出病毒后,因为不知道病毒的种类,难于做消毒处理。

软件模拟法用可控的软件模拟器模拟恶意代码的执行,在执行中确认恶意代码的特征。该类工具开始运行时,使用特征代码法检测病毒,如果发现隐蔽病毒或多态性病毒嫌疑时,启动软件模拟模块,监视病毒的运行,待病毒自身的密码译码以后,再运用特征代码法来识别病毒的种类。

软件模拟法在执行中代价相对较高,一般仅面向常用方法失效的情况。

7. 感染实验法

感染实验是一种简单实用的检测病毒方法。这种方法的原理是利用病毒的最重要的基本特征:感染特性。计算机病毒在内存驻留期间往往感染那些获得执行或打开的文件。感染实验法的原理是,将一些已确定是干净的文件复制到可能含有病毒的系统中,反复执行或打开它们,从它们长度或内容的变化上确定病毒的存在。

感染实验法简单、实用,可以检测未知计算机病毒的存在,但一般较难识别病毒的名称。

9.1.4　病毒防御

视频讲解

1. 反病毒软件

反病毒软件是现在最为普遍的病毒防御安全机制。反病毒软件检测恶意代码的方法是利用病毒的特征码,防病毒软件商收集病毒样本并采集其特征码,通常反病毒软件数据库中收录成千上万个病毒特征码,当反病毒软件扫描文件时,将当前文件和病毒特征相比较,检测是否有文件片段和特征码相吻合,以此判断文件是否染毒。

对于基于病毒特征码的检测方法,最大的挑战是反病毒软件只有包含这个特征码,才能够在系统中发现病毒。这意味着反病毒软件供应商需要收集完备的病毒样本,并且尽快开发出标志它们的特征码分发给用户,而用户则要每隔一段时间下载最新的病毒特征库,即使快速频繁地更新,匹配病毒特征码的方法仍然有不可克服的缺点,因为反病毒软件总是走在病毒的后面,只有等病毒开始传播了,才能够及时收集到样本,而往往病毒已经造成了破坏。

2. 强化配置、加强管理

强化配置的目的是使环境尽可能地不被病毒感染,同时阻止被感染后病毒的传播,例如,可以通过在微软 Word 中进行设置,禁止宏的执行,也可以在浏览器中设置,禁止下载不可信的插件。一定的管理制度也有利于更好地抵御病毒的侵害,例如,加强对光盘、移动硬盘等介质和网络下载的管理可以减少文件病毒的传播。

9.2　特洛伊木马

特洛伊木马简称木马,名称来源于希腊神话《木马屠城记》。在古希腊传说中,特洛伊王子帕里斯访问希腊,诱走了王后海伦,希腊人因此远征特洛伊,由于特洛伊城池牢固易守难攻,希腊军队和特洛伊勇士们对峙长达 10 年之久。希腊将领奥德修斯献了一计,让希腊军队假装撤退,留下一具巨大的中空木马,特洛伊守军不知是计,把木马运进城中作为战利品。夜深人静之际,木马腹中躲藏的希腊士兵打开城门,希腊将士一拥而攻下了城池,特洛伊沦陷。后人常用"特洛伊木马"这一典故,用来比喻在敌方营垒里埋下伏兵进行里应外合的活动。

在计算机领域,将表面上看是正常的程序但实际上却隐含着恶意的代码称为木马。为什么要把这样的黑客工具叫作特洛伊木马呢? 可以进行这样的类比:入侵者即黑客,相当于希腊军队,他想要入侵的是某个主机,相当于特洛伊城,而该主机比较安全,黑客无法从正面攻入该主机。因此,黑客使用一个迷惑性的外壳包装了恶意的木马程序,并诱使主机用户自己将木马程序下载到主机中并执行。当木马执行后,黑客就可以利用木马所突破的通道进入主机中,整个入侵过程是不是非常类似于"特洛伊战争"? 这就是为什么将这类恶意代码称为特洛伊木马的原因。

视频讲解

9.2.1　木马的功能与特点

特洛伊木马是黑客常用的一种攻击工具,它伪装成合法程序,植入目标系统,对计算机网络安全构成严重威胁。特洛伊木马程序与一般的病毒不同,它不会"刻意"地去感染其他文件,也即没有传染性。另外,病毒的主要目的是破坏数据,而木马的主要目的是偷窃数据。木马的基本功能如下。

(1) 窃取数据。以窃取用户的网游账号、网银账号和密码等重要信息为目的,这是木马最常用的功能。木马可以侦测到一切以明文的形式或缓存在 Cache 中的密码。

(2) 远程控制。目前常见的远程控制操作有以下两种:一是实时截取用户屏幕图像,监视远程用户当前正在进行的操作;二是远程桌面控制,通过远程控制窗口或命令,直接控制目标计算机进行相应操作,例如,在目标计算机上执行程序、攻击其他计算机等。

(3) 远程文件管理。攻击者可通过远程控制对被控主机上的文件进行复制、删除、上传、下载等一系列操作,基本涵盖了 Windows 平台上所有的文件操作功能。

(4) 打开未授权的服务。木马程序被植入远程用户后,可以偷偷安装及打开某些服务,使其为攻击者服务。例如,打开文件共享服务,这样攻击者就可以下载自己需要的文件;或者打开 FTP 服务,把被控主机设定为 FTP 文件服务器,使其提供 FTP 文件传输服务。

主流木马的功能一般比较强大,诸如 Back Orifice、Sub7、冰河等木马功能十分全面。它们不仅可以搜集和窃取用户账户密码等数据信息,还能够用作 Telnet 服务器、HTTP 服务器、远程控制器、键盘记录器等。尤其是一些恶性木马还具有反侦测能力,隐蔽性强。这类木马由于实现功能较多,导致体积较大,一般为 100~300KB。而有些木马被设计用来完成特定操作,为后续入侵提供便利,诸如 ProtectedStorage 木马、Keylogger 木马等。此类木马往往用于窃取初始远程控制能力,为在用户系统中安装功能全面的大型木马提供便利,这些木马功能便比较单一,体积也较小,通常在 10KB 左右。

随着木马技术的发展,出现了形态各异的木马,它们使用不同程序语言编写,运行在不同的平台环境下,采用的技术也不尽相同,但是它们仍然有着许多共同的特点。

(1) 隐蔽性。隐蔽性是木马的突出特点。木马必须采用各种技术隐藏自己,实现长期潜伏于目标机器中而不被用户发现。例如,木马通常会设置自身文件的属性为"隐藏"和"系统",并把文件名改成与系统文件类似来隐蔽自己;或者伪装成图片、文本等非可执行文件。木马通过各种技术实现木马文件隐藏、启动隐藏、进程隐藏、内核模块隐藏和通信隐藏。

(2) 自启动性。自启动性也是木马的重要特征。木马只有伴随系统启动才能更好地完成自身的功能。典型的木马自动加载技术有:修改系统"启动"项;修改注册表的相关键值;修改"组策略";修改系统配置文件(Win. ini、System. ini 和 Autorun. bat 等)利用文件关联技术和文件劫持技术等;随着木马技术的发展,各种更加先进的自启动技术也不断涌现。

(3) 自动恢复性。许多木马程序不再是由单一文件组成,而是由多个木马文件协同工作,具有多重备份。这些文件同时运行,互相检查其他文件是否被删除。一旦发现其他文件被删除,就会将其自动恢复。同时,木马可以使用多个守护进程,这些进程相互监视,达到防止木马进程被关闭的目的。

(4)易植入性。向目标主机成功植入木马,是木马成功运行、发挥作用的前提。易植入性就成为木马有效性的先决条件。通过电子邮件传播是木马最常见的植入手段。木马程序往往伪装成电子贺卡或图片,欺骗用户打开。与免费共享文件捆绑也是木马植入的重要手段。用户下载后,只要运行这些程序,木马就会自动安装。另外,木马也经常利用系统的一些漏洞进行植入。

【例 9-2】 PKZip 木马。

PKZip 是一个被广泛使用的文件压缩程序,在 PKZip 的版本达到 2.04 时,网上出现了 PKZip300,它看起来像 PKZip 的更新版本(木马具有伪装性),但当用户下载并运行后,PKZip300 对硬盘立即实施攻击,造成系统破坏。

9.2.2　木马工作机理分析

视频讲解

木马程序大多采用 C/S 架构,其中,服务器端程序潜入目标机内部,获取系统操作权限,接收控制指令,并根据指令或配置发送数据给控制端。服务端程序通常隐藏在一些合法程序或数据当中,例如,游戏软件、工具软件、电子邮件的附件、网页等。某个系统"中了木马",就是指安装了木马的服务端程序。客户端程序又称为控制端程序,用来远程控制被植入木马的机器,安装在控制者的计算机中,它的作用是连接木马服务器端程序,监视或控制远程计算机。

典型的木马工作原理是:当服务器端在目标计算机上被执行后,木马打开一个默认的端口进行监听,当客户机向服务器端提出连接请求,服务器上的相应程序就会自动运行来应答客户机的请求,服务器端程序与客户端建立连接后,由客户端发出指令,服务器在计算机中执行这些指令,并将数据传送到客户端,以达到控制主机的目的。这种由控制端向服务器端发起通信的木马称为正向连接型木马,是当前木马最广泛采用的方式,但是由于防火墙对于由外部向内部发起的连接过滤严格,这种通信方式不能穿透防火墙。为了规避防火墙的限制,又出现了反向连接型木马,这种木马通信时由服务器端向控制端发起连接。木马服务器端程序首先通过一个指定的第三方网址获取木马攻击者的 IP 地址,然后根据该 IP 地址向控制端发起连接,例如,灰鸽子木马就采用这种连接方式。

木马的一般攻击过程包括配置木马、传播木马、运行木马、信息泄露、建立连接、远程控制六个步骤实现。

1. 配置木马

一般来说,一个设计成熟的木马都有木马配置程序,从具体的配置内容来看,主要是为了实现以下两方面的功能。

(1)木马伪装:木马配置程序为了在服务端尽可能最好地隐藏木马,可以通过配置采用多种伪装手段,如修改图标、捆绑文件、定制端口和自我销毁等。

(2)信息反馈:木马配置程序可以配置信息反馈方式或地址,如设置信息反馈的邮件地址、IRC 号和 ICQ 号等。

2．传播木马

木马传播主要有两种方式：一种是通过 E-mail，控制端将木马程序以附件的形式夹在邮件中发送出去，收信人只要打开附件系统就会感染木马；另一种是软件下载，一些非正规的网站以提供软件下载为名义，将木马捆绑在软件安装程序上，下载后，只要一运行这些程序，木马就会自动安装。

3．运行木马

服务端用户运行木马或捆绑木马的程序后，木马就会自动进行安装。例如，首先将自身复制到 Windows 的系统文件夹 C:\WINDOWS 或 C:\WINDOWS\SYSTEM 目录下，然后在注册表、启动组、非启动组中设置好木马的触发条件，这样木马的安装就完成了，安装后就可以启动木马了。一般木马会随系统自动启动。

4．信息泄露

一般来说，设计成熟的木马都有一个信息反馈机制。信息反馈机制是指木马成功安装后会收集一些服务端的软硬件信息，并通过 E-mail、ICQ 的方式告知控制端用户。

5．建立连接

在服务器端已经安装了木马程序，在线并启动木马的前提下，控制端可以通过木马端口与服务器建立连接。

6．远程控制

木马连接建立后，控制端和服务器端会出现一条通道，控制端上的控制程序可通过这条通道与服务器上的木马程序取得联系，并通过木马程序对服务器端进行远程控制，一般可以完成窃取密码、修改注册表和系统操作等功能。

9.2.3 木马实例——冰河木马

1999 年，西安电子科技大学学生黄鑫开发了冰河木马。在设计之初，开发者的本意是编写一个功能强大的远程控制软件。但一经推出，就依靠其强大的功能成为黑客们发动入侵的工具，曾经创造了黑客使用量最大、计算机感染数量最多的奇迹，并结束了国外木马一统天下的局面，成为国产木马的标志和代名词。

冰河属于远程控制型木马，它使用了客户/服务器的方式进行工作，其文件组成主要包括客户端程序 G_Client.exe，服务器程序 G_Server.exe，如图 9.1 所示。冰河的服务器程序用于注入目标计算机，客户端程序则用来设置服务器程序和监控目标计算机。

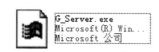

图 9.1 冰河的文件组成

1．配置木马

如果要利用冰河进行网络入侵，首先需要使用冰河客户端对服务器程序 G_Server.exe 进行配置。选择客户端程序中"设置"主菜单中的"配置服务器程序"子菜单，弹出"服务器配置"窗口（如图 9.2 所示），可以看到冰河的木马配置具体包括"基本设置""自我保护"和"邮件通知"三部分。

图 9.2　"服务器配置"窗口

图 9.2 中当前打开的选项卡是"基本设置"选项卡,界面左下方的"待配置文件"指明了所配置的对象是服务器端程序 G_Server.exe。黑客也可以事先对服务器端程序进行重命名,再使用客户端进行配置操作,有助于增强隐蔽性。

"安装路径"选项用于确定木马服务器端程序植入目标计算机后的安装位置,默认是安装在 C:\Windows\system 系统目录下。同时,黑客可以设置"文件名称"和"进程名称"。文件名称指的是木马服务器端程序在感染主机上的名称,默认为 KERNEL32. EXE。进程名称是木马服务器端程序在感染主机上运行时在进程栏中显示的名称,默认为 Windows。两者都具有很强的欺骗性,一般的计算机用户如果通过手工查看的方式查找木马,很容易误认为木马是正常的系统文件,而不会及时进行清除。

设置"访问口令"主要是考虑到有很多黑客利用冰河进行网络入侵,每个黑客都不希望自己侵入的主机被其他黑客利用。通过设置访问口令,试图访问木马的用户必须输入正确的口令才能够对木马实施远程控制,避免了攻击成果被其他黑客所利用。

设置"敏感字符"可以指定冰河在植入用户计算机后收集并保存与敏感字符相关的信息。常见的敏感字符包括"口令""密码""登录""账户"等,黑客可以根据自己的需求进行设置。

"提示信息"一项可以指定冰河在受害者主机上运行时弹出的对话框信息,该设置项默认为空,即木马程序运行时没有任何提示。随着计算机用户安全意识的不断增强,用户如果运行了一个文件,但文件没有任何响应,很可能会怀疑文件是木马等恶意程序,进而利用防病毒软件查杀。通过设置一些欺骗性的提示信息,如"文件校验错误,请重新下载"等,反而不容易引起用户怀疑,为木马的植入和运行提供便利。

"监听端口"的设置是配置木马阶段的核心工作。监听端口指明了木马服务器端程序进行监听时所使用的端口。黑客需要根据监听端口找到木马的服务器端程序实施远程控制。冰河服务器端程序默认的监听端口是 7626,黑客可以根据需要对监听端口进行灵活设置。

冰河的基本设置还要求黑客配置是否"自动删除安装文件"。如果该项是勾选的,在默认情况下,用户运行 G_Server.exe 文件以后,在 C:\Windows\system 系统目录下将生成文件 KERNEL32.EXE。程序 KERNEL32.EXE 作为木马服务器端程序进行破坏活动,同时,G_Server.exe 作为过渡性的安装文件将被自动删除。

"禁止自动拨号"一项默认是勾选的。如果允许自动拨号,冰河的服务器端程序将在每次开机时自动拨号上网将收集到的信息发送给黑客。由于这种行为过于明显,计算机用户很容易发现系统异常。从隐蔽性的角度考虑,黑客一般会禁止木马的自动拨号功能。

冰河木马配置的第二部分是"自我保护"选项卡,其设置界面如图 9.3 所示。该部分的第一项设置是"写入注册表启动项",如果勾选该项,冰河的服务器端程序会通过在注册表的启动项中增加冰河服务器程序的信息,保证冰河能够在感染主机开机时自动加载运行。冰河木马有多个版本,注册表的修改涉及的启动项主要是 HKEY_LOCAL_MACHINE\SOFTWARE\MICROSOFT\WINDOWS\CURRENTVERSION\RUN 和 HEKY_LOCAL_MACHINE\SOFTWARE\MICROSOFT\WINDOWS\CURRENTVERSION\RUNSERVICE 两项。

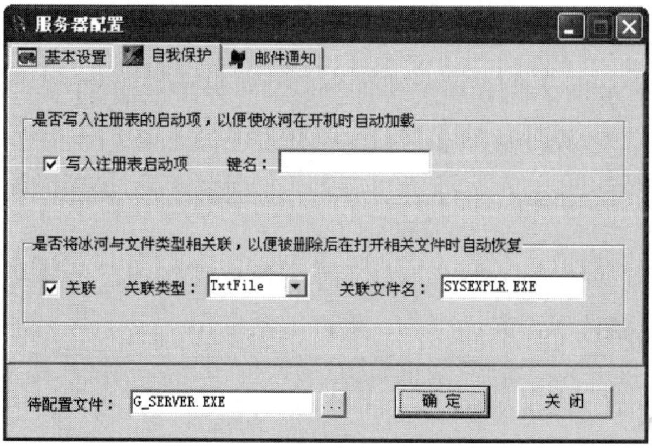

图 9.3 冰河木马的自我保护配置界面

黑客可以设置是否将冰河与文件类型相关联,以便被删除后在打开相关文件时"自动恢复"选项。该选项能够提高冰河服务器端程序在感染主机上的存活能力。

黑客可以对冰河的服务器端程序进行设置,将冰河程序 SYSEXPLR.EXE 与指定类型的文件关联在一起。例如,如果所关联的是 txt 类型的文件,"txtfile"子键下 shell\open\command 键的默认值将被修改为"C:/windows/system/SYSEXPLR.EXE %1"。文件关联建立以后,每当用户打开 txt 文件,冰河程序 SYSEXPLR.EXE 将被激活,该程序会判断系统中的 KERNEL32.EXE 是否还存在。如果 KERNEL32.EXE 运行正常,SYSEXPLR.EXE 将调用系统中的 NOTEPAD.EXE 打开 txt 文件,同时自动退出,用户感觉不到任何异常。如果被激活的 SYSEXPLR.EXE 在系统中找不到 KERNEL32.EXE,它将重新生成 KERNEL32.EXE。这使得从感染主机上彻底清除冰河变得非常困难。

冰河木马配置的第三部分是"邮件通知"选项卡,该部分的设置界面如图 9.4 所示。邮件通知可以让黑客及时了解自己散播到网络上的冰河感染对象的具体情况。"SMTP服务器"一项由黑客填充,设置为冰河用来发送邮件的 SMTP 服务器,"接收邮箱"为黑客接收信息的邮箱。黑客根据自己的需要,可以选择"系统信息""开机口令""缓存口令""共享资源信息"中的一项或者多项作为邮件内容,由冰河服务器端程序通过邮件发送给自己。

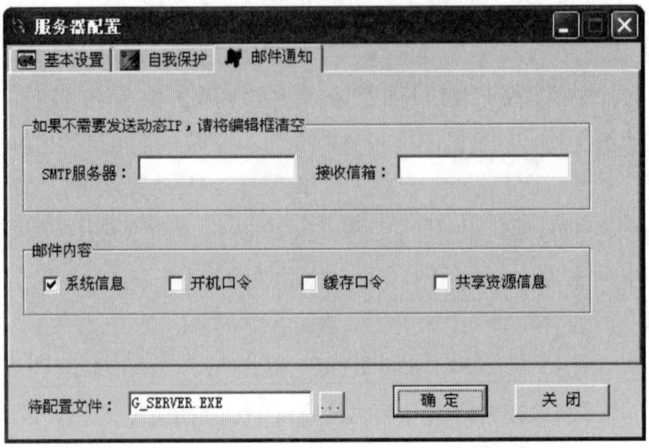

图 9.4　冰河木马的邮件通知设置界面

2. 传播木马

在黑客根据自己的需求配置好木马的服务器端程序以后,下一步的工作就是将所配置的木马程序传播出来,让尽可能多的计算机用户感染木马。传播木马的方式多种多样,例如,网站挂马、利用电子邮件传播、利用聊天软件传播和在用户下载中传播等。

3. 运行木马

冰河木马的服务器程序在植入计算机后,会根据黑客在配置木马阶段进行的设置适时运行,为黑客实施远程控制提供服务。根据配置木马一节可知,冰河服务器程序根据配置可以开机自启动,可以与文件类型相关联,以便被删除后在打开相关文件时自动恢复。

4. 信息反馈

木马获得运行机会以后,需要把感染主机的一些信息反馈给配置和散播木马的黑客。从远程控制的角度看,黑客最关注的信息是受害主机的 IP 地址。因为黑客只有掌握感染主机的 IP 地址,才能与主机上运行的木马程序建立连接,实施远程控制。

5. 建立连接

在完成信息反馈的操作之后,下一步就是建立连接。根据信息反馈方式的不同,木马的服务器端程序与木马的客户端程序建立连接的方式可以划分为两种。第一种是木马的服务器端程序进行监听,木马的客户端程序发起连接请求。采用这种方式,需要木马的服务器端程序将感染主机的信息反馈给黑客,由黑客通过木马的客户端程序建立连接。第二种连接方式是采用反向连接技术,由木马的客户端程序进行监听,木马的服务器端程序发起连接请求。这种连接方式需要木马的服务器端程序掌握木马客户端主机的地址信息,以保证网络连接能够成功建立。

冰河木马采用的是第一种方式,除了可以通过邮件通知的方式将感染主机的信息反馈给黑客外,黑客还可以使用扫描工具主动在网络上查找感染主机。黑客在木马配置阶段可以指定冰河服务器程序在哪一个端口进行监听,为了避免和感染主机上的正常程序冲突,一般选择比较特殊的监听端口,如冰河的默认端口是 7626。如果黑客在配置木马时指定木马的服务器端程序在 9999 端口进行监听,在木马程序传播出去以后黑客可以在网络上使用端口扫描工具,查找开放 9999 端口的主机。因为主机正常情况下一般不会使用 9999 端口进行监听,开放该端口的主机很可能感染了木马程序,黑客可以尝试利用木马客户端程序对主机进行连接和控制。这种利用网络扫描的方法,其优点是不依赖于信息反馈,对于采用动态 IP 地址的感染主机也能够有效控制。其缺点也很明显,网络扫描具有明显的攻击特征,很容易被入侵检测系统等安全防护设备发现并受到限制。冰河客户端程序中提供了扫描感染主机的工具,单击工具栏中的自动搜索,弹出"搜索计算机"的界面(如图 9.5 所示),设置好搜索范围后单击"开始搜索"按钮,可以搜索到哪些主机感染了冰河木马。

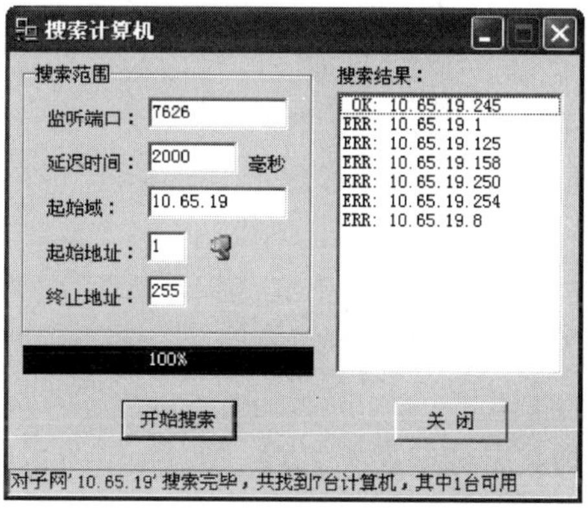

图 9.5　搜索感染计算机的界面

搜索到感染主机后,单击工具栏上的"添加主机"按钮,输入计算机 IP 地址、监听端口和访问口令,确定,冰河客户端就开始尝试与该主机中的服务器程序建立连接,如果成功建立连接,界面右边会显示该主机内的磁盘盘符(如图 9.6 所示)。

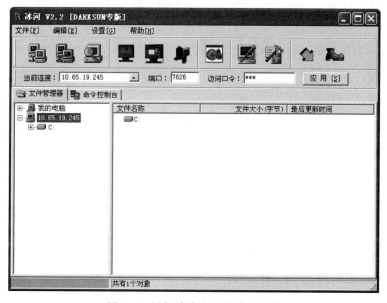

图 9.6　添加感染主机并建立连接

6. 远程控制

木马的客户端程序与木马的服务器程序一旦建立连接,黑客实际上就获得了感染主机的控制权。冰河木马可以实现以下一些远程控制操作。

(1) 自动跟踪目标主机屏幕变化,同时可以完全模拟键盘及鼠标输入,即在同步感染主机屏幕变化的同时,监控端的一切键盘及鼠标操作将反映在感染主机的屏幕上(局域网适用);单击冰河客户端工具栏上的"控制屏幕"按钮,设置好图像参数后,在弹出的窗口中可以查看和控制目标主机的屏幕。

(2) 记录各种口令信息:包括开机口令、屏保口令、各种共享资源口令及绝大多数在对话框中出现过的口令信息。获取系统信息:包括计算机名、注册公司、当前用户、系统路径、操作系统版本、当前显示分辨率、物理及逻辑磁盘信息等多项系统数据;启动键盘记录等。

(3) 限制系统功能:包括远程关机、远程重启计算机、锁定鼠标、锁定系统热键及锁定注册表等多项功能限制。

(4) 远程文件操作:包括创建、上传、下载、复制、删除文件或目录、文件压缩、快速浏览文本文件、远程打开文件(提供了四种不同的打开方式——正常方式、最大化、最小化和隐藏方式)等多项文件操作功能。

(5) 注册表操作:包括对主键的浏览、增删、复制、重命名和对键值的读写等所有注册表操作功能。

(6) 发送信息:以四种常用图标向感染主机发送简短信息。

(7) 点对点通信:以聊天室形式同感染主机进行在线交谈。

在冰河客户端界面中选择"命令控制台"选项卡,在左侧的命令树中可以选择相应的控制命令实现远程控制操作(如图9.7所示)。

图9.7　冰河命令控制台界面

视频讲解

9.2.4　木马的检测与防范技术

木马的查杀,最简单的方法是利用杀毒软件,目前大多数杀毒软件,例如卡巴斯基、诺顿、小红伞、Avast 等都能有效删除大多数木马。另外,也可以使用木马专杀工具来杀除,例如木马克星、Spy Sweeper、360 安全卫士等软件。由于杀毒软件和专杀工具的更新速度通常滞后于新木马的出现,因此有必要掌握木马的检测和手动清除方法。

1. 检查本地文件

在“我的计算机”窗口下打开“工具”→“文件夹选项”→“查看”→“显示所有文件和文件夹”,可以看到隐藏的文件,再选择“显示已知文件类型扩展名”,查看是否存在多扩展名的程序,如果有就可能是木马文件,然后检查系统文件是否都处于正常的系统文件夹内,如果存在多个同样的系统文件,那么就要注意查看是否为木马文件。

2. 检查端口及连接

由于木马一般需要通过端口进行通信(如冰河木马使用 7626 端口进行监听),因此检查系统开放端口及连接是辅助判断木马的一个重要依据。用户可以通过系统自带的 netstat 命令查看系统的开放端口和 TCP/UDP 连接,辅助使用 FPort 等工具具体查看进程与端口的映射关系,来判断系统是否有木马存在。

3. 检查系统进程

用户可以利用 Windows 系统自带的任务管理器检查系统的活动进程,观察有没有陌生的进程,重点注意一些 CPU 占用率较高的进程。另外,借助一些专门工具如 Process Explorer,用户可以检查更加详尽的进程列表信息,以此来判断进程的合法性。找到对应木马文件后,就可以把木马进程结束。

4. 检查注册表

重点检查注册表启动项和系统服务相关键值。运行 regedit 命令打开注册表,展开“HKEY _ LOCAL _ MACHINE \ Software \ Microsoft \ Windows \ CurrentVersion \”和“HKEY_CURRENT_USER\Software\Microsoft\Windows\CurrentVersion\”下的所有以 Run 开头的项,检查其下是否有新增的和可疑的键值。找到木马程序的文件名后搜索整个注册表,找出所有对应的项,然后删除或修改注册表里相应的内容,并将安装路径所指示的文件删除。

5. 检查系统配置文件

(1) 检查 Win. ini,在 C：\ WINDOWS 目录下有一个配置文件 Win. ini,在它的[windows]字段中有启动命令“load＝”和“run＝”,一般情况下,“＝”后面是空白的,如果有启动程序,很可能就是木马。

(2) 检查 System. ini。在 System. ini 中,其[boot]字段的“shell＝explorer. exe”是加载木马的常见位置。如果该字段变为“shell＝explorer. exe 某一程序名”,那么后面跟着的那个程序就是木马。另外,System. ini 的[386Enh]字段内的“driver＝路径\程序名”也是木马常更改的项。

防范木马攻击最基本的方法就是安装杀毒软件和防火墙,防火墙可以主动拦截各种应用程序的网络连接,杀毒软件可以查杀绝大部分的木马。用户可以辅助使用专业的木马防护工具如 360 安全卫士等实现对系统和网络的监控。对于一般用户来说,可以采取的主要措施是完善系统安全和提高用户安全意识,具体如下。

(1) 安装杀毒软件和个人防火墙,并及时升级。

(2) 把个人防火墙设置好安全等级,防止未知程序向外传送数据。

(3) 可以考虑使用安全性比较好的浏览器和电子邮件客户端工具。

(4) 如果使用 IE 浏览器,应该安装卡卡安全助手或 360 安全浏览器,防止恶意网站在自己计算机上安装不明软件和浏览器插件,以免被木马趁机侵入。

(5) 不要随意下载和运行来历不明的软件,安装软件之前先用杀毒软件查杀。

(6) 不随意散播个人电子邮箱地址,不要任意执行电子邮件中的附件。

(7) 不登录陌生网站,禁用浏览器的"ActiveX 控件和插件"以及"Java 脚本"功能,禁用文件系统对象 FileSystemObject,防止恶意站点网页木马全自动入侵。

9.3　蠕　虫

"蠕虫"这个生物学名词在 1982 年由施乐帕克研究中心(Xerox PARC)的 John F. Shoch 等人最早引入计算机领域。在计算机领域,蠕虫是一种可以自我复制的代码,并且通过网络传播。蠕虫袭击一台计算机,并在完全控制后,将这台计算机作为宿主,进而扫描并感染其他脆弱的系统,当这些新目标被蠕虫控制后,这种贪婪的行为会继续,蠕虫采用递归的方式进行传播,按照指数增长的方式复制自己,进而感染更多系统。几乎每次蠕虫爆发都会造成巨大的损失,近年来,蠕虫的活动不仅局限于传统的简单地感染存在漏洞的节点,而且它们会把这些节点组织起来形成破坏力更强的僵尸网络。

9.3.1　定义

蠕虫类恶意代码是具有自我复制(Self-Replication)和主动传播(Active-Propagation)能力并在网络上尤其是在因特网上进行扩散的恶意代码。网络蠕虫(简称蠕虫)以其多样化的传播途径,使它具有传播速度快、发生频率高、覆盖面广以及造成的危害大等特点。

计算机蠕虫和计算机病毒都具有传染性和复制功能,这两个主要特性是一致的,但是从传染机制和工作方式看,二者有很大区别,蠕虫是通过网络传播,而病毒不一定要通过网络传播。病毒主要感染的是文件系统,在其传染的过程中,计算机使用者是传染的触发者,需要用户运行一个程序或打开文档以调用恶意代码,而蠕虫主要利用计算机系统漏洞进行传染,不需要宿主文件,搜索到网络中存在漏洞的计算机后主动进行攻击,在传染的过程中,无须通过人为干预。表 9.2 列举了病毒和蠕虫的区别。

表 9.2　病毒和蠕虫的区别

	病　　毒	蠕　　虫
存在形式	寄生	独立存在
复制机制	插入到宿主程序(文件)中	自身的拷贝
传染机制	宿主程序运行	系统存在漏洞

续表

	病　　毒	蠕　　虫
攻击目标	针对本地文件	针对网络上的计算机
触发传染	计算机使用者	程序自身
影响重点	文件系统	网络性能、系统性能
防治措施	从宿主文件中摘除	为系统打补丁

【例9-3】 "红色代码"(RedCode)蠕虫。

2001年出现的"红色代码"(RedCode)蠕虫利用微软公司的IIS(Internet Information Server)系统漏洞进行感染,它使IIS服务器处理请求数据包时溢出,导致把此数据包当作代码运行,蠕虫驻留后再次通过此漏洞感染其他IIS服务器,造成网络带宽性能急剧下降。

9.3.2 蠕虫的结构和工作机制

蠕虫功能模块划分为主体功能模块和辅助功能模块。主体功能模块用来实现蠕虫自我传播,包括:信息搜集模块、探测模块、攻击模块和自我推进模块。其中,信息搜集模块的作用是对目的主机或网络进行攻击前的信息收集。探测模块完成对特定主机的脆弱性检查,检查结果用于攻击模块决策对目标的攻击方式,例如,CodeRed蠕虫和Slammer蠕虫会对随机生成的IP地址进行漏洞检测。攻击模块利用获得的安全漏洞,建立传播途径。自我推进模块在不同的感染目标中进行蠕虫的自我复制。

辅助功能模块可以增强蠕虫的破坏力,是对除主体功能模块之外的其他模块的归纳,包括:实体隐藏模块、宿主破坏模块、通信模块、远程控制模块和自我更新模块。实体隐藏模块主要实现对蠕虫各部分实体的隐藏,以提高蠕虫的生存能力。宿主破坏模块用来破坏被感染系统或网络的正常运行。通信模块用来实现蠕虫间、蠕虫和黑客间的交流,这是未来蠕虫的发展趋势,也是目前流行的僵尸网络的形成机制。远程控制模块的功能是调整蠕虫行为,控制被感染主机,实现蠕虫编写者的命令。自我更新模块使蠕虫每隔一定的时间自动下载更新代码和传播策略。

蠕虫利用操作系统和应用软件的漏洞进行自我复制和传播。例如,"红色代码"蠕虫利用了微软IIS服务器软件的漏洞(idq.dll缓冲区溢出)进行传播;SQL蠕虫王病毒利用了微软的数据库系统的一个漏洞进行大肆攻击;Conficker蠕虫则借助闪存、利用微软的MS08-067漏洞进行传播。

尽管这些蠕虫实现的具体细节不同,但是从蠕虫释放到最终在网络中传播的过程基本相同。它们的攻击行为大体分为四个阶段:目标信息收集、扫描探测、攻击渗透和自我推进。蠕虫传播的工作机制如图9.8所示。信息收集主要完成对本地和目标节点主机的信息汇集;扫描探测主要完成对具体目标主机服务漏洞的检测,攻击渗透利用已发现的服务漏洞

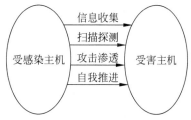

图9.8 网络蠕虫的工作机制

实施攻击；自我推进完成对目标节点的感染。

9.3.3 蠕虫的防范

1. 安装反病毒软件

反病毒软件能够阻止各种形式的恶意代码，也包括蠕虫，用户需要及时更新病毒库提高预防能力。

2. 及时配置补丁程序

由于越来越多的网络蠕虫依靠操作系统自身的漏洞进行传播，因此及时对操作系统的漏洞进行打补丁操作已经成为当前网络蠕虫病毒防治的一个重要环节。在有条件的局域网环境中可以安排专门的更新服务器对局域网内部所有的主机进行集中升级操作。

3. 阻断任意的输出连接

一旦蠕虫侵占了系统，常常通过建立输出连接扫描其他潜在的受害者，进而试图传播。应该严格限制所有来自公共访问系统的输出连接，例如 Web、DNS、E-mail、FTP 等。许多单位严格过滤连入的数据，但是却忘记了输出连接，从而使感染蠕虫者成为蠕虫散布者。

4. 建立事故响应机制

对于一些重要系统来说，建立一个计算机事故响应小组也是很有必要的，具有明确的处理流程以对抗计算机攻击者、蠕虫和其他恶性事件。

习　　题

一、填空题

1. 计算机病毒具有如下特征：_____、_____、_____、_____和_____。

2. 病毒一般由_____、_____、_____、_____和主控模块构成。

3. 计算机病毒按其寄生方式可分为两类：_____和_____。

4. 木马的功能有_____、_____、_____、_____等。

5. 某个系统"中了木马"，就是指安装了木马的_____。

6. 蠕虫主要利用计算机系统_____进行传染。

7. 蠕虫的攻击行为大体分为四个阶段：_____、_____、_____和_____。

二、选择题

1. 以下哪个不是计算机病毒的基本特征？（　　　）

　　A. 潜伏性　　　　　　　　　　　　B. 可触发性

　　C. 免疫性　　　　　　　　　　　　D. 传染性

2. 计算机病毒的构成模块不包括（　　　）。

　　A. 感染模块　　　　　　　　　　　B. 触发模块

　　C. 破坏模块　　　　　　　　　　　D. 加密模块

3. 计算机病毒常用的触发条件不包括（　　　）。

　　A. 日期　　　　　　　　　　　　　B. 访问磁盘次数

C. 屏幕保护   D. 启动

4. 关于计算机病毒的传播途径,下面说法错误的是( )。

     A. 通过邮件传播   B. 通过光盘传播

     C. 通过网络传播   D. 通过电源传播

5. 如果发现某文件已染上病毒,恰当的处理方法是( )。

     A. 停止使用,使其慢慢消失   B. 将该文件复制到 U 盘上使用

     C. 用消毒液消毒   D. 用反病毒软件清除病毒

6. 以下不属于木马检测方法的是( )。

     A. 检查端口及连接   B. 检查系统进程

     C. 检查注册表   D. 检查文件大小

7. 下面关于计算机病毒的特征,说法不正确的是( )。

     A. 计算机病毒都有破坏性

     B. 计算机病毒也是一个文件,它也有文件名

     C. 有些计算机病毒会蜕变,每感染一个可执行文件,就会演变成另一种形式

     D. 只要是计算机病毒,就一定具有传染性

8. 文件型病毒最主要感染( )。

     A. xlsx 或 com 文件   B. exe 或 com 文件

     C. docx 或 exe 文件   D. png 或 exe 文件

三、简答题

1. 请简述计算机病毒的工作过程。

2. 如何检测计算机病毒?

3. 日常如何预防计算感染病毒?

4. 木马采用反向连接的原因是什么?

5. 简述木马的攻击过程。

6. 简述计算机病毒和蠕虫的区别。

7. 简述网络蠕虫的工作机制。

8. 拓展阅读:查询相关资料,了解冰河木马的原理。

第 10 章

应用系统安全

在应用系统开发的各个阶段都可能发生错误或缺陷,这些错误或缺陷直接导致了应用系统安全漏洞的形成。应用系统安全漏洞一旦被发现,攻击者就可利用此漏洞获得计算机系统的控制权限,使其能够在未授权的情况下访问或破坏系统,从而极大地危害到计算机系统的安全。常见应用系统安全漏洞有缓冲区溢出漏洞、格式化字符串漏洞、整数溢出漏洞等。

10.1 节介绍缓冲区溢出漏洞的概念及利用漏洞攻击原理;10.2 节、10.3 节分别简要介绍格式化字符串漏洞和整数溢出漏洞及其危害;10.4 节讨论 Web 应用安全威胁与防御措施。

视频讲解

10.1　缓冲区溢出

自从缓冲区溢出漏洞被发现以来,缓冲区溢出攻击一直是网络攻击事件中用得最多的一种攻击方式。1988 年,世界上第一个缓冲区溢出攻击——Morris 蠕虫,造成了全球六千多台网络服务器瘫痪,2001 年的红色代码、2003 年的 SQL Slammer、2015 年的安卓手机 Stagefright 攻击都是典型的缓冲区溢出攻击。目前,利用缓冲区溢出漏洞进行的攻击已经占到了整个网络攻击的一半以上。

10.1.1　缓冲区溢出的概念

缓冲区是程序运行时在内存中临时存放数据的地方。缓冲区就如一个水杯,如果向其中加入太多的水后,水就会溢出到杯外。缓冲区溢出是因为人们向程序中提交的数据超出了数据接收区所能容纳的最大长度,从而使提交的数据超过相应的边界而进入了其他区域。如果是人为蓄意向缓冲区提交超长数据从而破坏程序的堆栈,使程序转而执行其他指令或对系统正常运行造成了不良影响,那么就说发生了缓冲区溢出攻击。缓冲区溢出主要包括基于堆栈的缓冲区溢出、基于堆的缓冲区溢出以及基于数据段的缓冲区溢出。一般来说,堆和数据段的缓冲区溢出很难被攻击者利用,而堆栈上的缓冲区溢出漏洞容易被利用,具有极大的危险性。

C 语言的标准库是多数缓冲区溢出问题的根源所在,尤其是一些对字符串进行操作的库函数,例如,要从标准输入中读取一行输入数据时可运用的 gets() 函数,它会一直读入数据直到遇到换行字符或 EOF 字符,并且不会检查缓冲区边界。例如以下这段代码:

```
char buffer[512];
gets(buffer)
```

这段代码中定义了一个长度为 512B 的字符数组,接着输入数据被 gets()函数读取并放入 buffer 数组中,所读取的数据一般情况下可能都小于 512B,但如果一些用户例如攻击者在此输入大于 512B 的数据,此时输入数据将超出 buffer 空间而覆盖其他内存数据,从而发生缓冲区溢出。具有类似问题的标准库函数还有 strcat()、sscan()、strcpy()、scan()、fscanf()、sprintf()、vscanf()、vsscanf()、vfscanf()等。

10.1.2　缓冲区溢出攻击原理及防范措施

为了了解缓冲区溢出的机理,先介绍处理器代码的情况。处理器中有一些特殊的寄存器用来存储程序执行时的信息,主要有以下 3 个。

(1) EIP:扩展指令寄存器,用于存放下一条要执行的指令的地址。

(2) EBP:扩展基址寄存器,存储的是栈底指针,通常称为栈基址。

(3) ESP:扩展堆栈寄存器,用来存放栈顶指针。

在计算机内的程序是按以下形式存储的,见图 10.1。

图 10.1　程序在内存中的存储

代码段:存放程序汇编后的机器代码和只读数据,这个段在内存中一般被标记为只读,任何企图修改这个段中数据的操作将引发一个 segmentation violation 错误。

数据段:数据段中存放的是静态变量。

堆栈段:在函数调用时存储函数的入口参数(即形参)、返回地址和局部变量等信息。

当一个函数被调用的时候,系统总是先将被调用函数所需的参数以逆序方式入栈,然后将指令寄存器 EIP 中的内容(即返回地址)入栈,再把基址寄存器 EBP 压入堆栈,最后为被调用函数内的局部变量分配所需的存储空间,从而形成如图 10.2 所示的堆栈结构。

图 10.2　栈帧的一般结构

缓冲区溢出攻击通常会带来以下后果:过长的字符串覆盖了相邻的存储单元而造成程序异常,严重的会造成死机、系统或进程重启等;可让攻击者执行恶意代码或特定指令,甚至获得超级权限等,从而引发其他的攻击。

1. 破坏程序正常运行

下面来看一段简单程序的执行对堆栈的操作以及溢出产生的过程。

```
# include < stdio.h >
int main()
{
  char name[16];
  gets(name);
  for(int i = 0; i < 16 && name[i] ; i++)
    printf(name[i]);
}
```

编译上述代码,输入"hello world!"结果会输出 hello world!,其中对堆栈的操作是先在栈底压入返回地址,接着将栈指针 EBP 入栈,此时 EBP 等于现在的 ESP,之后 ESP 减16,即向上增长 16B,用来存放 name[]数组,现在堆栈的布局如图 10.3 所示。

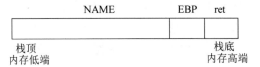

图 10.3　程序运行之初堆栈的状态

执行完 gets(name)之后,堆栈中的内容见图 10.4。

图 10.4　运行完 gets(name)后堆栈的状态

最后,从 main()返回,弹出 ret 里的返回地址并赋值给 EIP,CPU 继续执行 EIP 所指向的命令。

如果输入的字符串长度超过 16B,例如输入:hello world! AAAAAAAAAA. 则当执行完 gets(name)之后,堆栈的情况如图 10.5 所示。

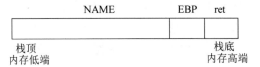

图 10.5　缓冲区溢出状态

由于输入的字符串太长,name 数组容纳不下,只好向堆栈的底部方向继续写'A'。这些'A'覆盖了堆栈中老的元素,从图 10.5 可以看出,EBP、ret 都已经被'A'覆盖了。从main 返回时,就必然会把'AAAA'的 ASCII 码 0x41414141 视作返回地址,CPU 会试图执行 0x41414141 处的指令,结果出现难以预料的后果,这样就产生了一次堆栈溢出。假如使用的操作系统为 Windows 9X 的话,会得到那个经典的"该程序执行了非法操作"的对话框。

产生上述溢出的原因是堆栈是由内存的高地址向低地址方向增长,而数组变量是从内存低地址向高地址方向增长,这时如果没有对数组的访问进行越界检查和限制,通过向程序的数组缓冲区写入超过其长度的内容,就造成缓冲区溢出。

2. 覆盖堆栈中变量的内容

下面通过一个实例了解缓冲区溢出覆盖堆栈中变量引起的严重后果。

```c
#include < stdio.h>
#define PASSWD "1234567890"
int verify_passwd(char * passwd)
{
  int authenticated;
  char buffer[8];
  authenticated = strcmp(passwd,PASSWD);
  strcpy(buffer,passwd);
  return authenticated;
}
main()
{
  int valid_flag = 0;
  char passwd[1024];
  while(1){
    printf("please input passwd: ");
    scanf("%s",passwd);
    valid_flag = verify_passwd(passwd);
    if(valid_flag)
      printf("incorrect passwd!\n\n");
    else
    {
      printf("Correct password!\n");
      break;
    }
  }
}
```

程序运行后要求用户输入密码,用户输入的密码与宏定义中的密码“1234567890”比较,如果密码错误,提示验证错误,并提示用户重新输入,如果密码正确,提示正确,程序退出。

按照程序设计思路,只有输入了正确的密码“1234567890”之后才能通过验证。但是由于程序存在缓冲区溢出漏洞,在某些情况下,即使输入错误的密码,也会认证通过。这段程序中的漏洞在于 verify_passwd()函数中的 strcpy(buffer,passwd)调用,strcpy()将用户输入的数据原封不动地复制到 verify_passwd()函数的局部数组 char buffer[8]中,但用户输入的字符串可能大于 8 个字符,当用户输入大于缓冲区尺寸时,缓冲区就会溢出。

函数 verify_passwd()里申请了两个局部变量:int authenticated 和 char buffer[8],

当 verify_passwd()被调用时,系统会给它分配一片连续的内存空间,这两个变量就分布在那里,用户输入的字符串将复制进 buffer[8],authenticated 变量实际上是一个标志变量,当其值为非 0 时,程序进入错误重输的流程,值为 0 时,进入密码正确的流程。

字符串数据最后都有作为结束标志的 NULL(0),当输入的字符超过 7 个,那么超出的部分将破坏与它紧邻着的 authenticated 变量的内容。例如,当输入包含 8 个字符的错误密码 qqqqqqqq,那么 buffer[8]所拥有的 8B 将全部被 q 的 ASSIC 码 0x71 填满,而字符串的结束标识 NULL 刚写入 authenticated 变量,而且值为 0x0000000。

函数返回,main()函数看到 authenticated 是 0,就会认为密码正确,这样就用错误的密码得到了正确密码的运行效果。

3. 执行攻击代码

发生缓冲区溢出时,并不一定产生攻击,普通的缓冲区溢出通常会使程序崩溃。但是一次精心编写的缓冲区溢出程序就不同了,它在溢出的缓冲区中写入攻击者设计的可执行代码(通常为 shellcode),再覆盖函数返回地址的内容,使它指向缓冲区可执行代码的开始,这样就可以运行攻击者的代码。执行 shellcode 得到一个 Shell(命令解释器,是用户和操作系统的接口,可接收用户命令并执行)时,如果这个溢出程序是由管理员用户执行的话,攻击者将获得一个具有管理员权限的 Shell。

至于如何设计溢出字符串使其执行 shellcode 及如何编写 shellcode 获得 Shell,请参考相关书籍,本书不做深入讨论。

4. 防范及检测方法

面对缓冲区溢出攻击的挑战,常见的防范措施主要有如下几种。

1) 安全编码

首先,尽量选用自带边界检查的语言(如 Perl、Python 和 Java 等)来进行程序开发;其次,在使用像 C 这类开发语言时要做到尽量调用安全的库函数,对不安全的调用进行必要的边界检查。编写正确代码,除了人为注意外,还可以借助现有的一些工具,例如,使用源代码扫描工具 PurifyPlus 可以帮助发现程序中可能导致缓冲区溢出的部分。

2) 数组边界检查

只要数组的使用被严格限制在其边界之内,就不会出现缓冲区溢出问题。为了实现数组边界检查,就需要对所有数组的读写操作进行检查,以确保对数组的操作在正确的范围内进行。

3) 返回地址检查

返回地址在缓冲区溢出攻击中扮演了极其重要的角色,攻击者需要借助对它的修改来使程序转向选定的库函数或者向着预先植入的恶意代码方向去执行。通过在系统的其他地方对正确的返回地址进行备份,在返回前对两者进行核对,可以成功地阻断攻击。

4) 了解系统常见进程

要求用户对系统的各种正常进程有个大体的了解。用户通过了解系统中正在运行的进程,可以及时地发现可疑进程,终止其运行,从而降低遭受攻击的风险。

5) 及时打补丁或升级

经常关注网上公布的补丁和软件升级信息,这对用户来说是一种简单有效的防范措施。

10.2   格式化字符串漏洞

格式化字符串漏洞产生于数据输出函数（printf()等）对输出格式解析的缺陷，以 printf()函数为例：

```
int printf(const char  * format,arg1,arg2, … );
```

format 的内容可能为%s,%d,%p,%x,%n…将数据格式化后输出，这种函数的问题在于 printf()函数不能确定数据参数 arg1,arg2…究竟在什么地方结束，也就是它不知道参数的个数。printf()只会根据 format 中的打印格式的数目，依次打印堆栈中参数 format 后面地址的内容。

【例 10-1】   分析下面代码执行情况。

```
int a = 44,b = 77;
printf("a = % d,b = % d\n",a,b);
printf("a = % d,b = % d\n");
```

上述代码中第一个 printf()函数调用是正确的，输出为"a＝44,b＝77"，第二个调用缺少输出数据的参数列表，可编译观察一下上述代码执行的结果，上述代码执行并不会引起错误，在作者运行环境下，得到的输出结果是"a＝4218928,b＝44"，下面对结果进行分析。

第一次调用 printf()函数时，函数的 3 个参数按逆序，即 b、a、"a＝%d,b＝%d\n"入栈，如图 10.6 所示。第二次调用 printf()函数时，由于参数中缺少输出数据列表部分，故只压入了格式控制符参数，此时堆栈状态如图 10.7 所示。虽然函数调用没有给出输出数据列表，但系统仍按格式控制符所指明的方式输出栈中紧随其后的两个 DWORD 类型值，4218928 是指向格式控制符"a＝%d,b＝%d\n"的指针，44 是残留下来的变量 a 的值。

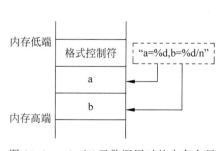

图 10.6   printf()函数调用时的内存布局

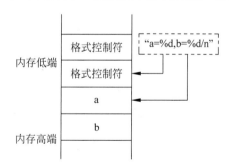

图 10.7   格式化漏洞原理

上面的例子说明了 printf()函数的设计缺陷，该缺陷可以被攻击者利用。在使用这些函数的时候，如果程序员疏忽，没有指定格式字符串参数而直接输出字符串内容，就会导致格式化字符串漏洞的发生。这种误用的问题在于来自用户的输出字符串可能包含格式化字符串，例如%s、%d 等，而实际的函数调用并没有提供任何与这些格式字符串相对应的参数,因此被调用函数的格式处理代码会试图从栈上获取其他数据,从而引发漏洞。例如,在 printf(buffer)中,buffer 中的数据是"%p%p%p%p",就可能会打印出诸如以下结果:

```
0xbffffb18  0xbffffaf8  0x80482460  0x4200aec8
```

这是因为在代码中没有指定对应的参数,printf()函数就会按地址格式打印出其后栈中的其他数据。如果 buffer 中有相当多的%p,就可能会打印出栈中的一些重要地址(如函数的返回地址等)。如果精心构造输入数据,还可以将存放在任意内存地址的数据显示出来。

格式化字符串漏洞除了可被利用来显示重要数据信息外,更危险的是它还可被用来向内存中写入指定的数据。"%n"就是 printf 类函数提供的用来将打印出的数据长度写入一个整型变量中的格式化字符串,例如以下这段代码:

```
int i = 0;
printf("hello%n'',&i);
```

执行代码后,此时整型变量 i 的值应该被赋为 printf()函数所打印出的字符个数,即为 5。类似地,如果"%n"存在于前面那段有漏洞代码的 buffer 中,相应的内存地址就可被写入数据。如果函数的返回地址恰好被写入数据覆盖,那么程序的执行流程就被改变了。

在 C/C++语言中,可能存在与 printf 类似格式化字符串漏洞的函数还有:snpfintf()、sprint()、fprintf()、vprintf()、vfprintf()、vsnprintf()、syslog()、vsprint()、setproctitle()等。

利用格式化字符串漏洞,可以任意读写程序内存空间中的数据信息,其可能造成的危害非常严重,因此此类漏洞是软件安全漏洞挖掘的一个重要目标。

10.3 整数溢出漏洞

整数在计算机系统中可被分为无符号整数和有符号整数两类,其中,有符号正整数的最高位为 0,有符号负整数的最高位为 1;而无符号整数则没有这些限制。8 位(布尔、单字节字符等)、16 位(短整型、unicode 等)、32 位(整型、长整型)和 64 位(int64)等都是计算机系统中常见的整数类型。每种类型的整数所能表示的数值大小是有一定范围的,当对整数进行计算或转换时,如果运算的结果超出该类型的整数所能表示的范围,此时整数溢出就会产生。整数溢出主要可分为以下三种情况。

(1) 存储溢出:是由使用不同的数据类型来存储整数造成的。当在一个较小的整数变量存储区域中放入一个较大的整数变量,就会造成截断多余位只保留较小变量所能存储的位数的结果。

(2) 计算溢出:在计算整型变量的过程中,对其所能表示的边界范围没考虑到,从而导致计算得到的数值超出了其最大存储空间。

(3) 符号问题:有符号整数和无符号整数是整数的两种类型,一般要求数据的长度变量都要使用无符号整数,如果符号问题被程序员所忽略,那么意想不到的情况就可能发生在对数值的边界进行安全检查时。

几乎所有整数溢出漏洞都因为算术运算（如加、乘等）中涉及未审核的用户可修改的数值，而这些运算的潜在溢出结果值都被用于关键操作中（如内存的分配、复制等）。例如下面所示代码：

```
char * integer_overflow(int * data,unsigned int len)
{
  unsigned int size = len + 1;
  char * buf = (Char * )malloc(size);
  if(!buf) return NULL;
  memcpy(buf,data,len);
  buf[len] = '\0';
    return buf;
  }
```

用户输入的整型数据会被该函数复制到新的缓冲区中，并且结尾符"\0"会在其最后被写入。如果 0xFFFFFFFF 被攻击者作为参数 len 的值传入，那么整数溢出就会在计算 size 时发生，随后 malloc()函数就会根据 size 的值分配大小为 0 的内存块，而紧接着执行 memcpy()时就会发生堆溢出。通常情况下，单独利用整数溢出来实现攻击目的是不太可能的，整数溢出大多都是被用来绕过程序中存在的条件检测等限制，进而引发其他漏洞来完成攻击，正如上面例子所示的缓冲区溢出就是利用整数溢出来引发的。

10.4　Web 应用系统安全

随着互联网相关技术的飞速发展，Web 应用程序凭借其交互性和易用性风靡世界。但是 Web 应用程序的开发周期较短，开发技术更新换代快而且易于入门，这就造成了在开发过程中，开发人员的安全意识相对淡薄，对安全方面的重视不够，只是以实现功能、界面美观为主要目的。另外，Web 应用程序具有开放性，用户访问量很大，这加大了被攻击的概率。OWASP 组织总结的 Web 应用漏洞已有上百种之多。很多黑客通过 Web 应用漏洞窃取金钱、隐私，扰乱正常的业务执行。据调查显示，网络上超过 70％的攻击来自 Web 应用层的漏洞。

10.4.1　Web 应用系统基础

Web 应用系统是一种基于超文本和 HTTP(HyperText Transfer Protocol)的各种应用服务的统称，是非常普遍的互联网应用。Web 应用系统采用 B/S 架构，客户端为浏览器，服务端通常由 Web 服务器（如 Apache、IIS、Tomcat 等）、脚本解释器（中间件，如 PHP 解释器、ASP 解释器等）、数据库服务器（SQL Server、MySQL 等）组成，如图 10.8 所示。

客户端和服务端的一般交互过程为：浏览器通过 URL 发出 HTTP 请求，如果请求的是静态资源如 HTML，则 Web 服务器根据请求路径直接向客户端返回资源；如果请求的是 PHP、ASP、JSP 等动态页面资源，则交给脚本解释器执行，如果脚本中涉及数据库操作，则与数据库服务器进行交互，脚本解释器执行的结果以 HTML 文件的形式返回

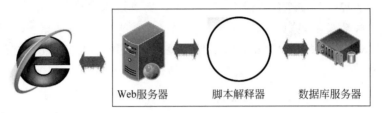

图 10.8　Web 应用系统架构

给 Web 服务器,Web 服务器将 HTML 文件作为响应发给浏览器。

　　Web 应用程序漏洞通常被认为是各种编程语言(PHP、JSP、Python 等)开发的 Web Application/Web Service 中所存在的安全漏洞。如果这些安全漏洞被发掘,可能被利用来攻击 Web 应用,篡改网页信息,盗取数据库信息,甚至有可能提权,获取服务器的管理权限。Web 应用程序漏洞包括 SQL 注入漏洞、XSS 漏洞、信息泄露漏洞、跨网站请求漏洞、命令注入漏洞等。

　　全球最大的 Web 安全研究机构 OWASP(Open Web Application Security Project)每隔几年就会组织 Web 应用十大安全漏洞评选,SQL 注入攻击、跨站脚本攻击等安全威胁多次入选,是 Web 应用系统较为严重的安全漏洞,本文仅对这两类攻击原理进行分析。

10.4.2　SQL 注入漏洞及防御机制

视频讲解

1. 概述

　　在 Web 应用中,一个 SQL 查询过程一般是 Web 服务器根据用户的查询请求(用户参数)拼接成 SQL 语句,交由数据库服务器执行,Web 服务器根据 SQL 语句执行结果构建 Web 动态页面并发送给客户。但是当用户提交恶意请求,而 Web 应用程序如果对于用户提交的参数未做过滤就直接构造 SQL 语句,就会使得数据库服务器执行攻击者精心构建的 SQL 语句或语句序列,从而达到破坏数据库、获取机密数据甚至可能盗取数据库服务器的管理员权限的目的,这种攻击称为 SQL 注入攻击。

　　一般而言,SQL 注入攻击对于各种关系型数据库(如 DB2、Oracle、Sybase、MySQL、Microsoft SQL Server 等)均有效,但是由于各个数据库的 SQL 语法不尽相同,其攻击语句可能会有所差别。

　　下面以登录验证为例,说明 SQL 注入攻击的实现方法。在 Web 应用程序的登录界面中,需要输入用户名、口令信息,如图 10.9 所示,这些信息以参数的形式传送到 Web 服务器,Web 服务器根据用户参数构建 SQL 语句,交由数据库服务器执行查询,根据查询结果验证当前用户是否为合法用户,构建的 SQL 语句可表述为:

```
SELECT *
FROM USERS
WHERE UAERNAME = 'chenping' AND PASSWD = '123456';
```

对于攻击者来说,为了绕过用户身份检查,可在登录界面的用户名表单中输入：test' or 1=1——,这样在服务器端根据用户输入构成的 SQL 语句就为:

```
SELECT ID
```

FROM USERS

WHERE UAERNAME = 'test' or 1 = 1 -- ' AND PASSWD = '';

该语句进行了两个判断,只要一个条件成立,就会执行成功,而 1＝1 在逻辑判断上是恒成立的,后面的"－－"表示注释,即后面所有的语句为注释语句。这样上述 SQL 语句 WHERE 条件表达式恒为真,用户不需要正确的用户名和密码也能登录系统。

图 10.9　登录界面

如果攻击者在登录界面的用户名表单中输入的信息为：test' or 1＝1; drop table users ；－－,不仅绕过身份检查,而且还删除了数据库中的表。同理,通过在输入参数中构建 SQL 语法,还可以进行查询、插入和更新数据库中的数据等危险操作。

（1）; union select count(username) from users——从 users 表中查询出 username 的个数。

（2）; insert into users values(666,'attacker','foobar',0xffff)——在 user 表中插入值。

（3）; union select@@version,1,1,1——查询数据库的版本。

（4）; exec master..xp_cmdshell 'dir'——通过 xp_cmdshell 来执行 dir 命令。

2. 防御

SQL 注入漏洞会导致攻击者可以直接探测数据库,危害非常大,轻则泄露数据,重则失去系统的管理员权限。所以非常有必要加紧防范,再怎么重视也不过分,其中主要的防御措施如下。

（1）在服务端正式处理之前对提交数据的合法性进行检查。

（2）封装客户端提交信息。

（3）替换或删除敏感字符/字符串。

（4）屏蔽出错信息。

（5）不要用字符串连接建立 SQL 查询,而使用 SQL 变量,因为变量不是可以执行的脚本。

（6）目录最小化权限设置,给静态网页目录和动态网页目录分别设置不同权限,尽量不给写目录权限。

（7）修改或者去掉 Web 服务器上默认的一些危险命令,例如 ftp、cmd、wscript 等,需要时再复制到相应目录。

（8）数据敏感信息非常规加密，通常在程序中对口令等敏感信息加密都是采用 md5 函数进行加密，即密文＝md5(明文)，推荐在原来加密的基础上增加一些非常规的方式，即在 md5 加密的基础上附带一些值，如密文＝md5(md5(明文)＋123456)。

10.4.3　XSS 注入漏洞及防御机制

1. 概述

跨站脚本漏洞(Cross-Site Scripting，XSS)是一种针对 Web 应用程序的安全漏洞。它一般指的是利用网页开发时留下的安全漏洞，使用特殊的方法将恶意 JavaScript 代码注入到网页中，用户不知不觉中加载并执行攻击者构造的恶意 JavaScript 代码。当攻击成功后，攻击者可能执行下列操作：挂马、钓鱼、获取私密网页内容，劫持用户 Web 行为，盗取会话和 Cookie 等。大量的网站曾经遭受 XSS 漏洞攻击或被发现此类漏洞，如 Twitter、Facebook、MySpace、新浪微博和百度贴吧。

构成跨站脚本漏洞的主要原因是很多网站提供了用户交互的页面，如检索、留言本、论坛等，凡是能够提供信息输入，同时又会将提交信息作为网站页面内容输出的地方都可能存在跨站脚本漏洞，服务器程序对输入信息检查不严格导致了脚本嵌入的可能。

2. 分类

XSS 漏洞有三类：反射型 XSS(也叫非持久型 XSS 漏洞)、存储型 XSS 和 DOM 型 XSS。

1) 反射型 XSS

反射型 XSS 是最常用，也是使用得最广泛的一种攻击方式，它给别人发送带有恶意脚本代码参数的 URL，当 URL 地址被打开时，特有的恶意代码参数被 HTML 解析、执行。它的特点是非持久化，用户必须单击带有特定参数的链接才能引起。例如，有以下 index.php 页面：

```php
<?php
$ username = $ _GET["name"];
echo "<p>欢迎您,". $ username."!</p>";
?>
```

正常情况下，用户会在 URL 中提交参数 name 的值为自己的姓名，然后该数据内容会通过以上代码在页面中展示，如用户提交姓名为"张三"，完整的 URL 地址如下。

http://localhost/test.php? name＝张三

在浏览器中访问时，会显示如图 10.10 所示内容。

此时，因为用户输入的数据信息为正常数据信息，经过脚本处理以后页面反馈的源码内容为：<p>欢迎您，张三！</p>。但是如果用户提交的数据中包含可能被浏览器执行的代码的话，会是一种什么情况呢？继续提交 name 的值为<script>alert(/我的名字是张三/)</script>，即完整的 URL 地址为 http://localhost/test.php? name＝<script>alert(/我的名字是张三/)</script>。

在浏览器中访问时，发现会有弹窗提示，如图 10.11 所示。

图 10.10　正常访问界面

图 10.11　运行脚本界面

那么此时页面的源码又是什么情况呢？

源码变成了"＜p＞欢迎您,＜script＞alert(/我的名字是张三/)＜/script＞!＜/p＞",从源代码中可以发现,用户输入的数据中,＜script＞与＜/script＞标签中的代码被浏览器执行了,而这并不是网页脚本程序想要的结果。这个例子正是最简单的一种 XSS 跨站脚本攻击的形式,称为反射型 XSS。

2) 存储型 XSS

存储型 XSS 又称为永久性 XSS,它的危害更大,它与反射型 XSS 漏洞的区别在于,它提交的 XSS 代码会存储在服务器中,有可能存在数据库中,也有可能存在文件系统中,当其他用户请求带有这个注入 XSS 代码的网页时就会下载并执行它。最典型的例子就是留言板 XSS,用户提交一条包含 XSS 代码的留言存储到数据库,目标用户查看留言板时,那些留言的内容会从数据库查询出来并显示,浏览器发现有 XSS 代码,就当作HTML 和 JavaScript 代码解析执行,于是就触发了 XSS 攻击。存储型 XSS 的攻击是很隐蔽的,不容易通过手工查询发现,需要采用自动化的 Web 应用漏洞扫描器。

3) DOM 型 XSS

DOM 型 XSS 和反射型 XSS、存储型 XSS 的差别在于,DOM 型 XSS 的 XSS 代码并不需要服务器解析响应的直接参与,触发 XSS 靠的就是浏览器端的 DOM 解析,可以认为完全是客户端的事情。举例如下。

```
＜script＞
```

```
eval(location.hash.substr(1);
</script>
```

这就是一个 DOM 型 XSS 漏洞,触发方式为提交请求 http://www.foo.com/xssme.html♯alert(1)这个 URL♯后面的内容不会被发送到服务端,仅仅是在客户段被接受并解析执行。在 JavaScript 中有很多这种输入点可以注入恶意脚本。

3. XSS 漏洞的防范措施

XSS 漏洞攻击相对于其他网络漏洞攻击而言显得更为隐蔽,也更难防御,没有一劳永逸的解决办法。XSS 漏洞是在用户和 Web 应用程序交互的过程中产生的,既有 Web 应用程序本身的问题,也有客户端用户的问题。主要应将防御的重心放在 Web 应用程序的编程上,但是用户良好的使用习惯也能够尽量避免 XSS 攻击。所以分两方面讨论防御 XSS 漏洞攻击的措施。程序开发过程中应该采取的措施如下。

(1) 过滤用户提交数据中的代码。这种方法的实施过程比较复杂,不仅需要考虑 < script >,</ script >标签,各种可能的 XSS 攻击载体都要考虑进来。将所有非法输入保存成黑名单方式过滤数据是不太可能实现的,更好的方式就是只接受合法的数据。

(2) 对用户输入的数据或基于用户输入数据而生成的输出数据进行编码。一般而言,编码是很简单也是很有效的防范 XSS 脚本的方法,因为它不需要区别合法字符和非法字符。这么做的缺陷是,对所有不可信数据编码非常浪费系统资源,可能影响到 Web 服务器产生的性能。

(3) 对表单输入域输入字符的长度进行限制。对于一些可能受到攻击的表单输入域,可以限制其输入字符的长度。

(4) 禁止上传 Flash。文件利用 Flash 文件进行跨站脚本攻击难于防范,如果不能确定上传的 Flash 文件是否安全,那就干脆禁止用户上传 Flash 文件,以彻底阻断 Flash 跨站攻击的途径。

(5) 检查 Cookie 信息。许多 Web 应用程序利用 Cookie 来管理通信状态,并存储与用户相关的信息。开发人员必须对 Cookie 信息进行严格的检查和过滤之后才能将其插入 HTML 文档。

用户访问网站时应该注意以下几点。

(1) 慎重单击不可信的链接,只单击一些可信链接、可信网站。有时候,XSS 攻击会在你打开电子邮件、阅读留言板、打开附件、阅读论坛时不经意地发生。

(2) 提高浏览器的安全等级,及时将浏览器更新到最新版本,将浏览器的安全级别设置为高,同时禁用一些不需要运行的脚本。

(3) 要在不同的 Web 应用程序中使用不同的用户名和密码。

习　　题

一、填空题

1. 缓冲区溢出主要包括_____、_____和_____。

2. 格式化字符串漏洞的根源在于_____。

3. 整数溢出主要分为三种情况：_____、_____和_____。

4. Web 应用架构包括以下组成部分：_____、_____、_____和_____。

5. 跨站脚本漏洞有三类：_____、_____和_____。

二、选择题

1. 关于缓冲区溢出描述错误的是(　　)。

    A. 缓冲区是用来暂时存放输入/输出数据的内存

    B. 只要把内存加大,就可以避免缓冲区溢出

    C. 指输入/输出数据超出了缓冲区的大小,占用缓冲区之外的内存空间

    D. 利用缓冲区溢出攻击,可以破坏程序运行,系统重新启动

2. 许多黑客利用软件实现中的缓冲区溢出漏洞进行攻击,对于这一威胁,最可靠的解决方法是(　　)。

    A. 安装防火墙　　　　　　　　　　B. 安装用户认证系统

    C. 安装相关的系统补丁软件　　　　D. 安装防病毒软件

3. 下面(　　)不是缓冲溢出的危害。

    A. 可能导致 shellcode 的执行而非法获取权限,破坏系统的保密性

    B. 执行 shellcode 后可能进行非法控制,破坏系统的完整性

    C. 可能导致拒绝服务攻击,破坏系统的可用性

    D. 资源过度消耗

4. 格式化字符串漏洞产生的原因是(　　)。

    A. 参数过多　　　　　　　　　　　B. 参数过少

    C. 参数错误　　　　　　　　　　　D. 以上都不对

5. 关于 SQL 注入攻击以下说法正确的是(　　)。

    A. 普通防火墙可以防范 SQL 注入攻击

    B. 防范 SQL 注入漏洞可以通过加固 Web 服务器实现

    C. SQL 注入攻击仅能绕过用户认证

    D. 利用 SQL 注入攻击可以泄露整个数据库

6. XSS 是(　　)。

    A. 一种扩展样式,与 AJAX 一起使用　　B. 恶意的客户端代码注入

    C. 编写 AJAX 驱动应用的开发框架　　　D. 一个 JavaScript 渲染引擎

三、简答题

1. 什么是缓冲区溢出攻击?

2. 缓冲区溢出的原因是什么? 如何防范?

3. 请描述在函数调用时对堆栈的操作步骤。

4. 查阅相关资料,谈谈你对白盒测试、黑盒测试、灰盒测试的看法。

5. 请谈谈对 SQL 注入攻击的认识。

6. 请谈谈对跨站脚本攻击的认识。

第 11 章

信息系统安全评价标准和等级保护

随着网络和信息技术的发展,信息系统的安全性变得越来越重要。面对一个信息系统,用户的首要担忧是,这个系统安全吗? 所以,计算机系统的提供者需要对产品的安全特性进行说明,而用户则需要验证这些安全特性的可靠性。然而,普通的用户难以对产品的安全性进行准确和充分的验证,难以判断系统提供者所提供的安全特性的有效性。因此,由独立安全专家对计算机安全进行第三方评价是非常必要的。国际上有多种对计算机信息系统的安全性进行评估的标准体系,这些评价标准能够准确地表达信息系统的安全性要求以及评价信息系统安全性的方法和准则。我国为了保障重要网络和系统的安全,确立了以等级保护制度为核心的信息安全保障体系。

11.1 节介绍信息安全评价标准的发展历史;11.2 节、11.3 节介绍在国际上有影响力的两个信息安全评估标准 TCSEC 和 CC 标准;11.4 节重点介绍我国的信息系统安全评估标准;11.5 节介绍我国的信息安全等级保护制度,重点介绍信息系统等级划分的依据、等级保护工作的主要环节。

11.1 信息安全评价标准的发展

世界各国对信息安全评价标准的研究可以追溯到 20 世纪 60 年代后期,1967 年,美国国防部(DoD)发布了 *defense science board report*,对当时计算机环境中的安全策略进行了分析;20 世纪 70 年代后期,开始对当时流行的操作系统进行安全方面的研究。1983 年,美国国防部发布了"可信计算机系统评价标准"(Trusted Computer System Evaluation Criteria,TCSEC),由于它使用了橘色书皮,所以通常称为橘皮书。TCSEC 是在 20 世纪 70 年代的基础理论研究成果 Bell-LaPadula 模型基础上提出的,其初衷是针对操作系统的安全性进行评估,后来美国国防部在国家计算机安全中心的主持下制定了一系列相关准则,例如,可信任数据库解释和可信任网络解释。由于每本书使用了不同颜色的封面,人们将它们称为彩虹系列。1985 年,TCSEC 再次修改后发布,一直沿用至今。TCSEC 将信息安全等级分为 4 类,从低到高分别为 D、C、B、A,每类中又细分为多个等级。"可信"即可信赖,安全可靠,该标准使用户能够对其计算机系统内敏感信息操作的可信程度作出评估,同时给计算机行业的制造商提供一种可循的指导规则,使其产品能够更好地满足敏感应用的安全需求。

TCSEC 最初只是军用标准,后来延至民用领域,它是计算机系统安全评估的第一个正式标准,具有划时代的意义。TCSEC 最主要的不足是其仅针对操作系统的评估而且只考虑了保密性需求,但它极大地推动了国际计算机安全的评估研究,德国、英国、西欧四国等纷纷制定了各自的计算机系统评价标准。

但欧共体认为评估标准的多样性有违欧共体的一体化进程,也不利于各国对评估结果的互认,于是德国信息安全局在 1990 年发出号召,与英、法、荷四国一起迈开了联合制定评估标准的步伐,最终推出了"信息技术安全评估标准",简称 ITSEC,又称欧洲白皮书。除了吸取 TCSEC 的成功经验外,ITSEC 首次提出了信息安全的保密性、完整性、可用性的概念,他们的工作成为欧共体信息安全计划的基础,并对国际信息安全的研究实施带来了深刻的影响。ITSEC 也定义了 7 个安全级别,即 E6 形式化验证,E5 形式化分析,E4 半形式化分析,E3 数字化测试分析,E2 数字化测试,E1 功能测试,E0 不能充分满足保证。

加拿大也在同期制定了"加拿大计算机产品评估准则"的第一版,称为 CTCPEC,其第三版于 1993 年公布。CTCPEC 吸取了 ITSEC 和 TCSEC 的长处,并将安全清晰地分为功能性要求和保证性要求两部分。

上述这两个安全性测评准则不仅包含对计算机操作系统的评估,还包含现代信息网络系统所包含的通信网络和数据库方面的安全性评估准则。

美国政府在此期间并没有停止对评估准则的研究,于 1993 年公开发布了联邦准则的 1.0 版草案,简称 FC。在 FC 中首次引入了"保护轮廓 PP"的重要概念,每一保护轮廓都包括功能部分、开发保证部分和测评部分,其分级方式与 TCSEC 不同,充分吸取了 ITSEC、CTCPEC 的优点,供民用以及政府、商业使用。

总的来说,这一阶段的安全性评估准则不仅全面包含现代信息网络系统的整个安全性,而且内容也有了很大的扩展,不再局限于安全功能要求,还增加了开发保证要求和评估(分析、测试)要求,但这些标准分散于各国,度量标准也不尽相同,客观上阻碍了信息安全保障的国际合作和交流,统一的安全评估准则呼之欲出。

为了能集中世界各国安全评估准则的优点,集合成单一的、能被广泛接受的信息技术评估准则,国际标准化组织在 1990 年就着手编写国际性评估准则。但由于任务庞大以及协调困难,该工作一度进展缓慢。直到 1993 年 6 月,在 6 国 7 方(英、加、法、德、荷、美国国家安全局以及国家标准技术研究所)的合作下,前述几个评估标准终于走到了一起,形成了《信息技术安全通用评估准则》,简称 CC。CC 的 0.9 版于 1994 年问世,而 1.0 版则于 1996 年出版。1997 年,有关方面提交了 CC 2.0 版的草案版,1998 年正式发行,1999 年发行了现在的 CC 2.1 版,后者于 1999 年 12 月被 ISO 批准为国际标准,编号 ISO/IEC 15408(注:本文以下以 CC 指代 ISO/IEC 15408)。至此,国际上统一度量安全性的评估准则宣告形成。CC 吸收了各先进国家对现代信息系统安全的经验和知识,对信息安全的研究与应用带来了深刻影响。信息安全评价标准发展历史如图 11.1 所示。

CC 的评估等级共分为 7 级:EAL1~EAL7,分别为功能测试,结构测试,系统测试和检验,系统设计、测试和评审,半形式化设计和测试,半形式化验证的设计和测试,形式化验证的设计和测试。

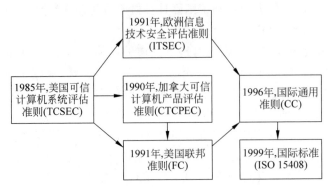

图 11.1 信息系统评估标准发展历史

11.2 可信计算机系统评价标准

11.2.1 TCSEC 的主要概念

在 TCSEC 中提出了以下主要概念,以描述计算机系统的安全问题。

(1) 安全性。包括安全策略、策略模型、安全服务和安全机制等内容。其中,安全策略是为了实现软件系统的安全而制定的有关管理、保护和发布敏感信息的规定与实施细则,策略模型是指实施安全策略的模型,安全服务是指根据安全策略和安全模型提供的安全方面的服务,安全机制是实现安全服务的方法。

(2) 可信计算基(Trusted Computing Base,TCB)。TCB 是软件、硬件与固件的有机集合,它根据访问控制策略处理主体集合对客体集合的访问,TCB 中包含所有与系统安全有关的功能。

(3) 主体(Subject)。计算机系统的主动访问者,如用户、代表用户运行的程序等。

(4) 客体(Object)。被访问或被使用的对象,如文件、内存、管道等。

(5) 自主访问控制(Discretionary Access Control,DAC)。DAC 是指资源的所有者(即属主)可以自主地确定其他用户对其资源的访问权。具有某类权限的主体能够将其对某资源(客体)的访问权直接或间接地按照需要动态地转让给其他主体或回收转让给其他主体的访问权限。

(6) 强制访问控制(Mandatory Access Control,MAC)。MAC 是比自主访问控制更为严格的一种访问控制方式。在这种访问方式中,客体的访问权限不能由客体的拥有者确定,而是由系统管理者强制规定的。系统管理者为主体与客体规定安全属性(安全级别、权限等),系统安全机制严格按照主体与客体的安全属性控制主体对客体的访问,对于系统管理员确定的安全属性,任何主体都不能修改和转让。

(7) 审计(Audit)。记录与系统安全相关的事件,以便对影响系统安全的活动进行追踪,确定责任者。

(8) 隐蔽信道。指一个进程利用违反系统安全的方式传输信息。有两类隐蔽信道:存储信道与时钟信道。存储信道是一个进程通过存储介质向另一个进程直接或间接传递信息的信道；时钟信道是指一个进程通过执行与时钟有关的操作把不能泄露的信息传递给另一个进程的通信信道。例如，一个文件的读写属性位可以成为隐蔽存储信道，而按某种频率创建与删除一个文件可以形成一个时钟隐蔽信道。

(9) 客体重用。在计算机信息系统可信计算机 TCB 的空闲存储客体空间中，对客体初始指定、分配或再分配一个主体之前，撤销该客体所含信息的所有授权。当主体获得对一个已被释放的客体的访问权时，当前主体不能获得原主体活动所产生的任何信息。

11.2.2　TCSEC 的安全等级

TCSEC 将可信计算机系统的评价规则划分为四类，即安全策略、可记账性、安全保证措施和文档。

安全策略包括自主访问控制、客体重用、标记、标记完整性、标记信息的扩散、主体敏感度标记、设备标记、强制访问控制等规则；可记账性包括标识与认证、可信路径、审计等规则；安全保障措施包括系统体系结构、系统完整性、隐蔽信道分析、可信设施管理、可信恢复、生命周期保证、安全测试、设计规范和验证、配置管理、可信分配等规则；文档包括安全特性用户指南、可信设施手册、测试文档、设计文档等规则。

根据计算机系统对上述各项指标的支持情况及安全性相近的特点，TCSEC 将系统划分为四类七个等级，依次是 D；C(C1，C2)；B(B1，B2，B3)，A(A1)，按系统可靠或可信程度逐渐增高，如表 11.1 所示。

表 11.1　TCSEC 安全级别划分

等 级 分 类	安 全 级 别	定 义
A 类：验证保护类	A1	验证设计
B 类：强制保护类	B3	安全域
	B2	结构化保护
	B1	标记安全保护
C 类：自主保护类	C2	受控的存取保护
	C1	自主安全保护
D 类：最低保护类	D	最小保护

在 TCSEC 中建立的安全级别之间具有一种偏序向下的兼容关系，即较高安全级别提供的安全保护要包含较低级别的所有保护要求，同时提供更多或更完善的保护能力。

1. D 最低保护类

D 级是最低保护级。将一切不符合更高标准的系统，统统归于 D 级，如 DOS 操作系统，它具有操作系统的基本功能，如文件系统、进程调度等，但在安全性方面几乎没有什么专门的机制来保障，是 D 级系统的典型例子。

2. C 自主保护类

该类的安全特征是系统的客体(如文件、目录等)可由其主体(如系统管理员、用户等)定义访问权限，自主保护类依据安全从低到高又分为 C1，C2 两个安全等级。

1) C1 自主安全保护级

只提供了非常初级的自主安全保护，可对用户按组实施授权，如 UNIX 系统中

owner/group/other 存取控制机制；能够实现对用户和数据的分离,进行自主访问控制(DAC),保护或限制用户权限的传播。

C1 级系统是针对多个协作用户在同一敏感级别上处理数据的工作环境,其最主要的特点是把用户与数据隔离,提供自主访问控制功能,使用户可以对自己的资源自主地确定何时使用或不使用控制,以及允许哪些主体或组进行访问。通过用户拥有者的自主定义和控制,可以防止自己的数据被别的用户有意或无意地篡改、干涉或破坏。该安全级要求在进行任何活动之前,通过 TCB 去确认用户身份(如口令),并保护确认数据,以免未经授权对确认数据的访问和修改。这类系统在硬件上必须提供某种程度的保护机制,使之不易受到损害;用户必须在系统中注册建立账户并利用通行证让系统能够识别他们。C1级要求较严格的测试,以检测该类系统是否实现了设计文档上说明的安全要求。另外,还要进行攻击性测试,以保证不存在明显的漏洞让非法用户攻破而绕过系统的安全机制进入系统。另外,C1级系统要求完善的文档资料。

2) C2 受控的存取保护级

C2 安全级具有以用户为单位的 DAC 机制,即将 C1 级的 DAC 进一步细化,保护粒度要达到单个用户和单个客体一级;C2 级增加了审计功能,审计粒度必须能够跟踪每个主体对每个客体的每一次访问,审计功能是 C2 较 C1 新增加的安全要求;C2 级还提供客体重用功能,即要求在一个进程运行结束后,要消除该过程残留在内存、外存和寄存器中的信息,在另一个用户过程运行之前必须清除或覆盖这些客体的残留信息;C2 级实施用户登录过程,对用户身份进行验证;C2 级实现资源隔离。C2 系统的 TCB 必须保存在特定区域中,以防止外部人员的篡改。

达到 C2 级的产品在其名称中往往不突出"安全"这一特色,很多商业产品已得到该级别的认证,如操作系统中 Microsoft 的 Windows NT 3.5,数字设备公司的 Open VMS VAX 6.0和 6.1。数据库产品有 Oracle 公司的 Oracle 7,Sybase 公司的 SQL Server 11.0.6 等。

3. 强制保护类

该类的安全特点在于由系统强制的安全保护,在强制保护模式中,每个系统对象(如文件、目录等资源)及主体(如系统管理员、用户、应用程序等)都有自己的安全标签,系统依据主体和对象的安全标签赋予他对访问对象的存取权限。强制保护类依据安全从低到高又分为 B1、B2、B3 三个安全等级。

1) B1 标记安全保护级

B1 在 C2 级的基础上增加了或加强了标记、强制访问控制、审计、可记账性和保障等功能,在 B1 级中标记起着重要的作用,是强制访问控制实施的依据。每个主体和存储客体有关的标记都要由 TCB 维护,不允许客体的拥有者改变其存取权限。

B1 级能够较好地满足大型企业或一般政府部门对数据的安全需求,这一级别的产品才能认为是真正意义上的安全产品。满足此级别的产品一般多冠以"安全"或"可信"字样,作为区别于普通产品的安全产品出售。例如,操作系统方面,典型的有数字设备公司的 SEVMS VAX Version 6.0,惠普公司的 HP-UX BLS release 9.0.9+。数据库方面则有 Oracle 公司的 Trusted Oracle 7,Sybase 公司的 Secure SQL Server version 11.0.6,Informix 公司的 Incorported INFORMIX-Online/Secure 5.0 等。

2）B2 结构化保护级

B2 系统的设计中把系统内部结构化地划分成明确而大体上独立的模块，并采用最小特权原则进行管理。B2 级不仅要求对所有对象加标记，而且要求给设备（磁盘或终端）分配一个或多个安全级别（实现设备标记）。必须对所有的主体和客体（包括设备）实施强制性访问控制保护，必须要有专职人员负责实施访问控制策略，其他用户无权管理。通过建立形式化的安全策略模型并对系统内的所有主体和客体实施自主访问控制和强制访问控制。

B2 级较 B1 级有一项更强的设计要求，B2 级系统的设计与实现必须经得起更彻底的测试和审查，必须给出可验证的顶级设计，并且通过测试确保该系统能够实现这一设计。还需要对隐蔽信道进行分析，确保系统不存在各种安全漏洞。实现中必须为安全系统自身的执行维护一个保护域，必须确保该域的安全性不受外界的破坏，进而保护整个系统的目标代码和数据的完整性不受外界破坏。

目前，经过认证的 B2 级以上的安全系统非常稀少。例如，符合 B2 级的操作系统只有 Trusted Information Systems 公司的 Trusted XENIX 一种产品，符合 B2 标准的网络产品只有 Cryptex Secure Communications 公司的 LLC VSLAN 一种产品，而数据库方面则没有符合 B2 标准的产品。

3）B3 安全域保护级

B3 级的 TCB 必须满足访问监控器的要求，审计跟踪能力更强，并提供系统恢复过程。B3 安全级要求系统有主体/客体的区域，有能力实现对每个目标的访问控制，使每次访问都受到检查。用户程序或操作被限定在某个安全域内，安全域间的访问受到严格控制。这类系统通常采用硬件设施来加强安全域的安全，例如，内存管理硬件用于保护安全域免受无权主体的访问或防止其他域的主体的修改。该级别要求用户的终端必须通过可信的信道连接在系统上。

为了能够确实进行广泛而可信的测试，B3 级系统的安全功能应该是短小精悍的。为了便于理解与实现，系统的高级设计（High Level Design）必须是简明而完善的，必须组合使用有效的分层、抽象和信息隐蔽等原则。所实现的安全功能必须是高度防突破的，系统的审计功能能够区分何时能避免一种破坏安全的活动。为了使系统具备恢复能力，B3 级系统增加了一个安全策略。

（1）安全策略：采用访问控制列表进行控制，允许用户指定和控制对客体的共享，也可以命名指定用户对客体的访问方式。

（2）可记账性：系统能够监视安全审计事件的发生与积累，当超出某个安全阈值时，能够立刻报警，通知安全管理人员进行处理。

（3）保障措施：只能完成与安全有关的管理功能，对其他完成非安全功能的操作要严格限制。当系统出现故障与灾难性事件后，要提供一种过程与机制，保证在不损坏保护的条件下，使系统得到恢复。

4. A 验证保护类

A1 安全级又称为可验证性设计保护级，是橘皮书中最高的安全级别，它的安全功能要求与 B3 一致，但是它包含一个严格的设计、控制和验证过程，即提供 B3 级保护的同时给出系统的形式化设计说明和验证以确信各安全保护真正实现。

A1 安全级的设计要求非常严格,达到这种要求的系统很少。目前已获得承认的此类系统有 Honeywell 公司的 SCOMP 系统。A1 安全级标准是安全信息系统的最高安全级别,一般信息系统很难达到这样的安全能力。

11.2.3　TCSEC 的不足

TCSEC 是第一代的安全评估标准,它存在不足,但这并不意味着我们可以完全抛弃它。目前不止我们国内,即使在世界上也都存在着对 TCSEC 与 CC 优劣的争论,有很多还未达成一致性的意见。以下是当前已得到公认的对 TCSEC 局限性的认识。

(1) TCSEC 是针对建立无漏洞和非侵入系统制定的分级标准。TCSEC 的安全模型不是基于时间的,是基于功能、角色、规则等空间与功能概念意义上的安全模型,安全概念仅仅是为了防护,对防护的安全功能如何检查以及检查出的安全漏洞又如何弥补和反应等问题没有讨论和研究。

(2) TCSEC 是针对单一计算机,特别是针对小型计算机和主机结构的大型计算机制定的测评标准。TCSEC 的网络解释目前缺少成功实践支持,尤其对于互联网络和商用网络很少有成功的实例支持。

(3) TCSEC 主要用于军事和政府信息系统,对于个人和商用系统,采用这个方案是有困难的。也就是说,其安全性主要是针对保密性而制定的,而对完整性和可用性研究得不够,忽略了不同行业的计算机应用的安全性的差别。

(4) 安全的本质之一是管理,而 TCSEC 缺少对保障(保证)的讨论。

(5) TCSEC 的安全策略也是固定的,缺少安全威胁的针对性,其安全策略不能针对不同的安全威胁实施相应的组合。

(6) TCSEC 的安全概念脱离了对 IT 和非 IT 环境的讨论,如果不能把安全功能与安全环境相结合,那么安全建设就是抽象的和非实际的。

(7) 美国 NSA 测评一个安全操作系统需要花一两年以上的时间,这个时间已经超过目前一代信息技术发展时间,也就是说,TCSEC 测评的可操作性较差,缺少测评方法框架和具体标准的支持。

11.3　通用评估标准

美、加、英、法、德、荷等国家联合推出的"信息技术安全性通用评估准则"(Common Criteria for Information Technology Security Evaluation,CC)于 1999 年 7 月通过国际标准化组织认可,确立为信息安全评价国际标准,其标准编号为 ISO/IEC 15408。CC 标准提出了"保护轮廓",将评估过程分为"功能"和"保证"两部分,是目前系统安全认证方面最全面也是最权威的标准。CC 标准确立后,美国不再受理以橙皮书为尺度的新的评价申请,之后的安全产品评价工作均按 CC 标准进行。

11.3.1　CC 的组成

CC 分为三个部分,其中第一部分"简介和一般模型",正文介绍了 CC 中的有关术语、基本概念和一般模型以及与评估有关的一些框架,附录部分主要介绍了保护轮廓(PP)和安全目标(ST)的基本内容。

第二部分"安全功能要求",按"类-族-组件"的方式提出安全功能要求,提供了表示评估对象(Target Of Evaluation,TOE)安全功能要求的标准方法。TOE 是指被评估的信息技术产品、系统或子系统,如防火墙、计算机网络系统、密码模块,以及相关的用户指南和设计方案等。除正文以外,每一个类还有对应的提示性附录做进一步的解释。

在 CC 标准中,安全要求(包括安全功能要求和安全保证要求)均以"类-族-组件"的形式进行定义。首先,对安全需求的全集,根据不同的侧重点,划分成若干大组,每个大组就称为一个类。每个类的安全需求,根据不同的安全目标,又划分成若干小组,每个小组就称为一个族。每个族的安全需求,根据不同的安全强度或能力,再进一步划分成更小的组,每一个这样的更小的组用一个组件来表示。这样,安全需求由类构成,类由族构成,族由组件构成。组件是 CC 标准中最小的可选安全需求集,是安全需求的具体表现形式。

例如,身份识别和认证方面的需求归为一个类,这个类中,身份识别方面的需求归为一个族;这个族中,缓时识别方面的需求构成一个组件。缓时识别是指允许用户在身份识别前执行适当的操作。

CC 标准定义了 11 个公认的安全功能需求类,即安全审计类、通信类、加密支持类、用户数据保护类、身份识别与认证类、安全管理类、隐私类、安全功能件保护类、资源使用类、评估目标访问类和可信路径/通道类。

安全审计类涉及与安全有关的操作信息的识别、记录、存储和分析等方面的需求;通信类涉及数据交换双方的身份确保等方面的需求,包括收发双方的防抵赖等;密码支持类涉及密钥管理和加密操作等方面的需求;用户数据保护类涉及对用户数据进行保护的安全功能和安全策略等方面的需求;身份识别与认证类涉及证实用户身份和确立安全属性等方面的需求;安全管理类涉及对产品的安全功能件中的属性、数据和功能等进行管理方面的需求;隐私类涉及确保用户身份的隐蔽性和防止用户身份被盗用等方面的需求;安全功能件保护类涉及确保安全功能件中的有关机制和数据的完整性等方面的需求;资源使用类涉及对需要访问的资源的可用性给以支持等方面的需求;评估目标访问类涉及对用户和安全产品会话过程的建立进行控制等方面的需求;可信路径/通道类涉及在用户与安全功能件之间建立可信通信路径、在安全功能件与其他可信 IT 产品之间建立可信通信通道等方面的需求。

第三部分"安全保证要求",定义了评估保证级别,建立了一系列安全保证组件作为表示 TOE 保证要求的标准方法。第三部分列出了一系列保证组件、族和类,还定义了 PP 和 ST 的评估准则,并提出了评估保证级别。

CC 标准定义了七个公认的安全保证需求类,即构造管理类、发行与使用类、开发类、指南文档类、生命周期支持类、测试类和脆弱性评估类。

构造管理类涉及确保产品的功能需求和规格说明在最终的安全产品中得以实现方面

的需求。发行与使用类涉及安全产品的正确发行、安装、生成和投入运行等方面的需求。开发类涉及三方面的需求：一是安全功能件在不同抽象层次上的表示，二是不同抽象层次上的安全功能件表示之间的一致性，三是安全策略模型的建立及安全策略、安全策略模型与功能描述之间的一致性。指南文档类涉及产品的用户指南、管理员指南等文档资料方面的需求。生命周期支持类涉及产品的开发、维护过程中有关开发、维护模式以及安全措施等方面的需求。测试类涉及产品测试方面的需求。脆弱性评估类涉及对产品可能存在的脆弱性(如隐蔽信道等)进行分析等方面的需求。

CC 的三个部分相互依存，缺一不可。其中，第一部分是介绍 CC 的基本概念和基本原理，第二部分提出了技术要求，第三部分提出了非技术要求和对开发过程、工程过程的要求。这三部分的有机结合具体体现在 PP 和 ST 中，PP 和 ST 的概念和原理在第一部分介绍，PP 和 ST 中的安全功能要求和安全保证要求在第二、第三部分选取，这些安全要求的完备性和一致性，由第二、第三两个部分来保证。

11.3.2　评估保证级别

CC 标准定义了一套评估保证级别(Evaluation Assurance Level，EAL)，作为刻画产品的安全可信度的尺度。EAL 是由 CC 中定义的安全保证需求组件构成的一个特定的组件包，由此可见，CC 对产品安全可信度的衡量是与产品的安全功能相对独立的。EAL 在产品的安全可信度与获取相应可信度的可行性及所需付出的代价之间给出了不同等级的权衡。

EAL 通过构造管理、发行与使用、开发、指南文档、生命周期支持、测试和脆弱性评估等方面所采取的措施来确立产品的安全可信度。按安全可信度由低到高依次递增的顺序，CC 定义了七个安全可信度级别，分别记为 EAL1、EAL2、EAL3、EAL4、EAL5、EAL6、EAL7。

EAL1 是功能测试级，它表示信息保护问题得到了适当的处理。EAL2 是结构式测试级，它要求评价时在设计信息和测试结果的提供方面得到开发人员的配合，该级提供低中级的独立安全保证。EAL3 是基于方法学的测试与检查级，它要求在设计阶段实施积极的安全工程思想，提供中级的独立安全保证。EAL4 是基于方法学的设计、测试与审查级，它要求按照良好的商业化开发惯例实施积极的安全工程思想，提供中高级的独立安全保证。EAL5 是半形式化的设计与测试级，它要求按照严格的商业化开发惯例、应用专业安全工程技术实施安全工程思想，提供高等级的独立安全保证。EAL6 是半形式化验证的设计与测试级，它通过在严格的开发环境中应用安全工程技术来获取高的安全保证，使产品能在高度危险的环境中使用。EAL7 是形式化验证的设计与测试级，它的目标是使产品能在极端危险的环境中使用，目前，该级别的实际应用只限于其安全功能可以进行广泛的形式化分析的安全产品。

CC 标准体现了软件工程与安全工程相结合的思想。信息安全产品必须按照软件工程和安全工程的方法进行开发才能较好地获得预期的安全可信度。从需求分析到产品实现的进展角度，安全产品的开发过程可依次分为以下阶段：现实应用环境分析、确立产品安全环境、确立产品安全目标、确立产品安全需求、安全产品概要设计、安全产品实现等。

一般而言,各个阶段依次顺序进行,前一个阶段的工作结果是后一个阶段的工作基础。必要时,也需要根据后面阶段工作的反馈,进一步开展前面阶段的工作,形成循环往复的过程。开发出来的产品经过安全性评价和可用性鉴定后,再投入实际使用。

从安全职能的表现形式的角度,安全产品的开发过程可依次分为以下阶段:需求组件定义、组件包定义、PP 定义、ST 定义、产品实现等。可以认为:组件用于构造组件包,组件包用于构造 PP,PP 用于构造 ST,ST 用于作为产品的实现依据。但也不绝对,例如,PP 和 ST 都可以直接由组件来构造,而 PP 和 ST 又都必须引用 EAL 组件包。CC 建议尽量使用其中预定义的组件,也允许自行定义组件;CC 还允许在引用 EAL 组件包前,向该包增加其他组件,或者把该包中的某组件替换成相应的强度更高的组件。

在 CC 中,TOE 的评价是以 ST 为基础的。不管通过什么方式来定义 ST,经过分解,它本质上就是通过需求组件来构造的。因此,需求组件和 PP、ST 等其他结构一起,构成了 CC 标准对信息安全产品评价的基本框架。CC 标准的评价框架面向所有信息安全产品,提供安全性评价的基本尺度和指导思想。它不限定哪类产品应该提供哪些安全功能,也不限定哪些安全功能应该具有哪个级别的安全可信度。所有这些,由产品的用户、开发人员或其他第三方在实际应用中根据实际需要来确定。

11.4　我国的信息系统安全评估标准

为了提高我国计算机信息系统的安全保障能力和防护水平,确保国家安全、公共利益和社会稳定,保障信息化建设的健康发展,1994 年 2 月,国务院发布了《中华人民共和国计算机信息系统安全保护条例》规定,要求“重点保护国家事务、国家经济建设、国防建设、国内尖端科学技术等重要领域的信息系统的安全”。1999 年,公安部提出并组织制定了强制性国家标准 GB 17859:1999《计算机信息系统安全保护等级划分准则》,该准则于 9 月 13 日经国家质量技术监督局发布,并于 2001 年 1 月 1 日起实施。该标准是建立安全等级保护制度、实施安全等级管理的重要基础性标准。它将计算机信息系统安全保护等级划分为 5 个级别,通过规范、科学和公正的评定和监督管理,一是为计算机信息系统安全等级保护管理法规的制定和执法部门的监督检查提供依据;二是为计算机信息系统安全产品的研制提供技术支持;三是为安全系统的建设和管理提供技术指导。2001 年 3 月,国家质量技术监督局发布了推荐性标准《信息技术、安全技术、信息技术安全性评估准则》(GB/T 18336—2001),该标准等同于国际标准 ISO/IES 15408,即 CC 标准。

《计算机信息系统安全保护等级划分准则》将信息系统划分为 5 个等级,分别是自主保护级、系统审计保护级、安全标记保护级、结构化保护级和访问验证保护级。主要的安全考核指标有自主访问控制、强制访问控制、安全标记、身份鉴别、客体重用、审计、数据完整性、隐蔽信道分析、可信路径和可信恢复等,这些指标涵盖了不同级别的安全要求。

1. 第一级 用户自主保护级

本级的计算机信息系统可信计算基通过隔离用户与数据,使用户具备自主安全保护的能力。它具有多种形式的控制能力,对用户实施访问控制,即为用户提供可行的手段,保护用户和用户组信息,避免其他用户对数据的非法读写和破坏。本级有以下考核指标要求。

　　1）自主访问控制

　　计算机信息系统可信计算基定义和控制系统中命名用户对命名客体的访问。实施机制（例如访问控制表）允许命名用户以用户和（或）用户组的身份规定并控制客体的共享，阻止非授权用户读取敏感信息。

　　2）身份鉴别

　　计算机信息系统可信计算基初始执行时，首先要求用户标识自己的身份，并使用保护机制（口令）来鉴别用户的身份，阻止非授权用户访问用户身份鉴别数据。

　　3）数据完整性

　　计算机信息系统可信计算基通过自主完整性策略，阻止非授权用户修改或破坏敏感信息。

2. 第二级 系统审计保护级

　　与用户自主保护级相比，本级的计算机信息系统可信计算基实施了粒度更细的自主访问控制，它通过登录规程、审计安全相关事件和隔离资源，使用户对自己的行为负责。本级有以下考核指标的要求。

　　1）自主访问控制

　　计算机信息系统可信计算基定义和控制系统中命名用户对命名客体的访问。实施机制（例如访问控制表）允许命名用户以用户和（或）用户组的身份规定并控制客体的共享；阻止非授权用户读取敏感信息，并控制访问权限扩散。自主访问控制机制根据用户指定方式或默认方式，阻止非授权用户访问客体，访问控制的粒度是单个用户，没有存取权的用户只允许由授权用户指定对客体的访问权。

　　2）身份鉴别

　　计算机信息系统可信计算基初始执行时，首先要求用户标识自己的身份，并使用保护机制（例如口令）来鉴别用户的身份，阻止非授权用户访问用户身份鉴别数据。通过为用户提供唯一标识，计算机信息系统可信计算基能够使用户对自己的行为负责。计算机信息系统可信计算基还具备将身份标识与该用户所有可审计行为相关联的能力。

　　3）客体重用

　　在计算机信息系统可信计算基的空闲存储客体空间中，对客体初始指定、分配或再分配一个主体之前，撤销该客体所含信息的所有授权。当主体获得对一个已被释放的客体的访问权时，当前主体不能获得原主体活动所产生的任何信息。

　　4）审计

　　计算机信息系统可信计算基能创建和维护受保护客体的访问审计跟踪记录，并能阻止非授权用户对它的访问和破坏。

　　计算机信息系统可信计算基能记录下述事件：使用身份鉴别机制；将客体引入用户地址空间（例如，打开文件、程序初始化）；删除客体；由操作员、系统管理员或（和）系统安全管理员实施的动作，以及其他与系统安全有关的事件。对于每一事件，其审计记录包括：事件的日期和时间、用户、事件类型、事件是否成功。对于身份鉴别事件，审计记录包含来源（例如终端标识符）；对于客体引入用户地址空间的事件及客体删除事件，审计记录包含客体名。

对不能由计算机信息系统可信计算基独立分辨的审计事件,审计机制提供审计记录接口,可由授权主体调用。这些审计记录区别于计算机信息系统可信计算基独立分辨的审计记录。

5)数据完整性

计算机信息系统可信计算基通过自主完整性策略,阻止非授权用户修改或破坏敏感信息。

3. 第三级 安全标记保护级

本级的计算机信息系统可信计算基具有系统审计保护级的所有功能。此外,还提供有关安全策略模型、数据标记以及主体对客体强制访问控制的非形式化描述;具有准确地标记输出信息的能力,消除通过测试发现的任何错误。本级有以下考核指标要求。

1)自主访问控制

计算机信息系统可信计算基定义和控制系统中命名用户对命名客体的访问。实施机制(例如访问控制表)允许命名用户以用户和(或)用户组的身份规定并控制客体的共享;阻止非授权用户读取敏感信息,并控制访问权限扩散。自主访问控制机制根据用户指定方式或默认方式,阻止非授权用户访问客体,访问控制的粒度是单个用户,没有存取权的用户只允许由授权用户指定对客体的访问权。阻止非授权用户读取敏感信息。

2)强制访问控制

计算机信息系统可信计算基对所有主体及其所控制的客体(例如进程、文件、段、设备)实施强制访问控制。为这些主体及客体指定敏感标记,这些标记是等级分类和非等级类别的组合,它们是实施强制访问控制的依据。计算机信息系统可信计算基支持两种或两种以上成分组成的安全级。计算机信息系统可信计算基控制的所有主体对客体的访问应满足:仅当主体安全级中等级分类高于或等于客体安全级中的等级分类,且主体安全级中的非等级类别包含客体安全级中的全部非等级类别,主体才能读客体;仅当主体安全级中等级分类低于或等于客体安全级中的等级分类,且主体安全级中的非等级类别包含客体安全级中的全部非等级类别,主体才能写客体。计算机信息系统可信计算基使用身份和鉴别数据,鉴别用户的身份,并保证用户创建的计算机信息系统可信计算基外部主体的安全级和授权受该用户的安全级和授权的控制。

3)标记

计算机信息系统可信计算基应维护与主体及其控制的存储客体(例如,进程、文件、段、设备)相关的敏感标记。这些标记是实施强制访问控制的基础。为了输入未加安全标记的数据,计算机信息系统可信计算基向授权用户要求并接受这些数据的安全级别,且可由计算机信息系统可信计算基审计。

4)身份鉴别

计算机信息系统可信计算基初始执行时,首先要求用户标识自己的身份,而且,计算机信息系统可信计算基维护用户身份识别数据并确定用户访问权及授权数据。计算机信息系统可信计算基使用这些数据鉴别用户,并使用保护机制(例如口令)来鉴别用户的身份,阻止非授权用户访问用户身份鉴别数据。通过为用户提供唯一标识,计算机信息系统可信计算基能够使用户对自己的行为负责。计算机信息系统可信计算基还具备将身份标识与该用户所有可审计行为相关联的能力。

5) 客体重用

在计算机信息系统可信计算基的空闲存储客体空间中,对客体初始指定、分配或再分配一个主体之前,撤销该客体所含信息的所有授权。当主体获得对一个已被释放的客体的访问权时,当前主体不能获得原主体活动所产生的任何信息。

6) 审计

计算机信息系统可信计算基能创建和维护受保护客体的访问审计跟踪记录,并能阻止非授权的用户对它访问和破坏。

计算机信息系统可信计算基能记录下述事件:使用身份鉴别机制;将客体引入用户地址空间(例如,打开文件、程序初始化);删除客体;由操作员、系统管理员或(和)系统安全管理员实施的动作,以及其他与系统安全有关的事件。对于每一事件,其审计记录包括:事件的日期和时间、用户、事件类型、事件是否成功。对于身份鉴别事件,审计记录包含来源(例如终端标识符);对于客体引入用户地址空间的事件及客体删除事件,审计记录包含客体名及客体的安全级别。此外,计算机信息系统可信计算基具有审计更改可读输出记号的能力。对不能由计算机信息系统可信计算基独立分辨的审计事件,审计机制提供审计记录接口,可由授权主体调用。这些审计记录区别于计算机信息系统可信计算基独立分辨的审计记录。

7) 数据完整性

计算机信息系统可信计算基通过自主和强制完整性策略,阻止非授权用户修改或破坏敏感信息。在网络环境中,使用完整性敏感标记来确信信息在传送中未受损。

4. 第四级 结构化保护级

本级的计算机信息系统可信计算基建立于一个明确定义的形式化安全策略模型之上,它要求将第三级系统中的自主和强制访问控制扩展到所有主体和客体。此外,还要考虑隐蔽通道。本级的计算机信息系统可信计算基必须结构化为关键保护元素和非关键保护元素。计算机信息系统可信计算基的接口也必须明确定义,使其设计与实现能经受更充分的测试和更完整的复审。加强了鉴别机制,支持系统管理员和操作员的职能;提供可信设施管理,增强了配置管理控制。系统具有相当的抗渗透能力。本级有以下考核指标要求。

1) 自主访问控制

计算机信息系统可信计算基定义和控制系统中命名用户对命名客体的访问。实施机制(例如访问控制表)允许命名用户以用户和(或)用户组的身份规定并控制客体的共享;阻止非授权用户读取敏感信息,并控制访问权限扩散。自主访问控制机制根据用户指定方式或默认方式,阻止非授权用户访问客体,访问控制的粒度是单个用户,没有存取权的用户只允许由授权用户指定对客体的访问权。

2) 强制访问控制

计算机信息系统可信计算基对所有主体及其所控制的客体(例如进程、文件、段、设备)实施强制访问控制。为这些主体及客体指定敏感标记,这些标记是等级分类和非等级类别的组合,它们是实施强制访问控制的依据。计算机信息系统可信计算基支持两种或两种以上成分组成的安全级。计算机信息系统可信计算基外部的所有主体对客体的直接或间接的访问应满足:仅当主体安全级中等级分类高于或等于客体安全级中的等级分类,且主体安全级中的非等级类别包含客体安全级中的全部非等级类别,主体才能读客体;仅当主体安全级中等级分类低于或等于客体安全级中的等级分类,且主体安全级中的非等级类别包含客体安全级中的全部非等级类别,主体才能写客体。计算机信息系统可信计算基使用身份和鉴别数据,鉴别用户的身份,并保证用户创建的计算机信息系统可信计算基外部主体的安全级和授权受该用户的安全级和授权的控制。

3）标记

计算机信息系统可信计算基应维护与外部主体直接或间接访问到的计算机信息系统资源(例如,主体、存储客体、只读存储器)相关的敏感标记。这些标记是实施强制访问控制的基础。为了输入未加安全标记的数据,计算机信息系统可信计算基向授权用户要求并接受这些数据的安全级别,且可由计算机信息系统可信计算基审计。

4）身份鉴别

计算机信息系统可信计算基初始执行时,首先要求用户标识自己的身份,而且,计算机信息系统可信计算基维护用户身份识别数据并确定用户访问权及授权数据。计算机信息系统可信计算基使用这些数据,鉴别用户身份,并使用保护机制(例如口令)来鉴别用户的身份,阻止非授权用户访问用户身份鉴别数据。通过为用户提供唯一标识,计算机信息系统可信计算基能够使用户对自己的行为负责。计算机信息系统可信计算基还具备将身份标识与该用户所有可审计行为相关联的能力。

5）客体重用

在计算机信息系统可信计算基的空闲存储客体空间中,对客体初始指定、分配或再分配一个主体之前,撤销该客体所含信息的所有授权。当主体获得对一个已被释放的客体的访问权时,当前主体不能获得原主体活动所产生的任何信息。

6）审计

计算机信息系统可信计算基能创建和维护受保护客体的访问审计跟踪记录,并能阻止非授权的用户对它访问和破坏。

计算机信息系统可信计算基能记录下述事件:使用身份鉴别机制;将客体引入用户地址空间(例如,打开文件、程序初始化);删除客体;由操作员、系统管理员或(和)系统安全管理员实施的动作,以及其他与系统安全有关的事件。对于每一事件,其审计记录包括:事件的日期和时间、用户、事件类型、事件是否成功。对于身份鉴别事件,审计记录包含请求的来源(例如终端标识符);对于客体引入用户地址空间的事件及客体删除事件,审计记录包含客体名及客体的安全级别。此外,计算机信息系统可信计算基具有审计更改可读输出记号的能力。

对不能由计算机信息系统可信计算基独立分辨的审计事件,审计机制提供审计记录接口,可由授权主体调用。这些审计记录区别于计算机信息系统可信计算基独立分辨的审计记录。

计算机信息系统可信计算基能够审计利用隐蔽存储信道时可能被使用的事件。

7）数据完整性

计算机信息系统可信计算基通过自主和强制完整性策略,阻止非授权用户修改或破坏敏感信息。在网络环境中,使用完整性敏感标记来确信信息在传送中未受损。

8）隐蔽信道分析

系统开发者应彻底搜索隐蔽存储信道,并根据实际测量或工程估算确定每一个被标识信道的最大带宽。

9）可信路径

对用户的初始登录和鉴别,计算机信息系统可信计算基在它和用户之间提供可信通信路径。该路径上的通信只能由该用户初始化。

5. 访问验证保护级

本级的计算机信息系统可信计算基满足访问监控器需求。访问监控器仲裁主体对客体的全部访问。访问监控器本身是抗篡改的;必须足够小,能够分析和测试。为了满足访问监控器需求,计算机信息系统可信计算基在其构造时,排除那些对实施安全策略来说非必要的代码;在设计和实现时,从系统工程角度将其复杂性降低到最低程度。支持安全管理员职能;扩充审计机制,当发生与安全相关的事件时发出信号;提供系统恢复机制。系统具有很高的抗渗透能力。本级有以下考核指标的要求。

1）自主访问控制

计算机信息系统可信计算基定义和控制系统中命名用户对命名客体的访问。实施机制(例如访问控制表)允许命名用户以用户和(或)用户组的身份规定并控制客体的共享;阻止非授权用户读取敏感信息,并控制访问权限扩散。

自主访问控制机制根据用户指定方式或默认方式,阻止非授权用户访问客体,访问控制的粒度是单个用户,访问控制能够为每个命名客体指定命名用户和用户组,并规定它们对客体的访问模式。没有存取权的用户只允许由授权用户指定对客体的访问权。

2）强制访问控制

计算机信息系统可信计算基对外部主体能够直接或间接访问的所有资源(例如主体、存储客体和输入输出资源)实施强制访问控制。为这些主体及客体指定敏感标记,这些标记是等级分类和非等级类别的组合,它们是实施强制访问控制的依据。计算机信息系统可信计算基支持两种或两种以上成分组成的安全级。计算机信息系统可信计算基外部的所有主体对客体的直接或间接的访问应满足:仅当主体安全级中等级分类高于或等于客体安全级中的等级分类,且主体安全级中的非等级类别包含客体安全级中的全部非等级类别,主体才能读客体;仅当主体安全级中等级分类低于或等于客体安全级中的等级分类,且主体安全级中的非等级类别包含客体安全级中的全部非等级类别,主体才能写客体。计算机信息系统可信计算基使用身份和鉴别数据,鉴别用户的身份,并保证用户创建的计算机信息系统可信计算基外部主体的安全级和授权受该用户的安全级和授权的控制。

3）标记

计算机信息系统可信计算基应维护与可被外部主体直接或间接访问到的计算机信息系统资源(例如,主体、存储客体、只读存储器)相关的敏感标记。这些标记是实施强制访问控制的基础。为了输入未加安全标记的数据，计算机信息系统可信计算基向授权用户要求并接受这些数据的安全级别，且可由计算机信息系统可信计算基审计。

4）身份鉴别

计算机信息系统可信计算基初始执行时，首先要求用户标识自己的身份，而且，计算机信息系统可信计算基维护用户身份识别数据并确定用户访问权及授权数据。计算机信息系统可信计算基使用这些数据鉴别用户，并使用保护机制（例如口令）来鉴别用户的身份，阻止非授权用户访问用户身份鉴别数据。通过为用户提供唯一标识，计算机信息系统可信计算基能够使用户对自己的行为负责。计算机信息系统可信计算基还具备将身份标识与该用户所有可审计行为相关联的能力。

5）客体重用

在计算机信息系统可信计算基的空闲存储客体空间中，对客体初始指定、分配或再分配一个主体之前，撤销该客体所含信息的所有授权。当主体获得对一个已被释放的客体的访问权时，当前主体不能获得原主体活动所产生的任何信息。

6）审计

计算机信息系统可信计算基能创建和维护受保护客体的访问审计跟踪记录，并能阻止非授权的用户对它访问和破坏。

计算机信息系统可信计算基能记录下述事件：使用身份鉴别机制；将客体引入用户地址空间（例如，打开文件、程序初始化）；删除客体；由操作员、系统管理员或（和）系统安全管理员实施的动作，以及其他与系统安全有关的事件。对于每一事件，其审计记录包括：事件的日期和时间、用户、事件类型、事件是否成功。对于身份鉴别事件，审计记录包含来源（例如终端标识符）；对于客体引入用户地址空间的事件及客体删除事件，审计记录包含客体名及客体的安全级别。此外，计算机信息系统可信计算基具有审计更改可读输出记号的能力。

对不能由计算机信息系统可信计算基独立分辨的审计事件，审计机制提供审计记录接口，可由授权主体调用。这些审计记录区别于计算机信息系统可信计算基独立分辨的审计记录。计算机信息系统可信计算基能够审计利用隐蔽存储信道时可能被使用的事件。

计算机信息系统可信计算基包含能够监控可审计安全事件发生与积累的机制，当超过阈值时，能够立即向安全管理员发出警报。并且，如果这些与安全相关的事件继续发生或积累，系统应以最小的代价终止它们。

7）数据完整性

计算机信息系统可信计算基通过自主完整性策略，阻止非授权用户修改或破坏敏感信息。在网络环境中，使用完整性敏感标记来确信信息在传送中未受损。

8）隐蔽信道分析

系统开发者应彻底搜索隐蔽信道，并根据实际测量或工程估算确定每一个被标识信道的最大带宽。

9）可信路径

当连接用户时(例如注册、更改主体安全级),计算机信息系统可信计算基提供它与用户之间的可信通信路径。可信路径上的通信只能由该用户或计算机信息系统可信计算基激活,在逻辑上与其他路径上的通信相隔离,且能正确地加以区分。

10）可信恢复

计算机信息系统可信计算基提供过程和机制,保证计算机信息系统能够失效或中断后,可以进行不损害任何安全保护性能的恢复。

11.5 网络安全等级保护

当前,我国已建成规模宏大、覆盖全国的信息网络,国家重大工程建设的重要网络和信息系统已成为支撑国民经济和社会发展的关键基础设施。为了保障我国重要网络和系统的安全,党中央国务院做出了一系列重大决策和部署,确立了以等级保护制度为核心的信息安全保障体系。我国的信息安全等级保护制度经历了等级保护1.0时代,现在已经迈入等级保护2.0时代。

1994年,国务院颁发的《中华人民共和国计算机信息系统安全保护条例》规定,"计算机信息系统实行等级保护,安全等级的划分标准和安全等级保护的具体方法,由公安部会同有关部门制定"。为此,以强制性国家标准GB 17859—1999《计算机信息系统安全保护等级划分准则》(以下简称准则)为核心的一系列等级保护国标,于1999年经国家质量技术监督局批准发布,于2001年1月起实施。2007年,公安部发布了《信息安全等级保护管理办法》,明确了信息安全等级保护的基本内容、流程及工作要求,明确了信息系统运营使用单位和主管部门、监管部门在信息安全等级保护工作中的职责、任务,为开展信息安全等级保护工作提供了规范保障。2008年,公安部正式颁布《信息系统安全等级保护基本要求》(GB/T 22239—2008),明确对于各等级信息系统的安全保护基本要求,该法规的颁布标志着我国信息安全等级保护制度正式实施,我国信息系统安全保护进入等级保护1.0时代,经过十余年的实践,等级保护1.0为保障我国信息安全打下了坚实的基础,成为我国非涉密信息系统网络安全建设的重要标准。

但是,随着网络信息新技术的不断涌现,等级保护1.0不再适应新的形势发展需要,为配合《中华人民共和国网络安全法》的实施,同时为适应云计算、移动互联、物联网、工业控制和大数据等新技术、新应用情况下的网络安全等级保护工作的需要,由公安部牵头组织开展对等级保护1.0时代的GB/T 22239—2008等标准的修订,针对共性安全保护需求提出安全通用要求,针对云计算、移动互联、物联网、工业控制和大数据等新技术、新应用领域的个性安全保护需求提出安全扩展要求,同时扩展了对等级保护测评机构的规范管理。国家市场监督管理总局、中国国家标准化管理委员会于2019年5月10日正式发布《网络安全等级保护基本要求》(GB/T 22239—2019)、《网络安全等级保护实施指南》(GB/T 25058—2019)等网络安全等级保护相关系列标准,并于2019年12月1日正式实施,标志着我国信息安全等级保护正式进入2.0时代。这是我国实行网络安全等级保护制度过程中的一件大事,具有里程碑意义。

11.5.1　网络安全等级保护的基本概念

网络安全等级保护是指对网络实行等级化保护和等级化管理。根据网络应用业务重要程度及其实际安全需求,实行分级、分类、分阶段实施保护,保障网络正常运行,维护国家利益、公共利益和社会稳定。

网络安全等级保护是国家网络安全保障的基本制度、基本策略、基本方法。开展网络安全等级保护工作是保护信息化发展、维护网络安全的根本保障,是网络安全保障工作中国家意志的体现。

11.5.2　等级保护的定级要素及级别划分

网络安全保护等级由两个定级要素决定:等级保护对象受到破坏时所侵害的客体和对客体造成侵害的程度。

1. 受侵害的客体

等级保护对象受到破坏时所侵害的客体包括以下三方面。

(1) 公民、法人和其他组织的合法权益。

(2) 社会秩序、公共利益。

(3) 国家安全。

2. 对客体的侵害程度

等级保护对象受到破坏后对客体造成侵害的程度归结为以下三种。

(1) 一般损害。

(2) 严重损害。

(3) 特别严重损害。

根据以上要素,将网络系统等级保护分为自主保护级、指导保护级、监督保护级、强制保护级、专控保护级 5 级,如表 11.2 所示,从第一级到第五级逐级增高。

表 11.2　定级要素与安全保护等级的关系

受侵害的客体	对客体的侵害程度		
	一般损害	严重损害	特别严重损害
公民、法人和其他组织的合法权益	第一级	第二级	第二级
社会秩序、公共利益	第二级	第三级	第四级
国家安全	第三级	第四级	第五级

每一级安全防护要求分为安全通用要求和安全扩展要求。安全通用要求又包括技术和管理两个维度上的安全需求,其中,技术安全需求包括安全物理环境、安全通信网络、安全区域边界、安全计算环境;管理安全需求包括安全管理中心、安全管理制度、安全管理机构、安全管理人员、安全建设管理、安全运维管理等方面。此外,每一个安全级别还包括云计算安全扩展要求、移动互联安全扩展要求、物联网安全扩展要求、工业控制系统安全扩展要求。

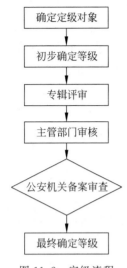

图 11.2　定级流程

11.5.3　等级保护定级的一般流程

等级保护定级的一般流程如图 11.2 所示

定级对象主要包括信息系统、通信网络和数据资源。信息系统包括云计算平台/系统、物联网、工业控制系统、采用移动互联网技术的系统以及其他信息系统。

在云计算环境中,云服务客户侧的等级保护对象和云服务商侧的云计算平台、系统分别作为单独的定级对象定级,并根据不同服务模式将云计算平台、系统划分为不同的定级对象。

物联网主要包括感知、网络传输和处理应用等特征要素,需将以上要素作为一个整体对象定级,各要素不独立定级。

工业控制系统主要包括现场采集、执行、现场控制、过程控制和生产管理等特征要素。其中,现场采集/执行、现场控制和过程控制等要素需作为一个整体对象定级,各要素不单独定级,生产要素宜单独定级。对于大型工业控制系统,可根据系统功能、责任主体、控制对象和生产厂商等因素划分为多个定级对象。

采用移动互联网技术的系统主要包括移动终端、移动应用和无线网络等特征要素,可作为一个整体独立定级或与相关联业务系统一起定级,各要素不单独定级。

对于电信网、广播电视传输网等通信网络设施,应根据安全责任主体、服务类型或服务地域等因素将其划分为不同的定级对象。跨省的行业或单位的专用通信网可作为一个整体对象定级,或分区域划分为若干定级对象。

数据资源可独立定级。当安全责任主体相同时,大数据、大数据平台/系统宜作为一个整体对象定级,当安全责任主体不同时,大数据应独立定级。

11.5.4　等级保护工作的环节

等级保护工作的环节主要包括:网络系统定级、备案、安全建设整改、等级测评、监督检查。

(1)定级:对信息系统进行定级是等级保护的基础,具体是指各单位、各部门按照等级保护有关政策和标准要求,确定信息系统的安全保护等级、组织专家进行评审、主管部门审批。

(2)备案:是指信息系统等级确定后,第二级以上的信息系统到公安机关备案,公安机关审核信息系统等级和有关材料,符合要求的办理备案证明。

(3)安全建设整改:备案单位根据信息系统安全保护等级,按照等级保护有关政策和标准要求,开展安全建设整改,建设安全设施,落实安全措施,落实安全责任,建立并落实安全管理制度。

(4)等级测评:备案单位选择《全国信息安全等级保护测评机构推荐目录》中的测评机构开展等级测评,对照等级保护有关标准,查找安全问题和差距,为开展安全建设整改提供依据。

（5）监督检查：备案单位定期开展自查，行业主管部门组织开展督导检查，公安机关依法对各单位、各部门开展等级保护工作情况定期进行检查。

习　　题

一、填空题

1. 《可信计算机系统评估准则（TCSEC）》将系统的安全等级分为_____、_____、_____和_____四类。

2. 目前通用 Windows 操作系统满足 TCSEC 的_____安全性要求。

3. CC 分为三部分：_____、_____和_____。

4. 《计算机信息系统安全保护等级划分准则》将信息系统划分为 5 个等级，分别为_____、_____、_____、_____和_____。

5. 在 TCSEC 中对隐蔽信道首次提出要求的安全级别是_____。

6. 在 TCSEC 中对首次引入审计的安全级别是_____。

7. 信息系统的等级保护工作分为五个环节：_____、_____、_____、_____和_____。

8. 定级的对象主要有_____、_____和_____三类。

9. 安全通用要求中技术要求包括_____、_____、_____和_____。

二、选择题

1. 可信计算机系统评估准则（TCSEC）共分为（　　　）。

    A. 4 类 7 级　　　　　　　　　　　　　B. 3 类 7 级

    C. 4 类 5 级　　　　　　　　　　　　　D. 4 类 6 级

2. 有关 TCSEC 标准的说法正确的是（　　　）。

    A. TCSEC 对安全功能和安全保证进行了明确区分

    B. TCSEC 为评估操作系统的可信赖程度提供了一套方法

    C. TCSEC 没有包括对网络和通信的安全性进行评估的内容

    D. 数据库系统的安全评估不在 TCSEC 的内容中

3. （　　　）法律规定了我国实行网络安全等级保护制度。

    A. 网络安全法　　　　　　　　　　　　B. 国家安全法

    C. 保密法　　　　　　　　　　　　　　D. 国家等级保护法

4. 根据网络安全等级保护分级管理标准，信息系统网络安全保护等级分为（　　　）级。

    A. 六　　　　　　　　　　　　　　　　B. 五

    C. 四　　　　　　　　　　　　　　　　D. 三

5. 等级保护的核心思想是（　　　）。

    A. 对保护对象按等级划分，按标准进行建设、管理和监督

    B. 按最高标准划分等级，从严要求

    C. 按最低标准划分等级，降低成本

D. 依法定级，依法建设

6. 等级保护对象定级，以下说法是正确的(　　　)。

　　A. 机构领导决定保护对象等级

　　B. 机构根据相关标准和流程对保护对象进行定级

　　C. 公安部门决定保护对象等级

　　D. 主管部门决定保护对象等级

7. 以下哪个选项不属于等级保护定级要素中受侵害的客体？(　　　)

　　A. 公民、法人和其他组织的合法权益　　　B. 社会秩序、公共利益

　　C. 国家安全　　　　　　　　　　　　　D. 世界和平

8. 等级保护定级中对客体的侵害程度描述方式是(　　　)。

　　A. 造成一般损失；造成严重损失；造成特别严重损失

　　B. 造成轻微损伤；造成中度损伤；造成严重损伤

　　C. 造成一般损害；造成严重损害；造成特别严重损害

　　D. 造成一级损害；造成二级损害；造成三级损害

9. 等级保护定级时，受侵害的客体包括国家安全，此时等级保护对象定级最低为(　　　)。

　　A. 二级　　　　　　　　　　　　　　　B. 三级

　　C. 四级　　　　　　　　　　　　　　　D. 五级

10. 等级保护对象定级时，初步确定等级的是(　　　)部门。

　　A. 用户　　　　　　　　　　　　　　　B. 网络运营者

　　C. 公安部门　　　　　　　　　　　　　D. 上级主管部门

三、简答题

1. 本章中介绍的一些安全标准有何联系与区别？

2. 我国对信息系统的安全等级划分通常有两种描述形式，即根据安全保护能力划分安全等级的描述，以及根据主体遭受破坏后对客体的破坏程度划分安全等级的描述。谈谈这两种等级划分的对应关系。

3. 知识拓展：查阅资料，详细了解国家信息安全等级保护政策和标准内容。

第 12 章

信息系统安全风险评估

信息系统安全问题单凭技术是无法得到彻底解决的,它的解决涉及政策法规、管理、标准、技术等方方面面,任何单一层次上的安全措施都不可能提供真正全方位的安全,信息系统安全问题的解决更应该站在系统工程的角度来考虑。在这项系统工程中,信息系统安全风险评估占有重要的地位,它是信息系统安全的基础和前提。

12.1 节简单介绍了风险评估的概念;12.2 节介绍了定量、定性等风险评估的方法;12.3 节介绍了目前常用的风险评估的工具;12.4 节详细介绍了风险评估的过程;12.5 节指出风险评估存在的问题。

12.1 风险评估简介

信息系统风险评估是从风险管理的角度,运用科学的方法和手段,系统分析网络和信息系统所面临的威胁及其存在的脆弱性,评估安全事件一旦发生可能造成的危害程度,为防范和化解信息安全风险,或者将风险控制在可接受的水平,制定有针对性的抵御威胁的防护对策和整改措施,以最大限度地为保障计算机网络信息系统安全提供科学依据。

在信息化建设中,各类信息系统由于可能存在软硬件设备缺陷、系统集成缺陷等,以及信息安全管理中潜在的薄弱环节,都将导致不同程度的安全风险。

对系统进行风险分析和评估的目的是了解系统目前与未来的风险所在,评估这些风险可能带来的安全威胁与影响程度,为安全策略的确定、信息系统的建立及安全运行提供依据。同时,通过第三方权威或者国际机构评估和认证,也给用户提供了信息技术产品和系统可靠性的信心,增强产品、单位的竞争力。

信息系统风险分析和评估是一个复杂的过程,一个完善的信息安全风险评估架构应该具备相应的标准体系、技术体系、组织架构、业务体系和法律法规。

12.2 风险评估的方法

在评估过程中使用何种方法对评估的有效性占有举足轻重的地位。评估方法的选择直接影响到评估过程中的每个环节,甚至可以左右最终的评估结果,所以需要根据系统的具体情况,选择合适的风险评估方法。风险评估的方法有很多种,概括起来可分为三大类:定量的风险评估方法、定性的风险评估方法、定性与定量相结合的评估方法。

12.2.1　定量评估方法

定量的评估方法是指运用数量指标来对风险进行评估,通过对风险相关的所有要素(资产价值、威胁频率、弱点利用程度、安全措施的效率和成本等)赋值实现对风险评估结果的量化。典型的定量分析方法有因子分析法、聚类分析法、时序模型、回归模型、等风险图法、决策树法等。定量评估中涉及的几个重要概念如下。

(1) 暴露因子(Exposure Factor,EF):特定威胁对特定资产造成损失的百分比,即损失的程度。

(2) 单一损失期望(Single Loss Expectancy,SLE):特定威胁可能造成的潜在损失总量。

(3) 年度发生率(Annualized Rate of Occurrence,ARO):威胁在一年内估计会发生的频率。

(4) 年度损失期望(Annualized Loss Expectancy,ALE):即特定资产在一年内遭受损失的预期值。

定量分析的过程如下。

(1) 识别资产并为资产赋值。

(2) 通过威胁和弱点评估,评估特定威胁作用于特定资产所造成的影响,即确定 EF(取值为 0~100%)。

(3) 计算特定威胁发生的概率,即 ARO。

(4) 计算资产的 SLE:SLE=总资产值×EF。

(5) 计算资产的 ALE:ALE=SLE×ARO。

【例 12-1】 假定某公司投资 500 000 美元建了一个网络运营中心,其最大威胁是火灾,一旦火灾发生,网络运营中心的估计损失程度 EF=45%,根据消防部门推断,该网络运营中心所在的地区每 5 年会发生一次火灾,于是得出 ARO=0.2,基于以上数据,该公司网络运营中心的 ALE 将是 500 000×45%×0.2=45 000 美元。

可以看到,对定量分析来说,EF 和 ARO 两个指标最为关键。

定量评估方法的优点是用客观、直观的数据表述评估的结果,看起来一目了然,有时,一个数据所能够说明的问题可能是用一大段文字也不能够阐述清楚的;并且定量分析方法的采用,可以使研究结果更科学,更严密,更深刻。缺点是常常为了量化,使本来比较复杂的事物简单化、模糊化了,有的风险因素被量化以后还可能被误解和曲解。

12.2.2　定性评估方法

定性评估方法主要依据研究者的知识、经验、历史教训、政策走向及特殊变例等非量化资料对系统风险状况做出判断的过程。它主要以与调查对象的深入访谈做出个案记录为基本资料,然后通过一个理论推导演绎的分析框架,对资料进行编码整理,在此基础上做出调查结论。典型的定性分析方法有因素分析法、逻辑分析法、历史比较法、德尔斐法。

定性评估方法的优点是避免了定量方法的缺点,可以挖掘出一些蕴藏很深的思想,使评估的结论更全面、更深刻;但它的主观性很强,往往需要凭借分析者的经验和直觉,或者业界的标准和惯例,对评估者本身的要求很高。定性评估方法为风险管理各要素(资产价值、威胁的可能性、脆弱点被利用的容易度等)的大小或高低程度定性分级,例如,高、中、低 3 级。

与定量分析方法相比,定性分析较为主观,精确性不够,而定量分析较为客观,比较精确。此外,定量分析的结果直观,容易理解,而定性分析的结果则很难有统一的解释。

12.2.3　定性与定量相结合的综合评估方法

系统风险评估是一个复杂的过程,需要考虑的因素很多,有些评估要素是可以用量化的形式来表达,而对有些要素的量化又很困难甚至是不可能的,所以不主张在风险评估过程中一味地追求量化,也不认为一切量化的风险评估过程都是科学、准确的。我们认为定量分析是定性分析的基础和前提,定性分析应建立在定量分析的基础上才能揭示客观事物的内在规律。定性分析则是灵魂,是形成概念、观点,做出判断、得出结论所必须依靠的,在复杂的信息系统风险评估过程中,不能将定性分析和定量分析两种方法简单地割裂开来,而是应该将这两种方法融合起来,采用综合的评估方法。

12.2.4　典型的风险评估方法

在信息系统风险评估过程中,层次分析法(AHP)经常被用到,它是一种综合的评估方法。该方法是由美国著名的运筹学专家 SattyTL 于 20 世纪 70 年代提出来的,是一种定性与定量相结合的多目标决策分析方法。这一方法的核心是将决策者的经验判断给予量化,从而为决策者提供定量形式的决策依据。目前该方法已被广泛地应用于尚无统一度量标尺的复杂问题的分析,解决用纯参数数学模型方法难以解决的决策分析问题。该方法对系统进行分层次、拟定量、规范化处理,在评估过程中经历系统分解、安全性判断和综合判断三个阶段。它的基本步骤如下。

(1) 系统分解,建立层次结构模型。层次模型的构造是基于分解法的思想,进行对象的系统分解。它的基本层次有三类:目标层、准则层和指标层,目的是基于系统基本特征建立系统的评估指标体系。

(2) 构造判断矩阵,通过单层次计算进行安全性判断。判断矩阵的作用是在上一层某一元素约束条件下,对同层次的元素之间相对重要性进行比较,根据心理学家提出的"人区分信息等级的极限能力为 7±2"的研究结论,AHP 方法在对评估指标的相对重要程度进行测量时,引入了九分位的相对重要的比例标度,构成判断矩阵。计算的中心问题是求解判断矩阵的最大特征根及其对应的特征向量;通过判断矩阵及矩阵运算的数学方法,确定对于上一层次的某个元素而言,本层次中与其相关元素的相对风险权值。

(3) 层次总排序,完成综合判断。计算各层元素对系统目标的合成权重,完成综合判断,进行总排序,以确定递阶结构图中最底层各个元素在总目标中的风险程度。

12.3　风险评估的工具

风险评估工具是风险评估的辅助手段,是保证风险评估结果可信度的一个重要因素。

风险评估工具的使用不但在一定程度上解决了手动评估的局限性,最主要的是它能够将专家知识进行集中,使专家的经验知识被广泛应用。

根据在风险评估过程中的主要任务和作用原理的不同,风险评估的工具可以分为风险评估与管理工具、系统基础平台风险评估工具、风险评估辅助工具三类。风险评估与管理工具是一套集成了风险评估各类知识和判据的管理信息系统,以规范风险评估的过程和操作方法;或者是用于收集评估所需要的数据和资料,基于专家经验,对输入/输出进行模型分析。系统基础平台风险评估工具主要用于对信息系统的主要部件(如操作系统、数据库系统、网络设备等)的脆弱性进行分析,或实施基于脆弱性的攻击。风险评估辅助工具则实现对数据的采集、现状分析和趋势分析等单项功能,为风险评估各要素的赋值、定级提供依据。

1. 风险评估与管理工具

风险评估与管理工具大部分是基于某种标准方法或某组织自行开发的评估方法,可以有效地通过输入数据来分析风险,给出对风险的评价并推荐控制风险的安全措施。风险评估与管理工具通常建立在一定的模型或算法之上,风险由重要资产、所面临的威胁以及威胁所利用的脆弱性三者来确定;也有的通过建立专家系统,利用专家经验进行分析,给出专家结论。这种评估工具需要不断进行知识库的扩充。

此类工具实现了对风险评估全过程的实施和管理,包括被评估信息系统基本信息获取、资产信息获取、脆弱性识别与管理、威胁识别、风险计算、评估过程与评估结果管理等功能。评估的方式可以通过问卷的方式,也可以通过结构化的推理过程,建立模型,输入相关信息,得出评估结论。通常这类工具在对风险进行评估后都会有针对性地提出风险控制措施。

根据实现方法的不同,风险评估与管理攻击可以分为以下三类。

1) 基于信息安全标准的风险评估与管理工具

目前国际上存在多种不同的风险分析标准和指南,不同的风险方法侧重点不同。以这些标准或指南的内容为基础,分别开发相应的评估工具,完成遵循标准或指南的风险评估过程。

2) 基于知识的风险评估与管理工具

基于知识的风险评估与管理工具并不仅遵循某个单一的标准或指南,而是将各种风险分析方法进行综合,并结合实践经验,形成风险评估知识库,以此为基础完成综合评估。它还涉及来自类似组织(包括规模、商务目标和市场等)的最佳实践,主要通过多种途径采集相关信息,识别组织的风险和当前的安全措施;与特定的标准或最佳实践进行比较,从中找出不符合的地方,按照标准或最佳实践的推荐选择安全措施以控制风险。

3) 基于模型的风险评估与管理工具

基于标准或基于知识的风险评估与管理工具,都使用了定性分析方法或定量分析方法,或者将定性与定量相结合。定性分析方法是目前广泛采用的方法,需要凭借评估者的知识、经验和直觉,或者业界的标准和实践,为风险的各个要素定级。定性分析法操作相对容易,但也可能因为评估者经验和直觉的偏差而使分析结果失准。定量分析则对构成风险的各个要素和潜在损失水平赋予数值或货币金额,通过对度量风险的所有要素进行赋值,建立综合评价的数学模型,从而完成风险评估的量化计算。定量分析方法准确,但前期建立系统风险模型较困难。定性与定量结合分析方法就是将风险要素的赋值和计算,根据需要分别采取定性和定量的方法完成。基于模型的风险评估与管理工具是在对系统各组成部分、安全要素充分研究的基础上,对典型系统的资产、威胁、脆弱性建立量化或半量化的模型,根据采集信息的输入,得到评价的结果。

2. 系统基础平台风险评估工具

系统基础平台风险评估工具包括脆弱性扫描工具和渗透性测试工具。脆弱性扫描工具又称为安全扫描器、漏洞扫描仪等,主要用于识别网络、操作系统、数据库系统的脆弱性。通常情况下,这些工具能够发现软件和硬件中已知的脆弱性,以决定系统是否易受已知攻击的影响。

脆弱性扫描工具是目前应用最广泛的风险评估工具,主要完成操作系统、数据库系统、网络协议、网络服务等的安全脆弱性检测功能,目前常见的脆弱性扫描工具有以下几种类型。

(1)基于网络的扫描器:在网络中运行,能够检测如防火墙错误配置或连接到网络上的易受攻击的网络服务器的关键漏洞。

(2)基于主机的扫描器:发现主机的操作系统、特殊服务和配置的细节,发现潜在的用户行为风险,如密码强度不够,也可实施对文件系统的检查。

(3)分布式网络扫描器:由远程扫描代理、对这些代理的即插即用更新机制、中心管理点三部分构成,用于企业级网络的脆弱性评估,分布和位于不同的位置、城市甚至不同的国家。

(4)数据库脆弱性扫描器:对数据库的授权、认证和完整性进行详细的分析,也可以识别数据库系统中潜在的脆弱性。

渗透性测试工具是根据脆弱性扫描工具扫描的结果进行模拟攻击测试,判断被非法访问者利用的可能性。这类工具通常包括黑客工具、脚本文件。渗透性测试的目的是检测已发现的脆弱性是否真正会给系统或网络带来影响。通常渗透性工具与脆弱性扫描工具一起使用,并可能会对被评估系统的运行带来一定影响。

3. 风险评估辅助工具

科学的风险评估需要大量的实践和经验数据的支持,这些数据的积累是风险评估科学性的基础。风险评估过程中,可以利用一些辅助性的工具和方法来采集数据,帮助完成现状分析和趋势判断,例如:

(1)检查列表。检查列表是基于特定标准或基线建立的,对特定系统进行审查的项目条款。通过检查列表,操作者可以快速定位系统目前的安全状况与基线要求之间的差距。

(2)入侵检测系统。入侵检测系统通过部署检测引擎,收集、处理整个网络中的通信信息,以获取可能对网络或主机造成危害的入侵攻击事件;帮助检测各种攻击试探和误操作,同时也可以作为一个警报器,提醒管理员发生的安全状况。

(3)安全审计工具。用于记录网络行为,分析系统或网络安全现状,它的审计记录可以作为风险评估中的安全现状数据,并可用于判断被评估对象威胁信息的来源。

(4) 拓扑发现工具。通过接入点接入被评估网络,完成被评估网络中的资产发现功能,并提供网络资产的相关信息,包括操作系统版本、型号等。拓扑发现工具主要是自动完成网络硬件设备的识别、发现功能。

(5) 资产信息收集系统。通过提供调查表形式,完成被评估信息系统数据、管理、人员等资产信息的收集功能,了解到组织的主要业务、重要资产、威胁、管理上的缺陷、采用的控制措施和安全策略的执行情况。此类系统主要采取电子调查表形式,需要被评估管理系统人员参与填写,并自动完成资产信息获取。

(6) 其他。如用于评估过程参考的评估指标库、知识库、漏洞库、算法库、模型库等。

风险评估最常用的还是一些专用的自动化风险评估工具,下面介绍几款典型的风险评估工具。

12.3.1　SAFESuite 套件

SAFESuite 套件是 Internet Security Systems(ISS)公司开发的网络脆弱点检测软件,它由因特网扫描器、系统扫描器、数据库扫描器、实时监控和 SAFESuite 套件决策软件构成,是一个完整的信息系统评估系统。

12.3.2　WebTrends Security Analyzer 套件

WebTrends Security Analyzer 套件是主要针对 Web 站点安全的检测和分析软件,它是 NetIQ-WebTrends 公司的系列产品。其系列产品为企业提供一套完整的、可升级的、模块式的、易于使用的解决方案。产品系列包括:WebTrends Reporting Center、Analysis Suite、WebTrends Log Analyzer、Security Analyzer、WebTrends、Firewall Suite and WebTrends Live 等,它可以找出大量隐藏在 Linux 和 Windows 服务器、防火墙、路由器等软件中的威胁和脆弱点,并可针对 Web 和防火墙日志进行分析,由它生成的 HTML 格式的报告被认为是目前市场上做得最好的。报告里对找到的每个脆弱点进行了说明,并根据脆弱点的优先级进行了分类,还包括一些消除风险、保护系统的建议。

12.3.3　Cobra

Cobra(Consultative objective and bi-functional risk analysis)是一套专门用于进行风险分析的工具软件,其中也包含促进安全策略执行、外部安全标准(ISO 17799)评定的功能模块。用 Cobra 进行风险分析时,分为 3 个步骤:调查表生成、风险调查、报告生成。Cobra 的操作过程简单而灵活,安全分析人员只需要清楚当前的信息系统状况,并对之做出正确的解释即可,所有烦琐的分析工作都交由 Cobra 来自动完成。

12.3.4　CC tools

CC tools 是针对 CC 开发的工具,它帮助用户按照 CC 标准自动生成 PP(保护轮廓)和 ST(安全目标)报告。

以上这些工具有的是通过技术手段,如漏洞扫描、入侵检测等来维护信息系统的安全;有的是依据评估标准而开发的,如 Cobra。不可否认,这些工具的使用会丰富评估所需的系统脆弱、威胁信息、简化评估的工作量,减少评估过程中的主观性,但无论这些工具的功能多么强大,由于信息系统风险评估的复杂性,它在信息系统的风险评估过程中也只能作为辅助手段,代替不了整个风险评估过程。

12.4　风险评估的过程

　　风险评估过程就是在评估标准的指导下,综合利用相关评估技术、评估方法、评估工具,针对信息系统展开全方位评估工作的完整历程。风险评估在具体实施中一般包括风险评估的准备活动,对信息系统资产、面临威胁、存在的脆弱性的识别,对已采取安全措施的确认,对可能存在的信息安全风险的识别等环节,如图 12.1 所示。下面对各具体步骤进行详细介绍。

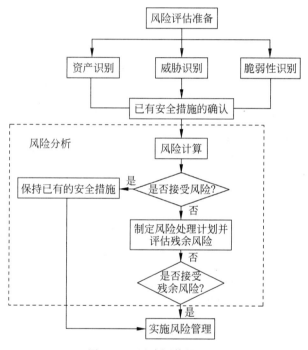

图 12.1　风险评估的过程

12.4.1　风险评估的准备

　　《信息安全评估规范》指出:"组织实施风险评估是一种战略性的考虑,其结果将受到组织业务战略、业务流程、安全需求、系统规模和机构等方面的影响。"信息安全风险评估不单纯只是针对信息系统或信息资产本身,它是通过一种系统化的方式,综合分析资产、威胁、脆弱性以及已有安全控制措施之间的内在关系,探求信息资产的安全属性丧失后,对被评估组织(关键业务、外部声誉等方面)所造成的影响。

　　信息安全风险评估是一项复杂的、系统化的活动,为了保证评估过程的可控性以及评估结果的客观性,在风险评估实施前应进行充分准备和准确计划。按照《信息安全风险评估规范》,评估准备阶段至少包括以下活动。

1．确定风险评估的目标

信息安全需求是一个组织为保证其业务正常、有效运转而必须达到的信息安全要求,通过分析组织必须符合的相关法律法规、组织在业务流程中对信息安全的机密性、完整性、可用性等方面的需求,来确定风险评估的目标。

2．确定风险评估的范围

风险评估的范围可能是组织全部的信息及与信息处理相关的各类资产、管理机构,也可能是某个独立的信息系统、关键业务流程、与客户知识产权相关的系统或部门等。实施一次风险评估的范围可大可小,需要根据具体评估需求确定,可以对组织全部的信息系统进行评估,也可以仅对关键业务流程进行评估,也可以对组织关键部门的信息系统进行评估。

3．组建评估管理团队和评估实施团队

在确定风险评估的目标、范围后,需要组建风险评估团队,具体执行组织的风险评估。由于风险评估涉及组织管理、业务、信息资产等各方面,因此风险评估团队中除了信息安全风险评估专业人员外,还需要有组织管理层、相关业务骨干、信息安全运营管理人员等参与,以便更好地了解组织信息安全状况,以利于风险评估的实施。必要时,可组建由评估方、被评估方领导和相关部门负责人参加的风险评估领导小组,聘请相关专业的技术专家和技术骨干组成专家小组。

评估实施团队应做好评估前的表格、文档、检测工具等各项准备工作,进行风险评估技术培训和保密教育,制定风险评估过程管理相关规定。可根据被评估方要求,双方签署保密合同,必要时签署个人保密协议。

4．进行系统调研

在确定了风险评估的目标、范围、团队后,要进行系统调研,系统调研是确定被评估对象的过程,风险评估小组应进行充分的系统调研,为风险评估依据和方法的选择、评估内容的实施奠定基础。系统调研内容包括:

(1)组织业务战略,即主要业务职能及未来发展规划。

(2)组织管理制度。

(3)主要业务功能和要求。

(4)网络结构与网络环境,包括内部连接和外部连接。

(5)系统边界。

(6)主要硬件、软件。

(7)数据和信息。

(8)系统和数据的敏感性。

(9)系统使用人员。

(10)其他。

系统调研可以采用问卷调查、现场访谈等方法进行。

5．确定评估标准和方法

项目实施过程中,应依据现有国际或国家信息安全标准,保证评估的规范性。同时参考相关的行业标准或组织自身的策略,增强风险评估的针对性。

根据评估依据,并综合考虑评估的目的、范围、时间、效果、评估人员素质等因素,选择具体的风险计算方法,并依据组织业务实施对系统安全运行的需求,确定相关的评估判断依据,使之能够与组织环境和安全要求相适应。

6. 获得最高管理者对风险评估工作的支持

就上述内容形成较为完整的风险评估实施方案,并报组织最高管理者批准,以获得其对风险评估方案的支持,同时在组织范围内就风险评估相关内容对管理者和技术人员进行培训,以明确有关人员在风险评估中的任务。

12.4.2　资产识别

资产是指对组织具有价值的信息或资源,是安全策略保护的对象。安全评估需要确定信息系统的资产,并明确资产的价值,因为价值不同将导致风险值不同,资产的价值不是以资产的经济价值来衡量,而是由资产在机密性、完整性和可用性这三个安全属性上的达成程度或者其安全属性未达成时所造成的影响程度来决定的。安全属性达成程度的不同将使资产具有不同的价值,而资产面临的威胁、存在的脆弱性,以及已采用的安全措施都将对资产安全属性的达成程度产生影响。为此,应对组织中的资产进行识别。

资产的范围很广,一切需要加以保护的东西都算作资产,包括信息资产、纸质文件、软件资产、物理资产、人员、公司形象和声誉、服务等。资产的评估应当从关键业务开始,最终覆盖所有的关键资产。对于提供多种业务的组织,其支持业务持续运行的系统数量可能很多,首先需要将信息系统中的资产进行恰当分类。

1. 资产分类

在实际工作中,具体的资产分类方法可以根据具体的评估对象和要求,由评估者灵活把握。根据资产的表现形式,可将资产分为数据、软件、硬件、文档、服务、人员等类型。表 12.1 列出了一种资产分类的方法。

表 12.1　一种基于表现形式的资产分类方法

分　类	示　例
数据	保存在信息媒介上的各种数据资料,包括源代码、数据库数据、系统文档、运行管理规范、计划、报告、用户手册、各类纸质文档等
软件	系统软件:操作系统、数据库管理系统、语言包、工具软件、各种库等 应用软件:办公软件、各类工具软件等 源程序:各种共享源代码、自行或合作开发的各种代码等
硬件	网络设备:路由器、网关、交换机等 计算机设备:大型计算机、小型计算机、服务器、工作站、台式计算机、便携计算机等 存储设备:磁带机、磁盘阵列、磁带、光盘、移动硬盘等 传输线路:光纤、双绞线等 保障设备:UPS、变电设备、空调、保险柜、文件柜、门禁、消防设施等 安全设备:防火墙、入侵检测系统、身份鉴别等 其他:打印机、复印机、扫描仪、传真机等

续表

分　类	示　例
服务	办公服务：为提高效率而开发的管理信息系统，包括各种内部配置管理、文件流转管理等服务 网络服务：各种网络设备、设施提供的网络连接服务 信息服务：对外依赖该系统开展的各类服务
文档	纸质的各种文件，如传真、电报、财务报告、发展计划等
人员	掌握重要信息和核心业务的人员，如主机维护主管、网络维护主管及应用项目经理等
其他	企业形象、客户关系等

2. 资产赋值

对资产的赋值不仅要考虑资产的经济价值，更重要的是要考虑资产的安全状况，即资产的机密性、完整性和可用性，对组织信息安全性的影响程度。举个例子来说，美国微软公司若丢失了一台存有最新版本 Windows 操作系统源代码的笔记本计算机，这个计算机丢失事件的发生对微软公司业务造成的损失要比资产本身（笔记本计算机）的价值大得多。资产赋值的过程也就是对资产在机密性、完整性和可用性上的要求进行分析，并在此基础上得出综合结果的过程。资产对机密性、完整性和可用性上的要求可由安全属性缺失时造成的影响来表示，这种影响可能造成某些资产的损害以致危及信息系统，还可能导致经济利益、市场份额、组织形象的损失。

1）机密性赋值

根据资产在机密性上的不同要求，将其分为 5 个不同的等级，分别对应资产在机密性缺失时对整个组织的影响。表 12.2 提供了一种机密性赋值的参考。

表 12.2　资产机密性赋值表

赋　值	标　识	定　义
5	很高	包含组织最重要的秘密，关系未来发展的前途命运，对组织根本利益有着决定性的影响，如果泄露会造成灾难性的损害
4	高	包含组织的重要秘密，如果泄露会使组织的安全和利益遭受严重损害
3	中等	包含组织的一般性秘密，如果泄露会使组织的安全和利益受到损害
2	低	仅能在组织内部或组织某一部门内部公开的信息，向外扩散有可能对组织的利益造成轻微损害
1	很低	可对社会公开的信息、公用的信息处理设备和系统资源

2）完整性赋值

根据资产在完整性上的不同要求，将其分为 5 个不同的等级，分别对应资产在完整性缺失时对整个组织的影响。表 12.3 提供了一种完整性赋值的参考。

表 12.3　资产完整性赋值表

赋　值	标　识	定　义
5	很高	完整性价值非常关键，未经授权的修改或破坏会对组织造成重大的或无法接受的影响，对业务冲击很大，并可能造成严重的业务中断，损失难以弥补

赋　　值	标　识	定　　义
4	高	完整性价值较高,未经授权的修改或破坏会对组织造成重大影响,对业务冲击严重,损失较难弥补
3	中等	完整性价值中等,未经授权的修改或破坏会对组织造成影响,对业务冲击明显,但损失可以弥补
2	低	完整性价值较低,未经授权的修改或破坏会对组织造成轻微影响,对业务冲击轻微,损失容易弥补
1	很低	完整性价值非常低,未经授权的修改或破坏会对组织造成的影响可以忽略,对业务冲击可以忽略

3) 可用性赋值表

根据资产在可用性上的不同要求,将其分为5级,分别对应资产在可用性上缺失时对整个组织的影响。表12.4提供了一种可用性赋值的参考。

表 12.4　资产可用性赋值表

赋　　值	标　识	定　　义
5	很高	可用性价值非常高,合法使用者对信息及信息系统的可用度达到年度99.9%以上,或系统不允许中断
4	高	可用性价值较高,合法使用者对信息及信息系统的可用度达到每天90%以上,或系统允许中断时间小于10min
3	中等	可用性价值中等,合法使用者对信息及信息系统的可用度在正常工作时间达到70%以上,或系统允许中断时间小于30min
2	低	可用性价值较低,合法使用者对信息及信息系统的可用度在正常工作时间达到25%以上,或系统允许中断时间小于60min
1	很低	可用性价值可以忽略,合法使用者对信息及信息系统的可用度在正常工作时间低于25%

3. 资产重要性等级

资产价值应根据资产在机密性、完整性和可用性上的赋值等级,经过综合评定得出。综合评定方法可以选择对资产机密性、完整性和可用性最为重要的一个属性的赋值等级作为资产的最终赋值结果,也可以根据资产机密性、完整性和可用性赋值进行加权计算得到资产的最终赋值结果。加权方法可根据组织的业务特点确定,在不同的行业中,因为业务、职能和行业背景千差万别,信息安全的目标和安全保障的要求也截然不同,例如,电信运营商最关注可用性,金融行业最关注完整性,政府涉密部门最关注保密性,这时,机密性、完整性和可用性三性的权值就会相差很大。

为与上述安全属性的赋值相对应,根据最终赋值将资产划分为5级,级别越高标识资产越重要,也可以根据组织的实际情况确定资产识别中的赋值依据和等级。表12.5中的资产等级划分表明了不同等级的重要性的综合描述。评估者可根据资产赋值结果,确定重要资产的范围,并围绕重要资产进行下一步的风险评估。

表 12.5　资产重要性等级

赋　值	标　识	定　义
5	很高	非常重要,其安全属性破坏后可能对组织造成非常严重的损失
4	高	重要,其安全属性破坏后可能对组织造成比较严重的损失
3	中等	比较重要,其安全属性破坏后可能对组织造成中等严重的损失
2	低	不太重要,其安全属性破坏后可能对组织造成较低的损失
1	很低	不重要,其安全属性破坏后可能对组织造成很小的损失,甚至可以忽略不计

12.4.3　威胁识别

1. 威胁分类

威胁评估是对信息资产有可能受到的危害进行分析,一般可从威胁来源、威胁途径、威胁意图、损失等几方面来分析。威胁可能源于对信息系统直接或间接的攻击,例如非授权的泄露、篡改、删除等,威胁也可能源于偶发的或蓄意的事件。一般来说,威胁总是要利用网络中的系统、应用或服务的弱点才可能成功地对资产造成伤害。造成威胁的因素可分为人为因素和环境因素。根据威胁的动机,人为因素又可分为恶意和非恶意两种。环境因素包括自然界不可抗力的因素和其他物理因素。

威胁的作用形式可以是对信息系统直接或间接的攻击,也可能是偶发的或蓄意的安全事件,都会在信息的机密性、完整性或可用性等方面造成损害。对威胁进行分类的方式有多种,可以根据其来源、表现形式等将威胁进行分类。表 12.6 提供了一种基于表现形式的威胁分类方法。

表 12.6　威胁分类

种　类	描　述	威 胁 子 类
软硬件故障	由于设备硬件故障、通信链路中断、系统本身或软件缺陷造成对业务实施、系统稳定运行的影响	设备硬件故障、传输设备故障、存储设备故障、系统软件故障、应用软件故障、数据库软件故障、开发环境故障
物理环境影响	对信息系统正常运行造成影响的物理环境问题和自然灾害	断电、静电、灰尘、湿潮、温度、鼠蚁虫害、电磁干扰、洪灾、火灾、地震
无作为或操作失误	由于应该执行而没有执行相应的操作,或无意地执行了错误的操作,对系统造成的影响	维护错误、操作失误
管理不到位	安全管理措施没有落实,造成安全管理不规范,或者管理混乱,从而破坏信息系统正常有序进行	管理制度和策略不完善、管理规程缺失、职责不明确、监督控管机制不健全等
恶意代码	故意在计算机上执行恶意任务的程序代码	网络病毒、间谍软件、窃听软件、蠕虫等
越权或滥用	通过采用一些措施,超越自己的权限访问资源,或者滥用职权做出破坏信息系统的行为	非授权访问网络资源、非授权访问系统资源、滥用权限非正常修改系统配置或数据、滥用权限泄露秘密信息

续表

种　类	描　述	威　胁　子　类
网络攻击	利用工具和技术,对信息系统进行攻击和入侵	网络探测和信息采集、漏洞探测、嗅探(账号、口令、权限等)、用户身份伪造和欺骗、用户或业务数据的窃取和破坏、系统运行的控制和破坏等
物理攻击	通过物理的接触造成对软件、硬件、数据的破坏	物理接触、物理破坏、窃取等
泄密	信息泄露给不应了解的他人	内部信息泄露、外部信息泄露等
篡改	非法修改信息,破坏信息的完整性使系统的安全性降低或信息不可用	篡改网络配置信息、篡改系统配置信息、篡改安全配置信息、篡改用户身份信息或业务数据信息等
抵赖	不承认收到的信息和所做的操作和交易	原发抵赖、接收抵赖、第三方抵赖等

2. 威胁赋值

威胁出现的频率是衡量威胁严重程度的重要因素,因此威胁识别后需要对威胁频率进行赋值,以带入最后的风险计算中。

评估者应根据经验和有关统计数据来对威胁频率进行赋值,威胁赋值中需要综合考虑以下三方面因素,以形成在某种评估环境中各种威胁出现的频率。

(1) 以往安全事件报告中出现的威胁及其频率的统计。

(2) 实际环境中通过检测工具以及各种日志发现的威胁及其频率的统计。

(3) 近一两年来国际组织发布的对于整个社会或特定行业的威胁及其频率统计,以及发布的威胁预警。

可以对威胁出现的频率进行等级化处理,不同等级分别代表威胁出现的频率的高低。等级数值越大,威胁出现的频率越高。

表 12.7 提供了威胁出现频率的一种赋值方法。在实际的评估中,威胁频率的判断应根据历史统计或行业判断,在评估准备阶段确定,并得到被评估方的认可。

表 12.7　威胁赋值

赋　值	标　识	定　义
5	很高	出现的频率很高(或≥1 次/周);或在大多数情况下几乎不可避免;或可以证实经常发生
4	高	出现的频率较高(或≥1 次/月);或在大多数情况下很有可能发生;或可以证实多次发生
3	中等	出现的频率较中等(或≥1 次/半年);或在某种情况下可能发生;或被证实曾经发生
2	低	出现的频率较小;或一般不太可能发生;或没有被证实发生过
1	很低	威胁几乎不可能发生,仅可能在非常罕见和例外的情况下发生

12.4.4　脆弱性识别

脆弱性评估是指通过各种测试方法,获得信息资产中所存在的缺陷清单。脆弱性是资产本身存在的,如果没有被相应的威胁利用,单纯的脆弱性本身不会对资产造成损害。而且如果系统足够强健,即使是严重的威胁也不会导致安全事件发生,即威胁总是利用资产的脆弱性才可能造成危害。

资产的脆弱性具有隐蔽性,有些脆弱性只有在一定的条件和环境下才能显现,这是脆弱性识别中最为困难的部分。脆弱性识别是风险评估中最重要的一个环节。脆弱性识别可以以资产为核心,针对每一项需要保护的资产,识别可能被威胁利用的弱点,并对脆弱性的严重程度进行评估;也可以从物理、网络、系统、应用等层次进行识别,然后与资产、威胁对应起来。脆弱性识别的依据可以是国际或国家安全标准,也可以是行业规范、应用流程的安全要求。对应用在不同环境中的相同的弱点,其脆弱性严重程度是不同的,评估者应从组织安全策略的角度考虑、判断资产的脆弱性及其严重程度。信息系统所采用的协议、应用流程的完备与否、与其他网络的互连等也应考虑在内。

脆弱性识别的数据应来自资产的所有者、使用者,以及相关业务领域和软硬件方面的专业人员等。脆弱性识别所采用的方法主要有问卷调查、工具检测、人工核查、文档查阅、渗透测试等。其中,渗透测试是一种从攻击者的角度来对主机系统的安全程度进行安全评估的手段,在对现有信息系统不造成任何损害的前提下,模拟入侵者对指定系统进行攻击检测。渗透测试通常能以非常明显、直观的结果来反映出系统的安全现状。可根据具体的评估对象、评估目的来选择脆弱点识别方法。

脆弱性识别主要从技术和管理两方面进行,技术脆弱性涉及物理层、网络层、系统层、应用层等各个层面的安全问题。管理脆弱性又分为技术管理脆弱性和组织管理脆弱性两方面,前者与具体技术活动相关,后者与管理环境相关。

对不同的识别对象,其脆弱性识别的具体要求应参照相应的技术或管理标准实施。例如,对物理环境的脆弱性识别应按 GB/T 9361 中的技术指标实施;对操作系统、数据库应按 GB 17859—1999 中的技术指标实施;对网络、系统、应用等信息技术安全性的脆弱性识别应按 GB/T 18336—2001 中的技术指标实施;对管理脆弱性识别方面应按 GB/T 19716—2005 的要求对安全管理制度及其执行情况进行检查,发现管理脆弱性和不足。表 12.8 提供了一种脆弱性识别内容的参考。

表 12.8　脆弱性识别内容表

类　　型	识 别 对 象	识 别 内 容
技术脆弱性	物理环境	从机房场地、防火、供配电、防静电、接地与防雷、电磁防护、通信线路的保护、机房区域防护、机房设备管理等方面进行识别
	网络结构	从网络结构设计、边界防护、外部访问控制策略、内部访问控制策略、网络设备安全配置等方面进行识别
	系统软件	从补丁安装、用户账号、口令策略、资源共享、事件审计、访问控制、新系统配置、注册表加固、网络安全、系统管理等方面进行识别
	数据库软件	从补丁安装、鉴别机制、口令机制、访问控制、网络和服务设置、备份和恢复机制、审计机制等方面进行识别
	应用中间件	从协议安全、交易完整性、数据完整性、通信、鉴别机制、密码保护等方面进行识别

类　　　型	识 别 对 象	识 别 内 容
技术脆弱性	应用系统	从审计机制、审计存储、访问控制策略、数据完整性、通信、鉴别机制、密码保护等方面进行识别
管理脆弱性	技术管理	从物理和环境安全、通信与操作管理、访问控制、系统开发与维护、业务连续性等方面进行识别
	组织管理	从安全策略、组织安全、资产分类与控制、人员安全、符合性等方面进行识别

可以根据脆弱性对资产的暴露程度、技术实现的难易程度、流行程度等,采用等级方式对已识别的脆弱性的严重程度进行赋值。由于很多弱点反映的是同一方面的问题,或可能造成相似的后果,赋值时应综合考虑这些弱点,以确定这一方面脆弱性的严重程度。

对某个资产,其脆弱性的严重程度还受到组织管理脆弱性的影响。因此,资产的脆弱性赋值还应参考技术管理和组织管理脆弱性的严重程度。

脆弱性严重程度可以进行等级化处理,不同的等级分别代表资产脆弱性严重程度的高低。等级数值越大,脆弱性严重程度越高。表 12.9 提供了脆弱性严重程度的一种赋值方法。

表 12.9　脆弱性严重程度赋值表

赋　　　值	标　　　识	定　　　　　　义
5	很高	如果被威胁利用,将对资产造成完全损害
4	高	如果被威胁利用,将对资产造成重大损害
3	中等	如果被威胁利用,将对资产造成一般损害
2	低	如果被威胁利用,将对资产造成较小损害
1	很低	如果被威胁利用,将对资产造成的损害可以忽略

12.4.5　已有安全措施确认

在识别脆弱性的同时,评估人员应对已采取的安全措施的有效性进行确认。安全措施的确认应评估其有效性,即是否真正地降低了系统的脆弱性,抵御了威胁。对有效的安全措施继续保持,以避免不必要的工作和费用,防止安全措施的重复实施。对确认为不适当的安全措施应该核实是否应被取消或对其进行修正,或用更合适的安全措施替代。

安全措施可以分为预防性安全措施和保护性安全措施两种。预防性安全措施可以降低威胁利用脆弱性导致安全事件发生的可能性,如入侵检测系统,保护性安全措施可以减少因安全事件发生后对组织或系统造成的影响。

已有安全措施确认与脆弱性识别存在一定的联系。一般来说,安全措施的使用将减少系统技术或管理上的脆弱性,但安全措施确认并不需要和脆弱性识别过程那样具体到每个资产、组件的脆弱性,而是一类具体措施的集合,为风险处理计划的制定提供依据与参考。

12.4.6 风险分析

风险分析的原理如图 12.2 所示,风险分析的主要内容如下。

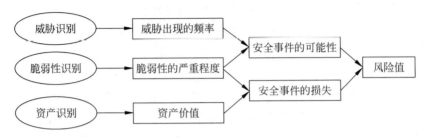

图 12.2 风险分析原理图

(1) 根据威胁及威胁利用弱点的难易程度判断安全事件发生的可能性。

(2) 根据脆弱性的严重程度及安全事件所作用资产的价值计算安全事件的损失。

(3) 根据安全事件发生的可能性以及安全事件的损失,计算安全事件一旦发生对组织的影响,即风险值。

1. 风险计算原理

在完成了资产识别、威胁识别、脆弱性识别,以及已有安全措施确认后,将采用适当的方法和工具确定威胁利用脆弱性导致安全事件发生的可能性。综合安全事件所作用的资产价值及脆弱性的严重程度,判断安全事件造成的损失对组织的影响,即安全风险。下面使用范式来形式化说明风险计算原理。

$$风险值 = R(A, T, V) = R(L(T, V), F(I_a, V_a))$$

其中,R 表示安全风险计算函数,A 表示资产,T 表示威胁出现频率,V 表示脆弱性,I_a 表示安全事件所作用的资产价值,V_a 表示脆弱性严重程度,L 表示威胁利用资产脆弱性导致安全事件发生的可能性,F 表示安全事件发生后产生的损失。

在风险计算中有以下三个关键计算环节。

1) 计算安全事件发生的可能性

根据威胁出现频率和脆弱性的状况,计算威胁利用脆弱性导致安全事件发生的可能性,即

$$安全事件发生的可能性 = L(威胁出现频率, 脆弱性) = L(T, V)$$

在具体评估中,应综合攻击者技术能力(专业技术程度、攻击设备等)、脆弱性被利用的难易程度(可访问时间、设计和操作知识公开程度等)、资产吸引力等因素来判断安全事件发生的可能性。

2) 计算安全事件发生后的损失

根据资产价值及脆弱性严重程度,计算安全事件一旦发生后的损失,即

$$安全事件的损失 = F(资产价值, 脆弱性严重程度) = F(I_a, V_a)$$

部分安全事件的发生造成的损失不仅是针对该资产本身,还可能影响业务的连续性;不同安全事件的发生对组织造成的影响也是不一样的。在计算某个安全事件的损失时,应将对组织的影响考虑在内。

部分安全事件造成的损失的判断还应参照安全事件发生可能性的结果,对发生可能性极小的安全事件,如处于非地震带的地震威胁、在采取完备供电措施状况下的电力故障威胁等,可以不计算其损失。

3) 计算风险值

根据计算出的安全事件发生的可能性以及安全事件造成的损失,计算风险值,即

$$风险值=R(安全事件发生的可能性,安全事件的损失)$$
$$=R(L(T,V),F(I_a,V_a))$$

评估者可根据自身情况选择相应的风险计算方法计算风险值,如矩阵法或相乘法。矩阵法通过构造一个二维矩阵,形成安全事件发生的可能性与安全事件的损失之间的二维关系;相乘法通过构造经验函数,将安全事件发生的可能性与安全事件的损失进行运算得到风险值。

目前常用的风险值计算方法有矩阵法和相乘法,这里简要介绍相乘法。

2. 使用相乘法计算风险

1) 相乘法的原理

相乘法主要用于两个或多个要素值确定一个要素值的情形。即 $z=f(x,y)$,函数 f 可以采用相乘法。相乘法的原理是:

$$z=f(x,y)=x\odot y$$

当 f 为增量函数时,$\odot$ 可以为直接相乘,也可以为相乘后取模等,例如:

$z=f(x,y)=x\times y$,或 $z=f(x,y)=\sqrt{x\times y}$ 等。

相乘法提供一种定量的计算方法,直接使用两个要素值进行相乘得到另一个要素的值。相乘法的特点是简单明确,直接按照统一公式计算,即可得到所需结果。

在风险值计算中,通常需要对两个要素确定的另一个要素值进行计算,例如,由威胁和脆弱性确定安全事件发生可能性值、由资产和脆弱性确定安全事件的损失值,因此相乘法在风险分析中得到广泛采用。

2) 计算示例

假设某信息系统共有两个重要资产,资产 A1 和资产 A2;资产 A1 面临三个主要威胁,威胁 T1、威胁 T2 和威胁 T3;资产 A2 面临两个主要威胁,威胁 T4 和威胁 T5。

威胁 T1 可以利用资产 A1 存在的一个脆弱性 V1;

威胁 T2 可以利用资产 A1 存在的两个脆弱性 V2、V3;

威胁 T3 可以利用资产 A1 存在的一个脆弱性 V4;

威胁 T4 可以利用资产 A2 存在的一个脆弱性 V5;

威胁 T5 可以利用资产 A2 存在的一个脆弱性 V6。

资产价值分别是:资产 A1=4,资产 A2=5。

威胁发生频率分别是:威胁 T1=1,威胁 T2=5,威胁 T3=4,威胁 T4=3,威胁 T5=4;脆弱性严重程度分别是:脆弱性 V1=3,V2=1,V3=5,V4=4,V5=4,V6=3。

两个资产的风险值计算过程类似,下面以资产 A1 为例使用矩阵法计算风险值。

资产 A1 面临的主要威胁包括威胁 T1、威胁 T2 和威胁 T3,威胁 T1 可以利用资产 A1 存在的脆弱性有一个,威胁 T2 可以利用资产 A1 存在的脆弱性有两个,威胁 T3 可以

利用资产 A1 存在的脆弱性有一个,则资产 A1 存在的风险值包括四个。四个风险值的计算过程类似,下面以资产 A1 面临的威胁 T1 可以利用的脆弱性 V1 为例,计算安全风险值。其中,计算公式使用:$z=f(x,y)=\sqrt{x \times y}$,并对 z 的计算值四舍五入取整得到最终结果。

(1) 计算安全事件发生的可能性。

威胁发生频率:威胁 T1=1。

脆弱性严重程度:脆弱性 V1=3。

计算安全事件发生的可能性,安全事件发生的可能性$=\sqrt{1 \times 3}=\sqrt{3}$。

(2) 计算安全事件的损失。

资产价值:资产 A1=4。

脆弱性严重程度:脆弱性 V1=3。

计算安全事件的损失,安全事件损失$=\sqrt{4 \times 3}=\sqrt{12}$。

(3) 计算风险值。

安全事件发生的可能性$=\sqrt{3}$。

安全事件损失$=\sqrt{12}$。

安全事件风险值$=\sqrt{3} \times \sqrt{12}=6$。

按照上述方法进行计算,得到资产 A1 其他的风险值,以及资产 A2 和资产 A3 的风险值。然后进行风险结果等级判定。

3) 结果判定

确定风险等级划分如表 12.10 所示。

表 12.10　风险等级划分

风险值	1~5	6~10	11~15	16~20	21~25
风险等级	1	2	3	4	5

根据上述计算方法,以此类推,得到两个重要资产的风险值,并根据风险等级划分表,确定风险等级,结果如表 12.11 所示。

表 12.11　风险等级

资产	威胁	脆弱性	风险值	风险等级
资产 A1	威胁 T1	脆弱性 V1	6	2
	威胁 T2	脆弱性 V2	4	1
	威胁 T2	脆弱性 V3	22	5
	威胁 T3	脆弱性 V4	16	4
资产 A2	威胁 T4	脆弱性 V5	15	3
	威胁 T5	脆弱性 V6	13	3

3. 风险结果判定

为实现对风险的控制和管理,可以对风险评估的结果进行等级化处理。可以将风险划分为一定的级别,等级越高,风险越大。

评估者应根据所采用的风险计算方法,计算每种资产面临的风险值,根据风险值的分布状况,为每个等级设定风险值范围,并对所有风险计算结果进行等级处理。每个等级代表了相应风险的严重程度。表 12.12 提供了一种风险评估等级划分方法。

表 12.12　风险等级划分表

赋　　值	标　　识	定　　义
5	很高	一旦发生将产生非常严重的经济或社会影响,如组织信誉严重破坏、严重影响组织的正常经营,经济损失重大、社会影响恶劣
4	高	一旦发生将产生较大的经济或社会影响,在一定的范围内给组织的经营和组织信誉造成损害
3	中等	一旦发生会造成一定的经济、社会或生产经营影响,但影响面和影响程度不大
2	低	一旦发生造成的影响程度较低,一般仅限于组织内部,通过一定手段很快能解决
1	很低	一旦发生造成的影响几乎不存在,通过简单的措施就能弥补

风险等级划分是为了在风险管理过程中对不同风险进行直观的比较,以确定组织安全策略。组织应当综合考虑风险控制成本与风险造成的影响,提出一个可接受的风险范围。对某些资产的风险,如果风险计算值在可接受的范围内,则该风险是可接受的风险,应保持已有的安全措施,如果风险评估值在可接受的范围外,即风险计算值高于可接受范围的上限值,是不可接受的风险,需要采取安全措施以降低、控制风险。

12.4.7　风险处理计划

对不可接受的风险应根据导致该风险的脆弱性制定风险处理计划。风险处理计划中应明确采取的弥补脆弱性的安全措施、预期效果、实施条件、进度安排、责任部门等。安全措施的选择应从管理和技术两方面考虑。安全措施的选择与实施应参考信息安全的相关标准进行。

12.4.8　残余风险的评估

在对于不可接受的风险选择适当安全措施后,为确保安全措施的有效性,可进行再评估,以判断实施安全措施后的残余风险是否已经降低到可接受的水平。残余风险的评估可以依据本标准提出的风险评估流程实施,也可做适当裁剪。一般来说,安全措施的实施是以减少脆弱性或降低安全事件发生可能性为目标的,因此,残余风险的评估可以从脆弱性评估开始,在对照安全措施实施前后的脆弱性状况后,再次计算风险值的大小。某些风险可能在选择了适当安全措施后,残余风险的结果仍处于不可接受的风险范围内,应考虑是否接受此风险或进一步增加相应的安全措施。

12.4.9　风险评估文档

风险评估文档是指在整个风险评估过程中产生的评估过程文档和评估结果文档,包括(但不仅限于此):

(1) 风险评估方案：阐述风险评估的目标、范围、人员、评估方法、评估结果的形式和实施进度等。

(2) 风险评估程序：明确评估的目的、职责、过程、相关的文档要求，以及实施本次评估所需要的各种资产、威胁、脆弱性识别和判断依据。

(3) 资产识别清单：根据组织在风险评估程序文档中所确定的资产分类方法进行资产识别，形成资产识别清单，明确资产的责任人/部门。

(4) 重要资产清单：根据资产识别和赋值的结果，形成重要资产列表，包括重要资产名称、描述、类型、重要程度、责任人/部门等。

(5) 威胁列表：根据威胁识别和赋值的结果，形成威胁列表，包括威胁名称、种类、来源、动机及出现的频率等。

(6) 脆弱性列表：根据脆弱性识别和赋值的结果，形成脆弱性列表，包括具体脆弱性的名称、描述、类型及严重程度等。

(7) 已有安全措施确认表：根据对已采取的安全措施确认的结果，形成已有安全措施确认表，包括已有安全措施名称、类型、功能描述及实施效果等。

(8) 风险评估报告：对整个风险评估过程和结果进行总结，详细说明被评估对象、风险评估方法、资产、威胁、脆弱性的识别结果、风险分析、风险统计和结论等内容。

(9) 风险处理计划：根据风险评估程序，要求风险评估过程中的各种现场记录可复现评估过程，并作为产生歧义后解决问题的依据。

对于风险评估过程中形成的相关文档，还应规定其标识、存储、保护、检索、保存期限以及处置所需的控制。相关文档是否需要以及详略程度由组织的管理者来决定。

12.5　信息系统风险评估发展存在的问题

目前"信息系统安全是一项系统工程"的观点已得到广泛的认可、接受，作为该工程的基础和前提的风险评估也越来越受到人们的重视，但在该领域的研究、发展过程中还需要纠正和解决一些模糊概念和问题。

(1) 安全评估体系所应包括的相应组织架构、业务、标准和技术体系还不完善。

(2) 不能简单地将系统风险评估理解为一个具体的产品、工具，系统的风险评估更应该是一个过程，是一个体系。完善的系统风险评估体系应包括相应的组织架构、业务体系、标准体系和技术体系。

(3) 在评估标准的采用上，没有统一的标准，由于各种标准的侧重点不同，导致评估结果没有可比性，甚至会出现较大的差异，而且目前国内还缺乏具有自主知识产权、比较系统的信息系统评估标准。

(4) 评估过程的主观性也是影响评估结果的一个相当重要而又是最难解决的方面，在信息系统风险评估中，主观性是不可避免的，我们所要做的是尽量减少人为主观性，目前在该领域利用神经网络、专家系统、分类树等人工智能技术进行的研究比较活跃。

(5) 风险评估工具比较缺乏，市场上关于漏洞扫描、防火墙等都有比较成熟的产品，但与信息系统风险评估相关的工具却很匮乏。

习 题

一、填空题

1. 我国开展信息安全风险评估工作遵循的国家标准是_____。

2. 风险评估的方法有_____、_____和_____。

3. 资产赋值的过程也就是对资产在_____、_____和_____的要求进行分析,并在此基础上得出综合结果的过程。

4. 常用的风险值计算方法有_____和_____。

5. 风险评估的工具可以分为_____、_____和_____。

6. 资产的价值不是以资产的经济价值来衡量,而是由资产在_____、_____和_____这三个安全属性上的达成程度或者其安全属性未达成时所造成的影响程度来决定的。

7. 威胁识别后需要对_____进行赋值。

二、简答题

1. 什么是信息安全风险评估?

2. 风险计算的主要过程包括哪些步骤?

3. 什么是资产?什么是资产价值?

4. 什么是安全威胁?产生安全威胁的主要因素是什么?

5. 什么是脆弱性?什么是脆弱性识别?

6. 威胁的可能性赋值受到哪些因素的影响?

7. 请谈谈计算机信息系统安全风险评估在信息安全建设中的地位和重要意义。

8. 简述在风险评估时从哪些方面收集风险评估的数据。

9. 查阅相关文献资料,了解对信息系统进行安全风险评估的其他方法,比较它们的优缺点,并选择一种评估方法对本单位或个人的信息系统安全做一次风险评估。

10. 知识拓展:查阅中国信息安全风险评估论坛、国家信息中心信息安全风险评估网,了解更多安全风险评估理论和技术的进展。

参 考 文 献

[1] 熊平,朱天清.信息安全原理及应用[M].3版.北京:清华大学出版社,2016.
[2] 陈波.计算机系统安全原理与技术[M].3版.北京:机械工业出版社,2013.
[3] 俞承杭.信息安全技术[M].3版.北京:科学出版社,2011.
[4] 冯登国,赵险峰.信息安全技术概论[M].北京:电子工业出版社,2014.
[5] 沈昌祥.信息安全导论[M].北京:电子工业出版社,2009.
[6] 卿斯汉,沈晴霓,刘文清.操作系统安全[M].2版.北京:清华大学出版社,2011.
[7] 吴世忠,江常青,彭勇.信息安全保障基础[M].北京:航空工业出版社,2009.
[8] 李剑,张然.信息安全概论[M].北京:机械工业出版社,2014.
[9] 郭帆.网络攻防技术与实战[M].北京:清华大学出版社,2018.
[10] 王叶.黑客攻防大全[M].北京:机械工业出版社,2015.
[11] 马建峰,沈玉龙.信息安全[M].西安:西安电子科技大学出版社,2013.
[12] 孙钟秀,费翔林.操作系统教程[M].北京:高等教育出版社,2008.
[13] 宋金玉,陈萍.数据库原理与应用[M].北京:清华大学出版社,2011.
[14] Stalling W.密码编码学与网络安全:原理与实践[M].北京:电子工业出版社,2006.
[15] 陈越,寇红召,费晓飞,等.数据库安全[M].北京:国防工业出版社,2011.
[16] 王斌君,景乾元,吉增瑞,等.信息安全体系[M].北京:高等教育出版社,2008.
[17] 张娜.分布式网络安全审计系统[D].上海:华东师范大学硕士学位论文,2009.
[18] 黄志国.数据库安全审计的研究[D].太原:中北大学硕士学位论文,2006.
[19] 赖丽.基于 Oracle 的数据库安全审计技术研究[D].成都:四川师范大学硕士学位论文,2009.
[20] 逯楠楠.数据库安全审计分析技术研究与应用[D].武汉:湖北工业大学硕士学位论文,2011.
[21] 吴纪芸,陈志德.数据库安全评估方法研究[J].中国科技信息,2015,(02):108-110.
[22] 张敏.数据库安全研究现状与展望[J].中国科学院院刊,2011,26(3):303-309.
[23] Greene K,Booth C.精通 Windows Server 2012 R2[M].5版.北京:清华大学出版社,2017.

图书资源支持

感谢您一直以来对清华版图书的支持和爱护。为了配合本书的使用，本书提供配套的资源，有需求的读者请扫描下方的"书圈"微信公众号二维码，在图书专区下载，也可以拨打电话或发送电子邮件咨询。

如果您在使用本书的过程中遇到了什么问题，或者有相关图书出版计划，也请您发邮件告诉我们，以便我们更好地为您服务。

我们的联系方式：

地　　址：北京市海淀区双清路学研大厦 A 座 714

邮　　编：100084

电　　话：010-83470236　010-83470237

客服邮箱：2301891038@qq.com

QQ：2301891038（请写明您的单位和姓名）

资源下载：关注公众号"书圈"下载配套资源。

资源下载、样书申请

书圈

获取最新书目

观看课程直播